高等学校遥感科学与技术系列教材

湖北省线上一流本科课程教材

# 数字图像处理技巧

(第二版)

贾永红 何彦霖 贾文翰 黄艳 编著

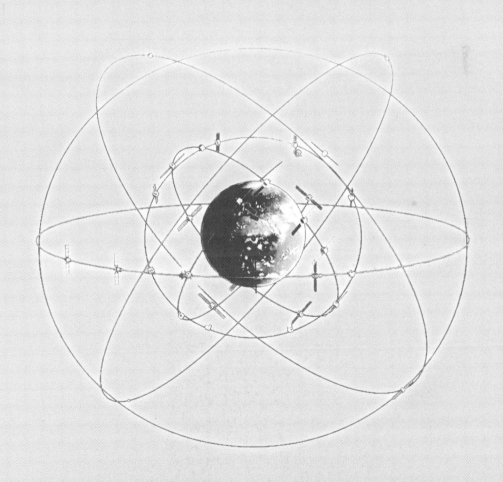

武汉大学出版社

## 图书在版编目(CIP)数据

数字图像处理技巧/贾永红等编著. -- 2版. -- 武汉：武汉大学出版社,2025.4. -- 高等学校遥感科学与技术系列教材. -- ISBN 978-7-307-24551-8

Ⅰ.TN911.73

中国国家版本馆 CIP 数据核字第 2024DY1211 号

责任编辑：鲍　玲　　责任校对：鄢春梅　　版式设计：马　佳

出版发行：武汉大学出版社　（430072　武昌　珞珈山）
（电子邮箱：cbs22@whu.edu.cn　网址：www.wdp.com.cn）
印刷：武汉科源印刷设计有限公司
开本：787×1092　1/16　印张：18.25　字数：411千字　插页：1
版次：2017年1月第1版　2025年4月第2版
　　　2025年4月第2版第1次印刷
ISBN 978-7-307-24551-8　　定价：79.00元

版权所有，不得翻印；凡购我社的图书，如有质量问题，请与当地图书销售部门联系调换。

## 高等学校遥感科学与技术系列教材
## 编审委员会

**顾　问**　李德仁　张祖勋
**主　任**　龚健雅
**副主任**　龚　龑　秦　昆
**委　员**（按姓氏笔画排序）
　　　　　方圣辉　王树根　毛庆洲　付仲良　乐　鹏　朱国宾　李四维　巫兆聪
　　　　　张永军　张鹏林　孟令奎　胡庆武　胡翔云　秦　昆　袁修孝　贾永红
　　　　　龚健雅　龚　龑　雷敬炎
**秘　书**　付　波

# 前　　言

数字图像处理技巧是面向武汉大学全校本科生开设的一门通识选修课。开设数字图像处理技巧课程的目的是让学生初步掌握数字图像处理的基本概念、方法及技巧，了解数字图像处理与分析的应用与发展，激发学生对数字图像处理的兴趣，增强其创新思维和提高其动手能力。自 2009 年该课程开课以来，选课学生来自信息科学、工学、理学、社会科学、人文科学和医学等多个学科领域，涵盖武汉大学所有学部，选课人数多，深受学生喜爱。2014 年该课程被中国高等教育学会大学素质教育研究分会评为"国家大学素质教育优秀通识课"，2017 年教材《数字图像处理技巧》由武汉大学出版社首次出版，2019 年 5 月建设的 MOOC 在爱课程平台发布，2020 年被评为湖北省线上一流本科课程教材。

本书是在第一版的基础上修订而成的。本书内容包括两部分：第一部分主要介绍数字图像处理的基本概念、原理与方法；第二部分以 Photoshop CC 2023 为应用支撑环境，介绍图像创作必备的知识和技能，通过操作实例将数字图像处理理论知识与具体应用结合，有利于读者进一步掌握和应用相关知识，提高应用技能。相比而言，本书适当选取前沿的国内外新知识、新方法和新成果，将经典与现代知识有机结合，内容丰富且篇幅适中，具有合适的广度、深度，因而适用性更强。

本书可作为本科生通识选修课教材，同时也可作为科技人员的参考用书。

在编写本书过程中，我们参考了国内外已出版的大量书籍和已发表的论文，在此对该书中所引用论文和书籍的作者深表感谢。何彦霖、贾文翰、黄艳参与编写和修订了第 8 章至第 13 章内容；彭凯峰、李双双等参与部分录入校对工作。万晓霞教授审阅了全书，并提出了宝贵的修改意见。在此表示衷心感谢。

由于作者水平有限，书中难免有不足和不妥之处，恳请读者批评指正。

贾永红<br>2024 年 6 月

# 目　　录

**第1章　概论** ················································································································ 1
　1.1　数字图像处理的概念 ····················································································· 1
　　　1.1.1　图像 ···································································································· 1
　　　1.1.2　图像处理 ···························································································· 2
　1.2　数字图像处理的内容 ····················································································· 3
　1.3　数字图像处理系统 ························································································· 4
　　　1.3.1　数字图像采集 ···················································································· 4
　　　1.3.2　数字图像显示 ···················································································· 5
　　　1.3.3　数字图像存储 ···················································································· 5
　　　1.3.4　数字图像网络通信 ············································································ 7
　　　1.3.5　计算机 ································································································ 7
　　　1.3.6　图像处理软件 ···················································································· 8
　1.4　数字图像处理的特点及其应用 ····································································· 8
　　　1.4.1　数字图像处理的特点 ········································································ 9
　　　1.4.2　数字图像处理的应用 ········································································ 9
　习题 ·························································································································· 10

**第2章　数字图像获取** ·································································································· 11
　2.1　人眼的视觉原理 ··························································································· 11
　　　2.1.1　人眼的构造 ······················································································ 11
　　　2.1.2　图像的形成 ······················································································ 12
　　　2.1.3　视觉亮度范围和分辨力 ·································································· 12
　　　2.1.4　视觉适应性和对比灵敏度 ······························································ 13
　　　2.1.5　亮度感觉与色觉 ·············································································· 13
　　　2.1.6　马赫带 ······························································································ 15
　2.2　图像数字化 ··································································································· 16
　　　2.2.1　采样 ·································································································· 16
　　　2.2.2　量化 ·································································································· 17
　　　2.2.3　数字图像的表示与存储 ·································································· 17
　　　2.2.4　采样、量化参数与图像数字化间的关系 ······································ 24
　　　2.2.5　图像数字化设备的组成及性能 ······················································ 25

2.3 数字图像获取技术 ································ 28
    2.3.1 数字摄影技术 ······························ 28
    2.3.2 扫描技术 ·································· 36
习题 ········································· 36

## 第3章 图像变换 ································ 38
3.1 正交变换 ···································· 38
    3.1.1 连续函数的傅里叶变换 ······················ 38
    3.1.2 离散函数的傅里叶变换 ······················ 39
    3.1.3 二维离散傅里叶变换的若干性质 ·············· 42
3.2 其他可分离图像变换 ···························· 46
    3.2.1 通用公式 ·································· 46
    3.2.2 沃尔什变换 ································ 48
    3.2.3 哈达玛变换 ································ 49
    3.2.4 离散余弦变换 ······························ 51
3.3 小波变换简介 ································ 52
    3.3.1 连续小波变换 ······························ 53
    3.3.2 离散小波变换 ······························ 56
3.4 几何校正 ···································· 57
    3.4.1 空间坐标变换 ······························ 57
    3.4.2 像素灰度内插 ······························ 61
习题 ········································· 64

## 第4章 图像增强与复原 ···························· 65
4.1 图像空间域增强 ································ 65
    4.1.1 对比度增强 ································ 66
    4.1.2 空间域平滑 ································ 74
    4.1.3 图像空间域锐化 ···························· 78
    4.1.4 代数运算 ·································· 83
4.2 图像频率域增强 ································ 85
    4.2.1 频率域平滑 ································ 85
    4.2.2 频率域锐化 ································ 87
    4.2.3 同态滤波增强 ······························ 90
4.3 图像复原 ···································· 91
    4.3.1 图像退化的数学模型 ························ 92
    4.3.2 代数恢复方法 ······························ 93
    4.3.3 频率域恢复方法 ···························· 95

习题 ········································································································· 99

# 第5章 彩色图像处理 ··························································································· 101
## 5.1 色彩知识 ·································································································· 101
### 5.1.1 色彩 ································································································ 101
### 5.1.2 相加混色与相减混色原理 ······································································ 102
## 5.2 颜色模型 ·································································································· 102
### 5.2.1 面向硬件设备的颜色模型 ······································································ 102
### 5.2.2 面向视觉感知的颜色模型 ······································································ 104
## 5.3 彩色增强技术 ···························································································· 106
### 5.3.1 伪彩色增强 ························································································ 106
### 5.3.2 彩色图像常规处理与增强技术 ································································ 109
### 5.3.3 色彩平衡 ··························································································· 110
### 5.3.4 色彩变换融合技术 ················································································ 111
## 5.4 色彩管理及其应用 ····················································································· 112
习题 ·········································································································· 114

# 第6章 图像编码与压缩 ······················································································· 115
## 6.1 概述 ········································································································ 115
### 6.1.1 图像数据压缩的必要性与可能性 ····························································· 115
### 6.1.2 图像编码压缩的分类 ············································································· 116
## 6.2 图像保真度准则 ························································································ 117
### 6.2.1 客观保真度准则 ··················································································· 117
### 6.2.2 主观保真度准则 ··················································································· 118
## 6.3 统计编码方法 ··························································································· 119
### 6.3.1 图像冗余度和编码效率 ·········································································· 119
### 6.3.2 霍夫曼编码 ························································································· 120
### 6.3.3 费诺-香农编码 ···················································································· 121
### 6.3.4 算术编码 ··························································································· 123
### 6.3.5 行程编码 ··························································································· 124
## 6.4 预测编码 ·································································································· 124
### 6.4.1 线性预测编码 ······················································································ 125
### 6.4.2 非线性预测编码法 ················································································ 126
## 6.5 正交变换编码 ··························································································· 127
### 6.5.1 变换编码原理 ······················································································ 127
### 6.5.2 正交变换的性质 ··················································································· 127
### 6.5.3 变换压缩的数学分析 ············································································· 128
### 6.5.4 最佳变换与准最佳变换 ·········································································· 129

6.5.5　各种准最佳变换的性能比较 ···································································· 131
　　　6.5.6　编码 ······································································································· 132
　6.6　图像编码的国际标准简介 ····················································································· 133
　　　6.6.1　静态灰度(或彩色)图像压缩标准 ································································ 134
　　　6.6.2　运动图像压缩标准 ···················································································· 134
　　　6.6.3　二值图像压缩标准 ···················································································· 134
　习题 ······································································································ 135

第7章　图像目标识别技术 ·································································· 136
　7.1　模板匹配 ··················································································································· 136
　　　7.1.1　模板匹配方法 ···························································································· 137
　　　7.1.2　模板匹配方法的改进 ·················································································· 138
　7.2　统计模式识别 ··········································································································· 139
　　　7.2.1　特征处理 ···································································································· 139
　　　7.2.2　统计分类法 ································································································ 140
　7.3　结构模式识别法 ······································································································· 144
　　　7.3.1　结构模式识别原理 ···················································································· 144
　　　7.3.2　树分类法 ···································································································· 146
　7.4　智能模式识别 ··········································································································· 147
　　　7.4.1　机器学习 ···································································································· 148
　　　7.4.2　人工神经网络 ···························································································· 148
　　　7.4.3　深度学习与卷积神经网络 ·········································································· 153
　7.5　道路交通标志检测与识别 ······················································································· 158
　　　7.5.1　交通标志的基本特征 ·················································································· 158
　　　7.5.2　经典的交通标志检测与识别方法 ······························································ 159
　　　7.5.3　交通标志智能检测与识别方法 ·································································· 164
　习题 ······································································································ 169

第8章　Photoshop简介 ······································································· 170
　8.1　Photoshop的产生及发展 ······················································································· 170
　8.2　Photoshop CC 2023桌面环境 ················································································· 171
　8.3　Photoshop CC 2023编辑基础 ················································································· 173
　　　8.3.1　新建、打开、关闭操作 ············································································ 173
　　　8.3.2　画布与图像 ································································································ 173
　　　8.3.3　辅助工具 ···································································································· 174
　习题 ······································································································ 177

# 第9章 图层与图层样式 ……………………………………………………………… 178
## 9.1 图层面板 ………………………………………………………………………… 178
### 9.1.1 显示与隐藏图层 ………………………………………………………… 178
### 9.1.2 锁定图层 ………………………………………………………………… 178
### 9.1.3 链接图层 ………………………………………………………………… 179
### 9.1.4 图层不透明度 …………………………………………………………… 179
### 9.1.5 图层混合模式 …………………………………………………………… 179
## 9.2 图层的基本操作 ………………………………………………………………… 179
### 9.2.1 选择图层 ………………………………………………………………… 179
### 9.2.2 新建图层 ………………………………………………………………… 180
### 9.2.3 复制图层 ………………………………………………………………… 182
### 9.2.4 移动图层 ………………………………………………………………… 182
### 9.2.5 删除图层 ………………………………………………………………… 183
### 9.2.6 更名图层 ………………………………………………………………… 183
### 9.2.7 合并图层 ………………………………………………………………… 183
### 9.2.8 转换为智能对象 ………………………………………………………… 183
### 9.2.9 对齐和分布图层 ………………………………………………………… 183
## 9.3 图层样式 ………………………………………………………………………… 184
### 9.3.1 图层样式面板 …………………………………………………………… 184
### 9.3.2 图层的特殊效果 ………………………………………………………… 185
## 习题 ………………………………………………………………………………… 188

# 第10章 选区与蒙版 ……………………………………………………………… 189
## 10.1 选区的建立 ……………………………………………………………………… 189
### 10.1.1 选框工具 ………………………………………………………………… 189
### 10.1.2 魔棒工具 ………………………………………………………………… 190
### 10.1.3 快速选择工具 …………………………………………………………… 192
### 10.1.4 套索工具组 ……………………………………………………………… 192
### 10.1.5 钢笔工具 ………………………………………………………………… 193
### 10.1.6 色彩范围 ………………………………………………………………… 195
## 10.2 选区的编辑 ……………………………………………………………………… 196
### 10.2.1 选区边缘处理 …………………………………………………………… 196
### 10.2.2 选区的形状变换 ………………………………………………………… 196
### 10.2.3 选区的存储和载入 ……………………………………………………… 197
## 10.3 蒙版 …………………………………………………………………………… 198
### 10.3.1 快速蒙版 ………………………………………………………………… 198
### 10.3.2 图层蒙版 ………………………………………………………………… 199
### 10.3.3 矢量蒙版 ………………………………………………………………… 200

　　　　　10.3.4　剪贴蒙版 · · · · · · · · · · · · · · · · · · · · · · · · · · · · · · · · · · · · · · · · · · · · · · · · · · · · · · · · · · · · · · · · · · · · · · · · · · · · · · · · · · · · 201
　　习题 · · · · · · · · · · · · · · · · · · · · · · · · · · · · · · · · · · · · · · · · · · · · · · · · · · · · · · · · · · · · · · · · · · · · · · · · · · · · · · · · · · · · · · · · · · · · · · · · · · · · · 201

## 第 11 章　绘图与修饰 · · · · · · · · · · · · · · · · · · · · · · · · · · · · · · · · · · · · · · · · · · · · · · · · · · · · · · · · · · · · · · · · · · · · · · · · · · · · · · 202

　　11.1　图像裁剪与变换 · · · · · · · · · · · · · · · · · · · · · · · · · · · · · · · · · · · · · · · · · · · · · · · · · · · · · · · · · · · · · · · · · · · · · · · · · · · · 202
　　　　　11.1.1　裁剪与切片工具 · · · · · · · · · · · · · · · · · · · · · · · · · · · · · · · · · · · · · · · · · · · · · · · · · · · · · · · · · · · · · · · · · · · 202
　　　　　11.1.2　对象变换 · · · · · · · · · · · · · · · · · · · · · · · · · · · · · · · · · · · · · · · · · · · · · · · · · · · · · · · · · · · · · · · · · · · · · · · · · · · · 204
　　11.2　绘图与编辑工具 · · · · · · · · · · · · · · · · · · · · · · · · · · · · · · · · · · · · · · · · · · · · · · · · · · · · · · · · · · · · · · · · · · · · · · · · · · · · 206
　　　　　11.2.1　画笔工具 · · · · · · · · · · · · · · · · · · · · · · · · · · · · · · · · · · · · · · · · · · · · · · · · · · · · · · · · · · · · · · · · · · · · · · · · · · · · 206
　　　　　11.2.2　图形绘制工具 · · · · · · · · · · · · · · · · · · · · · · · · · · · · · · · · · · · · · · · · · · · · · · · · · · · · · · · · · · · · · · · · · · · · · · 208
　　　　　11.2.3　修复 · · · · · · · · · · · · · · · · · · · · · · · · · · · · · · · · · · · · · · · · · · · · · · · · · · · · · · · · · · · · · · · · · · · · · · · · · · · · · · · · · · 209
　　　　　11.2.4　图章工具 · · · · · · · · · · · · · · · · · · · · · · · · · · · · · · · · · · · · · · · · · · · · · · · · · · · · · · · · · · · · · · · · · · · · · · · · · · · · 212
　　　　　11.2.5　历史记录画笔 · · · · · · · · · · · · · · · · · · · · · · · · · · · · · · · · · · · · · · · · · · · · · · · · · · · · · · · · · · · · · · · · · · · · · · 213
　　　　　11.2.6　擦除 · · · · · · · · · · · · · · · · · · · · · · · · · · · · · · · · · · · · · · · · · · · · · · · · · · · · · · · · · · · · · · · · · · · · · · · · · · · · · · · · · · 214
　　　　　11.2.7　填充 · · · · · · · · · · · · · · · · · · · · · · · · · · · · · · · · · · · · · · · · · · · · · · · · · · · · · · · · · · · · · · · · · · · · · · · · · · · · · · · · · · 215
　　　　　11.2.8　图像渲染 · · · · · · · · · · · · · · · · · · · · · · · · · · · · · · · · · · · · · · · · · · · · · · · · · · · · · · · · · · · · · · · · · · · · · · · · · · · · 215
　　11.3　图像色彩校正 · · · · · · · · · · · · · · · · · · · · · · · · · · · · · · · · · · · · · · · · · · · · · · · · · · · · · · · · · · · · · · · · · · · · · · · · · · · · · · · · 218
　　　　　11.3.1　快速调整 · · · · · · · · · · · · · · · · · · · · · · · · · · · · · · · · · · · · · · · · · · · · · · · · · · · · · · · · · · · · · · · · · · · · · · · · · · · · 218
　　　　　11.3.2　图像色彩和色调调整 · · · · · · · · · · · · · · · · · · · · · · · · · · · · · · · · · · · · · · · · · · · · · · · · · · · · · · · · · · · · · · 219
　　11.4　滤镜 · · · · · · · · · · · · · · · · · · · · · · · · · · · · · · · · · · · · · · · · · · · · · · · · · · · · · · · · · · · · · · · · · · · · · · · · · · · · · · · · · · · · · · · · · · · · 227
　　　　　11.4.1　滤镜的使用 · · · · · · · · · · · · · · · · · · · · · · · · · · · · · · · · · · · · · · · · · · · · · · · · · · · · · · · · · · · · · · · · · · · · · · · · · 227
　　　　　11.4.2　滤镜库 · · · · · · · · · · · · · · · · · · · · · · · · · · · · · · · · · · · · · · · · · · · · · · · · · · · · · · · · · · · · · · · · · · · · · · · · · · · · · · · · 229
　　　　　11.4.3　智能滤镜 · · · · · · · · · · · · · · · · · · · · · · · · · · · · · · · · · · · · · · · · · · · · · · · · · · · · · · · · · · · · · · · · · · · · · · · · · · · · 229
　　习题 · · · · · · · · · · · · · · · · · · · · · · · · · · · · · · · · · · · · · · · · · · · · · · · · · · · · · · · · · · · · · · · · · · · · · · · · · · · · · · · · · · · · · · · · · · · · · · · · · · · · · 230

## 第 12 章　文字与路径 · · · · · · · · · · · · · · · · · · · · · · · · · · · · · · · · · · · · · · · · · · · · · · · · · · · · · · · · · · · · · · · · · · · · · · · · · · · · · · · · · · · 231

　　12.1　文字的创建与编辑 · · · · · · · · · · · · · · · · · · · · · · · · · · · · · · · · · · · · · · · · · · · · · · · · · · · · · · · · · · · · · · · · · · · · · · · · · · 231
　　　　　12.1.1　文字的创建 · · · · · · · · · · · · · · · · · · · · · · · · · · · · · · · · · · · · · · · · · · · · · · · · · · · · · · · · · · · · · · · · · · · · · · · · · 231
　　　　　12.1.2　文字的编辑 · · · · · · · · · · · · · · · · · · · · · · · · · · · · · · · · · · · · · · · · · · · · · · · · · · · · · · · · · · · · · · · · · · · · · · · · · 231
　　　　　12.1.3　栅格化文字图层 · · · · · · · · · · · · · · · · · · · · · · · · · · · · · · · · · · · · · · · · · · · · · · · · · · · · · · · · · · · · · · · · · · · 232
　　12.2　路径的创建与编辑 · · · · · · · · · · · · · · · · · · · · · · · · · · · · · · · · · · · · · · · · · · · · · · · · · · · · · · · · · · · · · · · · · · · · · · · · · · 232
　　　　　12.2.1　创建路径 · · · · · · · · · · · · · · · · · · · · · · · · · · · · · · · · · · · · · · · · · · · · · · · · · · · · · · · · · · · · · · · · · · · · · · · · · · · · 232
　　　　　12.2.2　编辑路径 · · · · · · · · · · · · · · · · · · · · · · · · · · · · · · · · · · · · · · · · · · · · · · · · · · · · · · · · · · · · · · · · · · · · · · · · · · · · 233
　　　　　12.2.3　管理路径 · · · · · · · · · · · · · · · · · · · · · · · · · · · · · · · · · · · · · · · · · · · · · · · · · · · · · · · · · · · · · · · · · · · · · · · · · · · · 233
　　12.3　路径与文字 · · · · · · · · · · · · · · · · · · · · · · · · · · · · · · · · · · · · · · · · · · · · · · · · · · · · · · · · · · · · · · · · · · · · · · · · · · · · · · · · · · · · 233
　　　　　12.3.1　沿路径排列文字 · · · · · · · · · · · · · · · · · · · · · · · · · · · · · · · · · · · · · · · · · · · · · · · · · · · · · · · · · · · · · · · · · · · 233
　　　　　12.3.2　在闭合路径创建文字 · · · · · · · · · · · · · · · · · · · · · · · · · · · · · · · · · · · · · · · · · · · · · · · · · · · · · · · · · · · · · · 234
　　习题 · · · · · · · · · · · · · · · · · · · · · · · · · · · · · · · · · · · · · · · · · · · · · · · · · · · · · · · · · · · · · · · · · · · · · · · · · · · · · · · · · · · · · · · · · · · · · · · · · · · · · 235

## 第 13 章　综合实例 ········ 236
- 13.1　无缝拼接全景照片 ········ 236
- 13.2　逆光照片调色 ········ 237
- 13.3　电影爆炸镜头特效制作 ········ 241
- 13.4　Photoshop 在网页制作中的应用 ········ 249
  - 13.4.1　切片 ········ 250
  - 13.4.2　添加动画 ········ 252
  - 13.4.3　存储并预览 ········ 255
  - 13.4.4　使用 Zoomify 功能 ········ 256
  - 13.4.5　创建 Web 画廊 ········ 256
- 13.5　"邀请有礼"海报制作 ········ 258
  - 13.5.1　根据需求选择素材 ········ 258
  - 13.5.2　布置海报的背景 ········ 259
  - 13.5.3　制作主体部分 ········ 265
  - 13.5.4　海报成品输出 ········ 274
- 习题 ········ 275

## 附录 ········ 276

## 参考文献 ········ 278

# 第1章 概 论

## 1.1 数字图像处理的概念

### 1.1.1 图像

图像是对客观对象的一种相似性的、生动性的描述或写真。或者说,图像是客观对象的一种表示,它包含了被描述对象的有关信息。它是人们最主要的信息源。据统计,一个人获取的信息大约75%来自视觉。俗话说"百闻不如一见""一目了然",都反映了图像在信息传递中的独特效果。

图像的种类有很多,根据人眼的视觉特性可将图像分为可见图像和不可见图像,如图1.1.1所示。其中可见图像的一个子集为图片,它包括照片、用线条画的图和画,另一个子集为光图像,即用透镜、光栅和全息技术产生的图像。不可见的图像包括不可见光成像,如红外、微波等的成像,以及不可见量按数学模型生成的图像,如温度、压力及人口密度等的分布图。

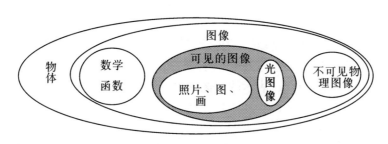

图 1.1.1 图像种类

图 1.1.2 是电磁波谱图。电磁波可视为以波长 λ 传播的正弦波,或视为没有质量的粒子流,每个粒子以波的形式传播并以光速运动。每个无质量的粒子都是具有一定(一束)能量的粒子,称为光子。电磁波谱可用波长、频率或能量来表示。波长($\lambda$)和频率($v$)的关系为

$$\lambda = c/v \tag{1.1.1}$$

式中,$c$ 是光速。波长常用的单位是微米($1\mu m = 10^{-6} m$)和纳米(表示为 nm,$1 nm = 10^{-9} m$)。频率用赫兹(Hz)来表示。

电磁波谱各分量的能量为

$$E = h\nu \tag{1.1.2}$$

式中，$h$ 是普朗克常数。常用的能量单位是电子伏特。

根据每个光子的能量对光谱波段进行分组，可以得到图 1.1.2 所示的光谱。由式(1.1.2)可以看出能量与频率成正比，更高频率(更短波长)电磁的光子携带更多的能量。因此，电磁波谱按波长由小到大(或能量由高到低)依次为 $\gamma$ 射线(最高能量)、X 射线、紫外线、可见光、红外、微波到无线电波(最低能量)。图像按所含波段数可分为单波段、多波段和超波段图像。单波段图像上每个点只有一个亮度值；多波段图像上每个点具有多个特性。例如，彩色图像上每个点具有红、绿、蓝三个亮度值；超波段图像上每个点具有几十或几百个亮度值。

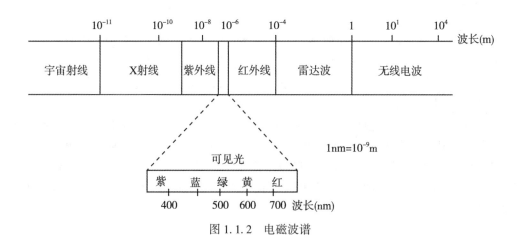

图 1.1.2 电磁波谱

图像按空间坐标和亮度(或色彩)的连续性可分为模拟图像和数字图像。模拟图像指空间坐标和亮度(或色彩)都是连续变化的图像。数字图像是一种空间坐标和灰度均不连续的、用离散数字(一般用整数)表示的图像。

### 1.1.2 图像处理

对图像进行一系列的操作，以达到预期目的的技术称为图像处理。图像处理分为模拟图像处理和数字图像处理两类方式。

利用光学、照相方法对图像的处理称为模拟图像处理。光学图像处理方法已有很长的历史，在激光全息技术出现后，它得到了进一步发展。尽管光学图像处理理论日臻完善，且处理速度快，信息容量大，分辨率高，又非常经济，但处理精度不高、稳定性差、设备笨重，操作不方便和工艺水平不高等原因限制了它的发展速度。从 20 世纪 60 年代起，随着电子计算机技术的进步，数字图像处理技术获得了飞跃式发展。

所谓数字图像处理，就是利用计算机对数字图像进行系列操作，从而获得某种预期结果的技术。数字图像处理离不开计算机，因此又称计算机图像处理。"计算机图像处理"与"数字图像处理"可视为同义语，为了与模拟图像处理相区别，本书采用"数字图像处理"。

## 1.2 数字图像处理的内容

在 20 世纪 20 年代，数字图像处理最早应用于报纸行业。由于报纸行业信息传输的需要，一根海底电缆从英国伦敦连通到美国纽约，实现了第一幅数字照片的传送。在当时如果不采用数字图像处理技术，一张图像传达的时间需要 7 天，而借助数字图像处理技术仅耗费 3 小时。到 20 世纪 60 年代，一台能够实现图像处理任务的计算机诞生，标志着数字图像处理技术进入快速发展阶段。特别是在 1964 年，美国喷射推进实验室使用计算机对太空船送回地面的大批月球照片进行处理后，得到了清晰逼真的图像，进而这门技术受到了广泛的关注，并成为这门技术发展的重要里程碑。数字图像处理取得的另一个巨大成就是在医学上获得的成果。1972 年英国 EMI 公司工程师 Housfield 发明了用于头颅诊断的 X 射线计算机断层摄影装置 CT(computer tomograph)。1975 年 EMI 公司又成功研制出全身用的 CT 装置，获得了人体各个部位清晰的断层图像，为人类作出了划时代的贡献。1979 年这项无损伤诊断技术获得了诺贝尔奖。与此同时，数字图像处理技术在航空航天、生物医学工程、工业检测、机器人视觉、公安司法、军事制导、文化艺术等应用领域受到广泛关注，并取得了重大的开拓性成就，数字图像处理成为一门引人注目、前景远大的新学科。

自 20 世纪 60 年代以来，随着数字技术和微电子技术的迅猛发展，数字图像处理技术手段愈加先进。数字图像处理就从信息处理、自动控制系统论、计算机科学、数据通信、电视技术等学科中脱颖而出，成为研究"图像信息的获取、传输、存储、变换、显示、理解与综合利用"的一门崭新学科。

数字图像处理学所包含的内容是相当丰富的。根据抽象程度不同，数字图像处理学可分为三个层次：狭义图像处理、图像分析和图像理解，如图 1.2.1 所示。

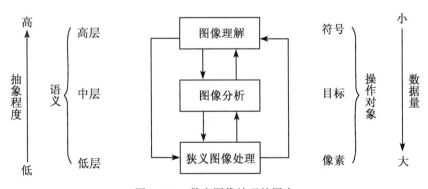

图 1.2.1　数字图像处理的层次

狭义图像处理是对输入图像进行某种变换得到输出图像，是一种图像到图像的过程。狭义图像处理主要指对图像进行各种操作以改善图像的视觉效果，或对图像进行压缩编码以减少所需存储空间或传输时间，降低对传输通道的要求。

图像分析主要是对图像中感兴趣的目标进行检测和识别,从而建立对图像目标的描述。图像分析是一个从图像到数值或符号的过程。

图像理解则是在图像分析的基础上,基于人工智能和认知理论,研究图像中各目标的性质和它们之间的相互联系,对图像内容的含义加以理解以及对原来客观场景加以解译,从而指导和规划行动。如果说图像分析主要是以观察者为中心研究客观世界(主要研究可观察到的对象),那么图像理解在一定程度上是以客观世界为中心,借助知识、经验等来把握整个客观世界。

可见,狭义图像处理、图像分析和图像理解是相互联系又相互区别的。狭义图像处理是底层操作,它主要在图像像素级上进行处理,处理的数据量非常大;图像分析则进入了中层,经分割和特征提取,把原来以像素构成的图像转变成比较简洁的非图像形式的描述;图像理解是高层操作,它是对描述中抽象出来的符号进行推理,其处理过程和方法与人类的思维推理有许多类似之处。由图 1.2.1 可见,随着抽象程度的提高,数据量逐渐减少。一方面,原始图像数据经过一系列的处理,逐步转化为更有组织和用途的信息。在这个过程中,语义不断被引入,操作对象发生变化,数据量得到了压缩;另一方面,高层操作对低层操作有指导作用,能提高低层操作的效率。

## 1.3 数字图像处理系统

图 1.3.1 是数字图像处理系统的基本组成框图,它包括图像处理硬件和软件。硬件部分包括采集、显示、存储、网络通信、计算机五个模块。它与一般数据处理的计算机系统的不同点在于必须有专用的输入、输出和通信设备。图中各模块都有特定的功能,下面简要介绍各个模块。

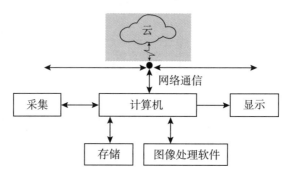

图 1.3.1 数字图像处理系统的基本组成框图

### 1.3.1 数字图像采集

采集数字图像所用设备由两个部件组成:一个是对某一电磁波谱段(如 X 射线、紫外线、可见光、红外线等)敏感的物理器件,它能产生与所接受到的电磁能量成正比的(模拟)电信号;另一个是模/数转换部件,它能将上述(模拟)电信号转化为数字(离散)的形式。所有数字图像采集设备都包含这两个部件。目前图像采集设备有电荷耦合器件照相机、数字摄像机和扫描仪等。较详细的介绍见本书第 2 章。

### 1.3.2 数字图像显示

对狭义图像处理来说，其目的是提供一幅更便于分析、解译和识别的图像。对图像分析而言，分析的结果可借助计算机图形学技术转换为更直观的图像形式展示。所以图像显示是图像处理的重要内容之一。

图像的显示主要有两种形式：一种是将图像通过 CRT 显示器、液晶显示器或投影仪等设备暂时性显示的软拷贝形式；另一种是通过照相机、激光拷贝和打印机等将图像输出到物理介质上的永久性硬拷贝形式。

打印设备一般用于输出较低分辨率的图像。以往打印灰度图像的一种简便方法是利用标准行打印机的重复打印功能输出图像，输出图像上任一点的灰度由该点打印的字符数量和密度来控制。近年来使用的各种热敏、喷墨、激光打印机和胶片相机等具有更好的性能，可打印出高分辨率的灰度图像和彩色图像。

值得一提的是，英伟达公司推出的图形处理芯片 GPU(Graphics Processing Unit)的发展速度以及应用的广泛程度令世人瞩目。我国 2010 年推出的天河-1A 超级计算机，曾位列世界超级计算机 500 强的榜首，该计算机采用了 7168 片 GPU。"CPU+GPU"的异构结构成为超级计算机的主流架构。相对于其他多核计算技术，GPU 具有明显的高速、高精度浮点计算的优势，GPU 还拥有远远超过 CPU 的内存带宽。GPU 发展起步于图形，现在则应用于各种高速、高精度计算领域。英伟达公司在 2006 年推出了 GPU 的专用开发工具 CUDA(Compute Unified Device Architecture，统一计算架构)，允许程序员使用 C 语言来编写 GPU 并行代码以超高性能运行，这种软件生态环境大大促进了 GPU 的发展。当前，GPU 技术已经发展到嵌入式芯片的水平，其应用范围正在快速扩展。

GPU 应用在图像处理方面已有较长时间了，目前一些研究单位正在将 GPU 技术应用于视频智能分析。可以预见，嵌入式的 GPU 技术有望成为视频监控由"看"到"认知"这一飞跃的新贵。

### 1.3.3 数字图像存储

图像的数据量往往很大，因而需要大量的空间来存储图像。在图像处理和分析系统中，大容量和快速的图像存储器是必不可少的。在计算机中，图像数据量最小的度量单位是比特(bit)。存储器的存储量常用字节(1Byte = 8bits)、千字节(k Byte)、兆($10^6$)字节(M Byte)、吉($10^9$)字节(G Byte)、太($10^{12}$)字节(T Byte)、拍字节(Peta Byte)、艾字节(Exa Byte)、泽字节(Zeta Byte)、尧字节(Yotta Byte)等表示。例如，存储 1 幅 1024×1024 的 8 bit 图像就需要 1M byte 的存储器。用于图像处理和分析的数字存储器可分为三类：快速存储器、在线或联机存储器、不经常使用的数据库(档案库)存储器。

计算机内存就是一种提供快速存储功能的存储器。目前微型计算机的标配内存容量达到 2GB~8GB。另外一种提供快速存储功能的存储器是特制的硬件卡，即帧缓存，它可存储多幅图像并可以视频速度(每秒 25 或 30 幅图像)读取，也可以对图像进行放大缩小、垂直翻转和水平翻转等操作。显存容量是随着显卡的发展而逐步增大的，并且有越来越大的趋势。显存容量从早期的 512KB、1MB、2MB 等极小容量，发展到 8MB、12MB、16MB、32MB、64M、128MB、256MB、512MB、1024MB，主流的是 2GB、4GB、8GB 的产品。

硬盘和 3.5 英寸的软磁盘一直是小型和微型计算机必备的外部存储器。硬盘为计算机提供了大容量的存储介质，但是其盘片无法更换，存储的信息也不便于携带和交换。

软盘虽然提供了可更换的存储介质，但软盘存在可靠性差、容量小、速度慢、寿命短、容易损坏等缺点，其 1.44MB 的存储容量远远不能满足图像处理的应用要求，因此逐步被光盘、闪存盘等移动存储介质取代。

闪存盘是以闪存记忆体为存储介质，由朗科发明，郎科称之为"U 盘"。它以 USB 为接口的一种存储介质，具有存储容量大、体积小、保存数据期长且安全可靠、方便携带、抗震性能强、防磁防潮、耐温、性价比高等突出优点，是软盘的理想替代品。

移动硬盘和 U 盘性能基本相同，可靠性强，数据保存可达十年以上，数据传输率较高，操作方便，支持热拔插，无需外接电源，只要插入主机的 USB 接口就可使用。但在外形和性价比上二者有很大的差别：U 盘重 1~20g，一般的 U 盘容量有 2G、4G、8G、16G、32G、64G，除此之外还有 128G、256G、512G、1T 等；移动硬盘重量在 150g 和 250g 之间，移动硬盘可以提供相当大的存储容量，包括 320G、500G、600G、640G、900G、1000G(1T)、1.5T、2T、2.5T、3T、3.5T、4T 等，最高可达 12T 的容量。

DVD 是"digital video disk"的缩写。DVD 盘片是最新一代的大容量光盘存储设备，它达到了目前技术上最理想的容量。目前有 DVD-R、DVD-RAM 和 DVD-RW3 种盘片。和 CD-R 盘片一样，DVD-R 盘片只能记录数据一次，而 DVD-RAM 和 DVD-RW 盘片则可以重写若干次。根据容量的不同可将 DVD 盘片分成四种规格，分别是 DVD-5(4.7G)、DVD-9(8.5G)、DVD-10(9.4G) 与 DVD-18(17G) 盘片。在容量方面，DVD 盘片无疑是 CD 盘片的强有力竞争对手，DVD 盘片凭借其微小的道宽、高密度的记录线、缩短的激光波长、采用增大开光数的镜头等特点，跻身于大容量、高精度、高质量存储设备的前列。由于实现了记录层两层化，DVD 盘片存储容量可达到 10G 以上。可以预见 DVD-R/DVD-RW 盘片将是未来有发展前途的大容量记录设备之一。

磁带是所有存储媒体中单位存储信息成本最低、容量最大、标准化程度最高的常用存储介质之一。采用离线硬拷贝方式，互换性好、易于保存。近年来，由于采用了具有高纠错能力的编码技术和即写即读的通道技术，磁带存储的可靠性有了大大提高，读写速度有明显改善。现在常用磁带主要有：QIC(quarter-inch cartridge，1/4 英寸磁带宽度)磁带、DAT(digital audio tape，4mm 磁带宽度)磁带、8mm 磁带和 1/2 英寸磁带等。

在海量图像存储备份系统中，还常采用磁盘阵列、磁带库、光盘塔或光盘库等存储设备。

磁盘阵列又叫 RAID(redundant array of inexpensive disks，廉价磁盘冗余阵列)，它将多个硬磁盘组成一个阵列，数据以分段的方式存储在不同的磁盘中，能以快速、准确和安全的方式来读写相关磁盘数据。磁盘阵列有硬件磁盘阵列和软件磁盘阵列，根据不同的应用需求，磁盘阵列采用的技术分为 0、1、2、3、4、5 六个级别，最常用的是 0、1、3、4

四个级别。

磁带库是一种可将多台磁带机整合到一个封闭机构中的箱式磁带备份设备。磁带库一般由数台磁带机、机械手和十到数十盒磁带构成,并可由机械手臂自动实现磁带拆卸和装填,存储容量可达到数百 P(1P=1M GB),可以实现连续备份、自动搜索磁带,还可以在驱动管理软件控制下实现智能恢复、实时监控和统计,整个数据存储备份过程完全摆脱了人工干涉。

光盘塔由几台或十几台 CD-ROM 驱动器并联构成,是一种由软件控制光驱读写信息的光盘柜装置。光盘库实际上是一种可存放几十张或几百张光盘,并带有机械臂和一个光盘驱动器的光盘柜。

以上信息存储器特点差异较大,应用环境也有较大区别。其中,磁带库更多的是用于系统中的海量数据的定期备份,而磁盘阵列则主要用于系统中的海量数据的即时存取,光盘塔或光盘库主要用于系统中的海量数据的访问。

### 1.3.4 数字图像网络通信

图像通信是传送和接收图像信号的通信。它与目前广泛使用的声音通信方式不同,传送的不仅是声音,而且还有看得见的图像、文字、图表等信息,这些可视信息通过图像通信设备变换为电信号进行传送,在接收端把它们真实地再现出来。可以说,图像通信是利用视觉信息的通信,或称它为可视信息的通信。常用的图像通信有传真、静态图像通信、电视、交互型可视数据传输和电视会议等。

近年来随着信息高速公路的建设,各种网络的发展非常迅速。因而,图像通信传输得到了极大的关注。另外,图像通信可使不同的系统共享图像数据资源,极大地推动了图像在各个领域的广泛应用。图像通信可分为近程通信和远程通信两种。

近程图像通信主要是指在不同设备间交换图像数据,现已有许多用于局域通信的软件和硬件以及各种标准协议。

远程图像通信主要是指在图像处理系统间传输图像。长距离通信遇到的首要问题是图像数据量大而传输通道通常比较窄。例如,目前常用的电话线的速率为 9600bit/s,如果以这样的速率传输 1 幅 512×512×8bit 图像就需要 300s。利用中继站的无线传输速率比较高,但同时费用也高。因此,图像数据压缩与编码技术是解决这个问题的主要途径之一。

云通信是云计算(cloud computing)概念的一个分支,指用户利用软件即服务 SaaS 形式的瘦客户端或智能客户端,通过现有局域网或互联网线路进行通信交流,而无须经由传统电话线路的一种新型通信方式。在现今 ADSL 宽带、光纤、3G、4G、5G 和 6G 等高速数据网络日新月异的年代,云通信给传统电信运营商带来了新的发展契机。现今几乎所有的基础网络运营商都瞄准了网络数据流量这个市场,随着运营商管道化趋势的不断发展,作为其重要数据流量来源之一的云通信相关应用势必引领新一波 IT 产业与经济发展点。

### 1.3.5 计算机

无论是巨型机、小型计算机,还是微机,都可以用于图像处理。早期的数字图像处理系统为提高处理速度,只能增加容量,所以都采用大型计算机。后来较普遍采用小型机和微机。现在的图像处理系统所用计算机向两个方向发展：一个方向是以微机或工作站为主，配以图像卡和外设构成微型图像处理系统。其优点是系统成本低、设备紧凑、灵活、实用，便于推广。另一个方向是向大型机方向发展，具有并行处理功能，以解决数据量、实时性与处理能力之间的矛盾。

### 1.3.6 图像处理软件

数字图像处理软件系统的结构如图1.3.2所示。尽管图像处理软件系统有很大差异，但一般可分为系统程序管理、图像数据管理和图像处理三部分。

系统程序管理不仅与图像处理算法如何程序化有关，而且与所用语言的种类有关。对于系统管理命令有两种执行方式：交互式调用和程序型。

图像数据管理包括多种格式的图像或图像数据的输入、输出、存储以及文件管理等内容。

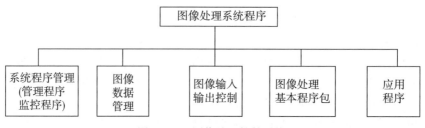

图1.3.2 图像处理软件系统

图像输入输出控制是对系统带有特定的输入和输出设备的控制管理程序。

图像处理基本程序包具有基本的图像处理功能，通常以子程序的形式模块化，组成程序包。

应用程序是面向用途设计的各种程序。

面向应用的图像处理系统目前越来越多，判断系统优劣的标准包括性价比、图像处理功能、速度、操作性能、处理精度、扩充性、维护和售后服务等。

## 1.4 数字图像处理的特点及其应用

在计算机出现之前，模拟图像处理(如借助光学、摄影等技术的处理)占据主导地位。随着计算机的发展，数字图像处理发展迅猛。但与人类对视觉机理着迷的历史相比，它是一门相对年轻的学科。尽管目前一般采用顺序处理的计算机，对大数据量的图像处理速度不如光学方法快，但是其处理的精度高，实现多种功能的、高度复杂的运算求解非常灵活方便。在其短短的历史中，它成功地应用于几乎所有与成像有关的领域，并正发挥着相当重要的作用。

## 1.4.1 数字图像处理的特点

同模拟图像处理相比,数字图像处理有很多优点。主要表现在:

**1. 精度高**

对于图像处理而言,数字化处理与模拟图像处理在精度提升方面存在显著差异。在数字图像处理中,无论是用 4 bit、8 bit 还是其他比特深度,计算机程序的处理方式基本一致。增加图像像素数只需改变数组的参数,而处理方法不变。所以从原理上讲,不管处理多高精度的图像都是可能的。而在模拟图像处理中,要想使精度提高一个数量级,就必须对装置进行大幅度改进。

**2. 再现性好**

不管是什么图像,它们均用数组或数组集合表示,这样计算机容易处理。因此,在传送和复制图像时,只在计算机内部进行处理,这样数据就不会丢失或遭破坏,保持了完好的再现性。而在模拟图像处理过程中,就会因为各种因素干扰而无法保持图像的再现性。

**3. 通用性、灵活性强**

不管是可见光成像还是 X 线、红外线、超声波等不可见光成像,尽管成像设备规模和精度各不相同,但把图像信号直接进行 A/D 变换,或记录成照片再数字化,对于计算机来说,数字图像都能用数组表示。不管什么样的数字图像都可以用同样的方法进行处理,这就是数字图像处理的通用性。另外,可设计各种各样的处理程序,如上下滚动、漫游、拼图、合成、变换、放缩和各种逻辑运算等,所以数字图像处理具有很强的灵活性。

## 1.4.2 数字图像处理的应用

数字图像处理和计算机、多媒体、智能机器人、专家系统等技术的发展紧密相关。近年来计算机识别、理解图像技术发展很快,图像处理的目的除了直接供人观看(如医学图像用于医生观察诊断)外,还在计算机视觉的应用方面有进一步发展(如邮件自动分检,车辆自动驾驶等)。下面仅罗列一些典型应用实例,而实际的应用范围更广。

**1. 在生物医学中的应用**

在生物医学中的应用主要包括显微图像处理,DNA 显示分析,红、白细胞分析计数,虫卵及组织切片的分析,癌细胞识别,染色体分析,心血管数字减影,内脏大小形状及异常检测,微循环的分析判断,心脏活动的动态分析,热像、红外像分析,X 光照片增强、冻结及伪彩色增强,超声图像成像增强及伪彩色处理,CT、MRI、γ 射线照相机、正电子和质子 CT 的应用,专家系统如手术 PLANNING 规划的应用,生物进化的图像分析等。

**2. 在航天遥感中的应用**

在航天遥感中的应用主要包括:卫星图像分析与应用,地形、地图测绘,国土、森林、海洋资源调查，地质、矿藏勘探，水资源调查与洪水灾害监测，农作物估产与病虫害调查，自然灾害、环境污染的监测，气象图的合成分析与预报，天文、太空星体的探测与分析，交通选线等。

#### 3. 工业应用

工业应用包括：零部件无损检测，焊缝及内部缺陷检查；流水线零件自动检测识别；邮件自动分拣；印制板质量、缺陷的检出；生产过程的监控；交通管制、机场监控；金相分析；运动车辆、船只的监控；密封元器件内部质量检查等。

#### 4. 在军事公安领域中的应用

在军事公安领域中的应用主要包括：巡航导弹地形识别，指纹自动识别，罪犯脸型的合成，侧视雷达的地形侦察，遥控飞行器的引导，目标的识别与制导，自动炮火控制，反伪装侦察，印章的鉴别，过期档案文字的复原，集装箱的不开箱检查等。

#### 5. 其他应用

其他应用包括：图像的远距离通信、可视电话、服装试穿显示、理发发型预测显示、电视会议、视频监控等。

## ◎ 习 题

1. 什么是图像？模拟图像与数字图像有什么区别？
2. 模拟图像处理与数字图像处理的主要区别表现在哪些方面？
3. 数字图像处理学包括哪几个层次？各层次之间有何区别和联系？
4. 数字图像处理系统由哪些模块组成？各模块起何作用？
5. 结合实际工作和生活，说明数字图像处理的应用。

# 第 2 章 数字图像获取

数字图像处理的目的之一是帮助人们更好地观察和理解图像中的信息。也就是说,最终要通过人眼来判断所处理的结果。因此,本章首先介绍人类视觉系统的特点,然后介绍数字图像获取方法与技术等。

## 2.1 人眼的视觉原理

### 2.1.1 人眼的构造

人眼是一个平均半径为 20mm 的球状器官。它由三层薄膜包围着,如图 2.1.1 所示。

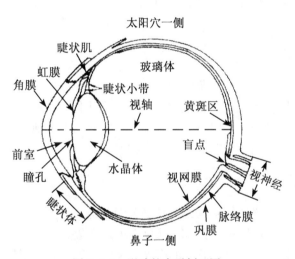

图 2.1.1 眼球的水平剖面图

最外层是坚硬的蛋白质膜。其中,位于前方的大约 1/6 部分为有弹性的透明组织,称为角膜,光线从这里进入眼内。其余 5/6 为白色不透明组织,称为巩膜,它的作用是巩固和保护整个眼球。

中间一层由虹膜和脉络膜组成。虹膜的中间有一个圆孔,称为瞳孔(直径为 2~8mm)。它的大小可以由连接虹膜的环状肌肉组织(睫状肌)来调节,以控制进入眼睛内部的光通量大小,其作用和照相机中的光圈一样。不同人种的虹膜具有不同的颜色,如黑色、蓝色、褐色等。

最内一层为视网膜，它的表面分布有大量光敏细胞。这些光敏细胞按照形状可以分为锥体和杆体细胞两类。每只眼睛中有 600 万~700 万个锥体细胞，并集中分布在视轴和视网膜相交点附近的黄斑区内。每个锥体细胞都连接一个神经末梢，因此，黄斑区对光有较高的分辨力，能充分识别图像的细节。锥体细胞既可以分辨光的强弱，也可以辨别色彩，白天视觉过程主要靠锥体细胞来完成，所以锥体视觉又称白昼视觉。杆体细胞数目更多，每只眼睛中有 7600 万~15000 万个。由于它广泛分布在整个视网膜表面上，并且有若干个杆体细胞同时连接在一根神经上，这条神经只能感受多个杆体细胞的平均光刺激，使得在这些区域的视觉分辨力显著下降。因此无法辨别图像中的细微差别，而只能感知视野中景物的总的形象。杆体细胞不能感觉彩色，但它对低照明度的景物往往比较敏感。夜晚所观察到的景物只有黑白、浓淡之分，而看不清它们的颜色差别，这是由于夜晚的视觉过程主要由杆体细胞完成，所以杆体视觉又称夜视觉。

除了三层薄膜以外，在瞳孔后面有一个扁球形的透明体，称为水晶体。它由许多同心的纤维细胞层组成，由称作睫状小带的肌肉支撑着。水晶体的作用如同一个可变焦距的透镜，它的曲率可以由睫状肌的收缩进行调节。睫状肌是位于虹膜和视网膜之间的三角组织，其作用是改变水晶体的形状，从而使景象始终能刚好地聚焦于黄斑区。

角膜和水晶体包围的空间称为前室，前室内部是对可见光透明的水状液体，它能吸收一部分紫外线。水晶体后面是后室，后室内充满的胶质透明体称为玻璃体，它起着保护眼睛的滤光作用。

### 2.1.2 图像的形成

人眼在观察景物时，光线通过角膜、前室水状液、水晶体、后室玻璃体，成像在视网膜的黄斑区周围。视网膜上的光敏细胞感受到强弱不同的光刺激，产生强度不同的电脉冲，并经神经纤维传送到视神经中枢，由于不同位置的光敏细胞可产生与接受光线强弱成比例的电脉冲，所以，大脑中便形成了一幅景物的感觉。

### 2.1.3 视觉亮度范围和分辨力

视觉亮度范围是指人眼所能感觉到的亮度范围。这一范围非常宽，从百分之几 $cd/m^2$ 到几百万 $cd/m^2$。但是，人眼并不能同时感受这样宽的亮度范围。事实上，在人眼适应了某一平均亮度的环境以后，它所能感受的亮度范围要小得多。当平均亮度适中时，能分辨的亮度上、下限之比为 1000:1。而当平均亮度较低时，该比值可能只有 10:1。即使是客观上相同的亮度，当平均亮度不同时，主观感觉的亮度也不相同。人眼的明暗感觉是相对的，但由于人眼能适应的平均亮度范围很宽，所以总的视觉范围很宽。

人眼的分辨力是指人眼在一定距离范围能区分开相邻两点的能力，可以用能区分开的最小视角 $\theta$ 的倒数来描述，如图 2.1.2 所示。

$$\theta = \frac{d}{l} \tag{2.1.1}$$

式中，$d$ 表示能区分的两点间的最小距离；$l$ 为眼睛和这两点连线的垂直距离。

人眼的分辨力和环境照度有关，当照度太低时，只有杆状细胞起作用，则分辨力下

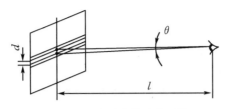

图 2.1.2 人眼分辨力的计算

降,但照度太高也无助于分辨力的提高,因为可能引起"眩目"现象。

人眼分辨力还和被观察对象的相对对比度有关。当相对对比度小时,对象和背景亮度很接近,会导致人眼分辨力下降。

### 2.1.4 视觉适应性和对比灵敏度

当我们从明亮的阳光下走进正在放映电影的影院里时,会感到一片漆黑,但过一会儿后,视觉便会逐渐恢复,人眼这种适应暗环境的能力称为暗适应性。通常这种适应过程约需 30 秒。人眼之所以产生暗适应性,一方面是由于瞳孔放大的缘故,另一方面更重要的是因为完成视觉过程的视敏细胞发生了变化,由杆状细胞代替锥状细胞工作。由于前者的视敏度约为后者的 10000 倍,所以,人眼受微弱的光刺激又恢复了感觉。

和暗适应性相比,明适应性过程要快得多,通常只需几秒钟。例如,在黑暗中突然打开电灯时,人的视觉几乎马上就可以恢复。这是因为锥状细胞恢复工作所需的时间要比杆状细胞少得多。

为了描述图像亮度的差异,给出对比度(反差)和相对对比度的概念。

图像对比度是图像中最大亮度 $B_{max}$ 与最小亮度 $B_{min}$ 之比。即

$$C_1 = \frac{B_{max}}{B_{min}} \tag{2.1.2}$$

它表示图像最大亮度对最小亮度的倍数。

相对对比度是图像中最大亮度 $B_{max}$ 与最小亮度 $B_{min}$ 之差同 $B_{min}$ 之比。即

$$C_r = \frac{B_{max} - B_{min}}{B_{min}} \tag{2.1.3}$$

### 2.1.5 亮度感觉与色觉

人眼对亮度差别的感觉取决于相对亮度的变化,于是,亮度感觉的变化 $\Delta S$ 可用相对亮度变化 $\Delta B/B$ 来描述。即

$$\Delta S = k'\Delta B/B \tag{2.1.4}$$

经积分后得到的亮度感觉为

$$S = K'\ln B + K_0 \tag{2.1.5}$$

式中 $K'$ 为常数,该式表明亮度感觉与亮度 $B$ 的自然对数呈线性关系。

图 2.1.3 表示主观亮度感觉与亮度的关系曲线,实线表示人眼能感觉的亮度范围,从

$10^{-4}(cd/m^2) \sim 10^4 cd/m^2$(cd代表烛光),但当眼睛已适应某一平均亮度时,其可感觉的亮度范围很窄,如图2.1.3中虚线所示。

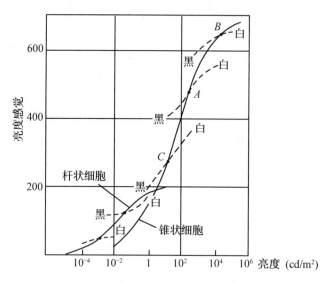

图2.1.3 人眼的主观亮度感觉和亮度的关系

由此可见,人眼在适应某一平均亮度时,黑、白感觉对应的亮度范围较小,随着平均亮度的下降,黑白感觉的亮度范围变窄。黑、白亮度感觉的相对性给图像传输与重现带来了方便,体现在:

①重现图像的亮度不必等于实际图像的亮度,只要保持两者的对比度不变,就能给人以真实的感觉;

②人眼不能感觉到的亮度差别在重现图像时不必精确地复制出来。

正常人的眼睛不仅能够感受光线的强弱,而且还能辨别不同的颜色。人辨别颜色的能力叫色觉,它是指视网膜对不同波长光的感受特性,即在一般自然光线下分辨各种不同颜色的能力。这主要是黄斑区中的锥体感光细胞的功劳,它非常灵敏,只要可见光波长相差3~5nm,人眼即可分辨。

色觉正常的人在明亮条件下能看到可见光谱的各种颜色,它们从长波一端向短波一端的顺序是:红色(700nm),橙色(620nm),黄色(580nm),绿色(510nm),蓝色(470nm),紫色(420nm)。此外,人眼还能在上述两个相邻颜色范围的过渡区域看到各种中间颜色。

物体的色是人的视觉器官受光后在大脑的一种反映。物体的色取决于物体对各种波长光线的吸收、反射和透射能力。因此,物体分消色物体和有色物体。

①消色物体的色:消色物体是指黑、白和灰色物体。这类物体对照明光线具有非选择性吸收的特性,即光线照射到消色物体上时,消色物体对各种波长入射光是等量吸收的,因而反射光或透射光的光谱成分与入射光的光谱成分相同。当白光照射到消色物体上时,反射率在75%以上的消色物体呈白色;反射率在10%以下的消色物体呈黑色;反射率介于两者之间的消色物体就呈灰色。

②有色物体的色:有色物体对照明光线具有选择性吸收的特性,即光线照射到有色物体上时,有色物体对入射光中各种波长光的吸收是不等量的,有的吸收多,有的吸收少。白光照射到有色物体上,有色物体反射或透射的光线与入射光线相比,不仅亮度减弱,而且光谱成分会变少,因此呈现出各种不同的颜色。

③光源的光谱成分对物体颜色的影响:当有色光照射到消色物体上时,物体反射光的光谱成分与入射光的光谱成分相同。当两种或两种以上有色光同时照射到消色物体上时,物体呈加色法效应。如强度相同的红光和绿光同时照射白色物体,该物体就呈黄色。

当有色光照射到有色物体上时,物体的颜色呈减色法效应。如黄色物体在品红光照射下会呈现红色,在青色光照射下会呈现绿色,在蓝色光照射下会呈现灰色或黑色。

### 2.1.6 马赫带

当亮度为阶跃变化时,图像中显示出竖条灰度梯级图像,如图 2.1.4 所示。已知从每一竖条宽度内反射出来的光强是均匀的,相邻竖条之间的强度差是常数,然而,我们看起来每一竖条内右边要比左边稍黑一些,这种现象称为马赫带效应。

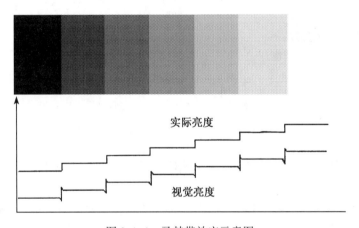

图 2.1.4 马赫带效应示意图

视错觉就是当人观察物体时,基于经验或不当的参照物形成错误的判断和感知,亦是观察者在客观因素干扰或者自身的心理因素支配下,对图形产生的与客观事实不相符的错误的感觉。如图 2.1.5(a)~(c)所示,分别为人眼产生的大小错觉、长短错觉、方向错觉。

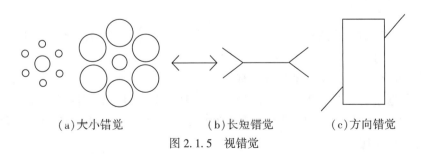

图 2.1.5 视错觉

## 2.2 图像数字化

图像数字化是将一幅画面转化成计算机能处理的形式——数字图像的过程。

具体来说,就是把一幅图画分割成如图 2.2.1 所示的一个个小区(像元或像素),并将各小区灰度用整数来表示,这样便形成一幅数字图像。小区域的位置和灰度称为像素的属性。

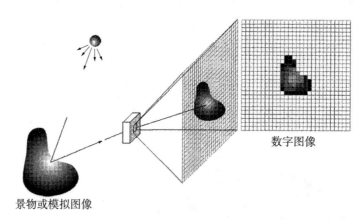

图 2.2.1 图像数字化

### 2.2.1 采样

将空间上连续的图像变换成离散点的操作称为采样。采样间隔和采样孔径的大小是两个很重要的参数。

当进行实际的抽样时,怎样选择各抽样点的间隔是个非常重要的问题。关于这一点,图像包含何种程度的细微的浓淡变化,取决于希望真实反映图像的程度。严格地说,这是一个根据抽样定理加以讨论的问题。如果将包含于一维信号 $g(s)$ 中的频率限制在 $v$ 以下时,那么根据式(2.2.1),用间距 $T=1/(2v)$ 进行采样的抽样值 $g(iT)$,能够完全把 $g(t)$ 恢复。

$$g(t) = \sum_{t=-\infty}^{\infty} g(iT)s(t-iT) \tag{2.2.1}$$

式中,$s(t) = \dfrac{\sin(2\pi vt)}{2\pi vt}$。

在抽样时,若横向的像素数(列数)为 $M$,纵向的像素数(行数)为 $N$,则图像总像素数为 $M \times N$ 个像素。

采样孔径的形状和大小与采样方式有关。

采样孔径通常有如图 2.2.2 所示圆形、正方形、长方形、椭圆四种。在实际使用时,由于受到光学系统特性的影响,采样孔径会在一定程度上产生畸变,使边缘出现模糊,降低输入图像的信噪比。

图 2.2.2 采样孔径

采样方式是指采样间隔确定后,相邻像素间的位置关系。通常有如图 2.2.3 所示有缝、无缝和重叠采样三种情况。

图 2.2.3 采样方式

### 2.2.2 量化

图像经采样被分割成空间上离散的像素,但其灰度是连续的,还不能用计算机进行处理。将像素灰度转换成离散的整数值的过程叫量化。一幅数字图像中不同灰度值的个数称为灰度级数,用 $G$ 表示。若一幅数字图像的量化灰度级数 $G=256=2^8$ 级,灰度取值范围一般是 0~255 的整数,由于用 8 bit 就能表示灰度图像像素的灰度值,因此常称 8 bit 量化。从视觉效果来看,采用大于或等于 6 bit 量化的灰度图像,视觉效果就能令人满意。

数字化前需要决定影像大小(行数 $M$、列数 $N$)和灰度级数 $G$ 的取值。一般数字图像灰度级数 $G$ 为 2 的整数幂,即 $G=2^g$。那么一幅大小为 $M\times N$、灰度级数为 $G$ 的图像所需的存储空间 $M\times N\times g$ (bit) 称为图像的数据量。

### 2.2.3 数字图像的表示与存储

**1. 数字图像的表示**

一幅 $m\times n$ 的数字图像可用矩阵表示为:

$$\boldsymbol{F} = \begin{bmatrix} f(0,0) & f(0,1) & \cdots & f(0,n-1) \\ f(1,0) & f(1,1) & \cdots & f(1,n-1) \\ \vdots & \vdots & & \vdots \\ f(m-1,0) & f(m-1,1) & \cdots & f(m-1,n-1) \end{bmatrix} \quad (2.2.2)$$

数字图像中的每一个像素对应于矩阵中相应的元素。把数字图像表示成矩阵的优点在于能应用矩阵理论对图像进行分析处理。在表示数字图像的能量、相关等特性时,采用图像的矢量(向量)表示比用矩阵表示方便。若按行的顺序排列像素,使该图像后一行第一个像素紧接前一行最后一个像素,可以将该幅图像表示成 $1\times mn$ 的列向量 $\boldsymbol{f}$。

$$\boldsymbol{f} = [\boldsymbol{f}_0, \boldsymbol{f}_1, \cdots, \boldsymbol{f}_{m-1}]^T \quad (2.2.3)$$

式中,$\boldsymbol{f}_i = [f(i,0), f(i,1), \cdots, f(i,n-1)]^T$,$i = 0, 1, \cdots, m-1$。

这种表示方法的优点在于:对图像进行处理时,可以直接利用向量分析的有关理论和方法。构成向量时，既可以按行的顺序，也可以按列的顺序，选定一种顺序后，后面的处理都要与之保持一致。

灰度图像是指每个像素的信息由一个量化的灰度来描述的图像，没有彩色信息，如图 2.2.4 所示。若图像像素灰度只有两级[通常取 0(黑色)或 1(白色)]，这样的图像称为二值图像，如图 2.2.5 所示。

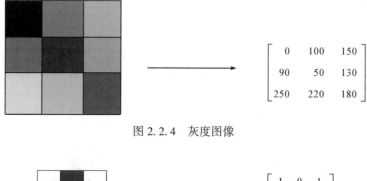

$$\longrightarrow \begin{bmatrix} 0 & 100 & 150 \\ 90 & 50 & 130 \\ 250 & 220 & 180 \end{bmatrix}$$

图 2.2.4　灰度图像

$$\longrightarrow \begin{bmatrix} 1 & 0 & 1 \\ 0 & 0 & 0 \\ 1 & 0 & 1 \end{bmatrix}$$

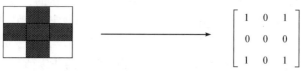

图 2.2.5　二值图像

彩色图像是指每个像素的信息由红、绿、蓝(分别用 $R$、$G$、$B$ 表示)三原色构成的图像，其中 $\boldsymbol{R}$、$\boldsymbol{G}$、$\boldsymbol{B}$ 是由不同的灰度级来描述的，如图 2.2.6 所示。表 2.1 给出了各类图像的表示形式。

$$\boldsymbol{R}=\begin{bmatrix} 255 & 240 & 240 \\ 255 & 0 & 80 \\ 255 & 0 & 0 \end{bmatrix},\ \boldsymbol{G}=\begin{bmatrix} 0 & 160 & 80 \\ 255 & 255 & 160 \\ 0 & 255 & 0 \end{bmatrix},\ \boldsymbol{B}=\begin{bmatrix} 0 & 80 & 160 \\ 0 & 0 & 240 \\ 255 & 255 & 255 \end{bmatrix}$$

图 2.2.6　彩色图像的 $R$、$G$、$B$

表 2.1　**图像的类别**

| 类　别 | 形　式 | 备　注 |
|---|---|---|
| 二值图像 | $f(x, y) = 0, 1$ | 文字、线图形、指纹等 |
| 浓淡图像 | $0 \leqslant f(x, y) \leqslant 2^n - 1$ | 普通照片，$n=6\sim8$ |
| 彩色图像 | $\{f_i(x, y)\}, i = R, G, B$ | 用彩色三基色表示 |
| 多光谱图像 | $\{f_i(x, y)\}, i = 1, 2, \cdots, m$ | 用于遥感领域 |
| 立体图像 | $f_L, f_R$ | 用于摄影测量、计算机视觉 |
| 运动图像 | $\{f_t(x, y)\}, t = t_1, t_2, \cdots, t_n$ | 用于动态分析、视频影像制作 |

**2. 图像文件格式**

一幅现实世界的图像经扫描仪、摄像机等设备采集，需要以图像文件的形式存储于计算机的磁盘中，然后由计算机处理。早期，各种图像由其采集者自行定义格式存储。随着数字图像技术的发展，各领域逐渐出现了流行的图像格式标准，如 BMP、PCX、GIF、TIFF 等。不论一幅图像以何种格式存储，这些图像格式大致包含下列特征：

①描述图像的高度、宽度以及各种物理特征的数据；

②彩色定义：每点 bit 数(决定颜色的数量即色深度)，彩色平面数，以及非真彩色图像对应的调色板；

③描述图像的位图数据体：将该图像用一个矩阵描述，矩阵的结构由图像的高、宽及每点 bit 数决定。如果对图像进行了压缩，则每行都是用特定压缩算法压缩过的数据。

这就是各种图像格式的本质。造成每种格式不同的原因是每种格式对上述三种数据的存放位置、存放方式不同，以及自定义的数据。

一般而言，每种格式都定义了一个文件头(header)，其中包含图像定义数据，如高、宽、每点 bit 数、调色板等。位图数据则自成一体，由文件头中的数据决定其位置和格式，再附加一些自己定义的数据，如版本、创作者、特征值等。BMP、PCX、GIF、TGA 等都属于这种结构。

TIFF 格式比较例外，它由特征值(标记 Tag)定义寻址的数据结构，位图数据也由 Tag 定义来寻址，并且非常灵活多变。

从理论上讲，一幅图像可以用任何一种图像格式来存储。现有的图像文件格式，从显示图像质量、表示灵活性以及表现的效率而言，各有其优缺点，而且都被大部分软件所支持。因此，多种图像文件格式共存的局面在相当长的时间内不会改变。

这里仅对 BMP 格式作较详细的介绍，对其他格式只作简介。

1) BMP

随着 Windows 的逐渐普及，支持 BMP(Bitmap 的缩写)图像格式的应用软件越来越多。这主要是因为 Windows 把 BMP 作为图像的标准格式，并且内含了一套支持 BMP 图像处理的 API 函数。BMP 文件格式可分为文件头、位图信息和位图数据三部分。

(1) 文件头

BMP 文件头含有 BMP 文件的类型、大小和打印格式等信息。Windows.h 中对其定义为：

```
typedef struct tagBITMAPFILEHEADER{
    WORD    bftype;        /*位图文件的类型，必须为 BM*/
    DWORD   bfSize;        /*位图文件的大小，以字节为单位*/
    WORD    bfReserved1;   /*位图文件保留字，必须为 0*/
    WORD    bfReserved2;   /*位图文件保留字，必须为 0*/
    DWORD   bfoffBits;     /*位图数据相对于位图文件头的偏移量表示*/
}BITMAPFILEHEADER;
```

(2) 位图信息

位图信息含有位图文件的尺寸和颜色等信息。Windows.h 中也对其定义为：
tybedef struct tagBITMAPINFO{
BITMAPINFOHEADER bmiHeader;
RGBQUAD           bmiColor[ ];
}BITMAPINFO;

①bmiHeader 是一个位图信息头(BITMAPINFOHEADER)类型的数据结构，用于说明位图的尺寸。BITMAPINFOHEADER 的定义如下：

typedef struct tagBITMAPINFOHEADER{
DWORD biSize;              /* bmiHeader 结构的长度 */
DWORD biWidth;             /* 位图的宽度，以像素为单位 */
DWORD biHeight;            /* 位图的高度，以像素为单位 */
WORD biPlanes;             /* 目标设备的位平面数，必须为 1 */
WORD biBitCount;           /* 每个像素的位数，必须是 1(单色)、4(16 色)、8
                              (256 色)或 24(真彩色) */
DWORD biCompression;       /* 位图的压缩类型，必须是 0(不压缩)、1(BI-RLE8 压
                              缩类型)或 2(BI-RLE4 压缩类型) */
DWORD biSizeImage;         /* 位图的大小，以字节为单位 */
DWORD biXPeIsPerMeter;     /* 位图的目标设备水平分辨率，以每米像素数为单位 */
DWORD  biYPeIsPerMeter;    /* 位图的目标设备垂直分辨率，以每米像素数为单位 */
DWORD biClrUsed;           /* 位图实际使用的颜色表中的颜色变址数 */
DWORD biClrImpotant;       /* 位图显示过程中被认为重要颜色的变址数 */
}BITMAPINFOHEADER;

②bmiCOLOR[ ]是一个颜色表，用于说明位图中的颜色。它有若干个表项，每一表项是一个 RGBQUAD 类型的结构，定义一种颜色。RGBQUAD 的定义如下：

typedef     tagRGBQUAD{
BYTE        rgbBlue;
BYTE        rgbGreen;
BYTE        rgbRed;
BYTE        rgbReserved;
}RGBQUAD;

在 RGBQUAD 定义的颜色中，蓝色的亮度由 rgbBlue 确定，绿色的亮度由 rghGreen 确定，红色的亮度由 rgbRed 确定。RgbReserved 必须为 0。

例如：若某表项为 00，00，FF，00，那么它定义的颜色为纯红色。

bmiColor[ ]表项的个数由 biBitCount 来定：

当 biBitCount=1、4、8 时，bmiColor[ ]分别有 2、16、256 个表项。若某点的像素值为 n，则该像素的颜色为 bmiColor[n]所定义的颜色。

当 biBitCount=24 时，bmiColor[ ]的表项为空。位图阵列的每 3 个字节代表一个像素，3 个字节直接定义了像素颜色中蓝、绿、红的相对亮度，因此省去了 bmiColor[ ]颜色。

(3)位图数据

位图阵列记录了位图的每一个像素值。在生成位图文件时,Windows 从位图的左下角开始(即从左到右从下到上)逐行扫描位图,将位图的像素值一一记录下来。这些记录像素值的字节组成了位图阵列。位图阵列有压缩和非压缩两种存储格式。

①非压缩格式:

在非压缩格式中,位图的每个像素值对应于位图阵列的若干位(bits),位图阵列的大小由位图的亮度、高度及位图的颜色数决定。

a. 位图扫描行与位图阵列的关系。

设记录一个扫描行的像素值需 $n$ 个字节,则位图阵列的 0 至 $n-1$ 个字节记录了位图的第一个扫描行的像素值;位图阵列的 $n$ 至 $2n-1$ 个字节记录了位图的第二个扫描行的像素值;依此类推,位图阵列的 $(m-1) \times n$ 至 $m \times (n-1)$ 个字节记录了位图的第 $m$ 个扫描行的像素值。位图阵列的大小为 n * biHeight。

当(biWidth * biBitCount)mod 32 = 0 时:

n = (biWidth * biBitCount)/8

当(biWidth * biBitCount)mod 32 ≠ 0 时:

n = (biWidth * biBitCount)/8+4

上式中"+4"而不"+1"的原因是为了使一个扫描行的像素值占用位图阵列的字节数为 4 的位数(Windows 规定其必须在 long 边界结束),不足的位用 0 填充。

b. 位图像素值与位图阵列的关系(以第 $m$ 扫描行为例)。

设记录第 $m$ 个扫描行的像素值的 $n$ 个字节分别为 a0,a1,a2,…,则

当 biBitCount = 1 时:a0 的 D7 记录了位图的第 $m$ 个扫描的第 1 个像素值,D6 位记录了位图的第 $m$ 个扫描行的第 2 个像素值,…,D0 位记录了位图的第 $m$ 个扫描行的第 8 个像素值,a1 的 D7 位记录了位图的第 $m$ 个扫描行的第 9 个像素值,D6 位记录了位图的第 $m$ 个扫描行的第 10 个像素值……

当 biBitCount = 4 时:a0 的 D7~D4 位记录了位图的第 $m$ 个扫描行的第 1 个像素值,D3~D0 位记录了位图的第 $m$ 个扫描行的第 2 个像素值,a1 的 D7~D4 位记录了位图的第 $m$ 个扫描行的第 3 个像素值……

当 biBitCount = 8 时:a0 记录了位图的第 $m$ 个扫描行的第 1 个像素值,a1 记录了位图的第 $m$ 个扫描行的第 2 个像素值……

当 biBitCount = 24 时:a0、a1、a2 记录了位图的第 $m$ 个扫描行的第 1 个像素值,a3、a4、a5 记录了位图的第 $m$ 个扫描行的第 2 个像素值……

位图其他扫描行的像素值与位图阵列的对应关系与此类似。

②压缩格式:

Windows 支持 BI_ RLE8 及 BI_ RLE4 压缩位图存储格式,压缩减少了位图阵列所占用的磁盘空间。

a. BI_ RLE8 压缩格式:

当 biCompression = 1 时,位图文件采用此压缩编码格式。压缩编码以两个字节为基本单位。其中第一个字节规定了用两个字节指定的颜色出现的连续像素的个数。

例如，压缩编码05 04表示从当前位置开始连续显示5个像素，这5个像素的像素值均为04。

在第一个字节为零时，第二字节有特殊的含义：0—行末；1—图末；2—转义后面的两个字节，用这两个字节分别表示以下像素从当前位置开始的水平位移和垂直位移；$n$（0x003<$n$<0xFF）—转义后面的$n$字节，其后的$n$像素分别用这$n$个字节所指定的颜色画出。注意，实际编码时必须保证后面的字节数是4的倍数，不足的位用0补充。

b. BI_ RLE4压缩格式：

当biCompression=2时，位图文件采用此种压缩编码格式。它与BI_ RLE8的编码方式类似，唯一的不同是：BI_ RLE4的一个字节包含了两个像素的颜色。当连续显示时，第一个像素按字节高四位规定的颜色画出，第二个像素按字节低四位规定的颜色画出，第三个像素按字节高四位规定的颜色画出……直到所有像素都画出为止。

归纳起来，BMP图像文件有下列四个特点：

①该格式只能存放一幅图像；

②只能存储单色、16色、256色或彩色四种图像数据之一；

③图像数据有压缩或不压缩两种处理方式，压缩方式为：RLE_ 4和RLE_ 8。RLE_ 4只能处理16色图像数据；而RLE_ 8则只能压缩256色图像数据；

④调色板的数据存储结构较为特殊。

2) TIFF文件

TIFF文件是"Tag Image File Format"的缩写，是由Aldus公司与微软公司共同开发设计的图像文件格式。

TIFF图像文件主要由三部分组成：文件头、标识信息区和图像数据区。文件规定只有一个文件头，且一定要位于文件前端。文件头有一个标志参数指出标识信息区在文件中的存储地址，标识信息区内有多组标识信息，每组标识信息长度固定为12个字节。前8个字节分别代表标识信息的代号(2字节)、数据类型(2字节)、数据量(4字节)。后4个字节则存储数据值或标志参数。文件有时还存放一些标识信息区容纳不下的数据，例如调色板数据就是其中的一项。

由于应用了标志的功能，TIFF图像文件才能够实现多幅图像的存储。若文件内只存储一幅图像，则将标识信息区内容置0，表示文件内无其他标识信息区。若文件内存放多幅图像，则在第一个标识信息区末端的标志参数，将是一个值非0的长整数，表示下一个标识信息区在文件中的地址，只有最后一个标识信息区的末端才会出现值为0的长整数，表示图像文件内不再有其他的标识信息区和图像数据区。

TIFF文件有如下特点：

①善于应用指针的功能，可以存储多幅图像。

②文件内数据区没有固定的排列顺序，只规定文件头必须在文件前端，标识信息区和图像数据区可在文件中随意存放。

③可制定私人用的标识信息。

④除了一般图像处理常用的RGB模式之外，TIFF图像文件还能够接受CMYK等多种不同的图像模式。

⑤可存储多份调色板数据。
⑥调色板的数据类型和排列顺序较为特殊。
⑦能提供多种不同的压缩数据的方法，便于使用者选择。
⑧图像数据可分割成几个部分分别存档。

3) PCX 文件

PCX 图像文件是由 Zsoft 公司在 20 世纪 80 年代初期设计的，专用于存储该公司开发的 PC Paintbrush 绘图软件所生成的图像数据。在授权给微软时，与其产品(变为 Microsoft Paintbrush)捆绑发行，因此成为 Windows 的一部分。它是使用时间最长的一种位图格式，虽然使用这种格式的人减少了，但这种带有 .pcx 扩展名的文件在今天仍是十分常见的。

PCX 文件由 3 个部分组成，即文件头、位图数据和一个多达 256 种色彩的调色板。文件头长达 128 个字节，分为几个域，包括图像的尺寸和每个像素颜色的编码位数。位图数据可以用简单的 RLE(行程长度编码)算法压缩，像素值通常是单字节的索引值。调色板最多有 256 个 RGB 值。PCX 的最新版本可以支持真彩色图像，图像最大可达 4G。现在的 PCX 图像可以用 1、4、8 或 24-bpp 来对颜色数据进行编码，文件末尾处还有一个单独的位平面和一个 RGB 值的 256 色调色板。下面是 PCX 图像文件的几个特点：

①一个 PCX 图像文件只能存放一张图像；
②使用 RLE 压缩方法进行压缩；
③PCX 图像文件有多个版本，能处理多种不同模式下的图像数据；
④4 色和 16 色 PCX 图像文件有设定或不设定调色板数据的两种选项。

4) GIF

GIF(Graphics Interchange Format 的缩写)是由 CompuServer 公司开发的图像格式。GIF 图像文件现已成为网络和 BBS 上图像传输的通用格式，经常用于像动画、透明等特技制作。

GIF 图像文件结构一般由七个数据区组成，它们是文件头、通用调色板、位图数据区以及 4 个补充区。其中文件头和位图数据区是文件不可缺少的项，通用调色板和其余的 4 个补充区不一定会出现在文件内。GIF 图像文件内可以有多个位图数据区，每个位图数据区由三部分组成：一个 10 字节长的图像描述、一个可选的局部色表和位图数据。每个位图数据区存储一幅图像，位图数据用 LZW 算法压缩。4 个补充区：图像控制补充区用来描述图像是怎样被显示的；简单文本补充区包含显示在图像中的文本；注释补充区以 ASCII 文本形式存放注释；应用补充区存放生成该文件的应用程序的私有数据。软件处理和控制促使这些分离的图像能够形成一个连续有动感的画面，即动画图像。所以，GIF 图像文件常用于制作 Web 网页和多媒体系统的特技效果。GIF 文件有以下六个特点：

①文件具有多元化结构，能够存储多幅图像，这是制作动画的基础；
②调色板数据有通用调色板和局部调色板之分；
③采用改进版 LZW 压缩法，它优于 RLE 压缩法；
④最多只能存储 256 色图像，GIF 图像中每一像素的存储数据是该颜色列表的索引值；

⑤根据标识符寻找数据区。GIF 图像文件内的各种图像数据区和补充区，多数没有固定的数据长度和存放位置。为了方便程序寻找数据区就以数据区的第一个字节作为标识符，让程序能够判断所读到的是哪种数据区；

⑥图像数据有两种排列方式：顺序排列和交叉排列。

## 2.2.4 采样、量化参数与图像数字化间的关系

数字化方式可分为均匀采样、量化和非均匀采样、量化。所谓均匀，指的是采样、量化为等间隔。图像数字化一般采用均匀采样和均匀量化方式。采用非均匀采样与量化，会使问题复杂化，因此很少采用。

一般来说，采样间距越大，所得图像像素数越少，空间分辨率越低，质量越差，严重时出现像素呈块状的国际棋盘效应；采样间距越小，所得图像像素数越多，空间分辨率越高，图像质量越好，但数据量大。如图 2.2.7 所示，图 2.2.7(a)至(f)是采用间距递增获得的图像，像素数从 256×256 递减至 8×8。

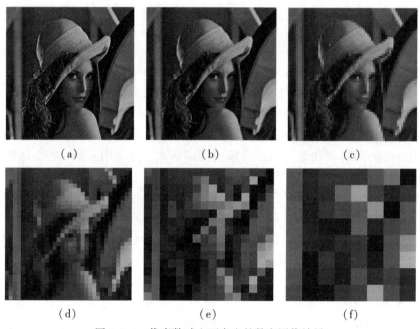

图 2.2.7 像素数减少而产生的数字图像效果

量化等级越多，所得图像层次越丰富，灰度分辨率越高，质量越好，但数据量大；量化等级越少，图像层次欠丰富，灰度分辨率低，质量变差，会出现假轮廓现象，但数据量小。如图 2.2.8 所示，图 2.2.8(a)至(f)是在采样间距相同时灰度级数从 256 逐次减少为 64、16、8、4、2 所得到的图像。在极少数情况下当图像大小固定时，减少灰度级能改善质量，产生这种情况最有可能的原因是减少灰度级一般会增加图像的对比度。例如，对细节比较丰富的图像进行数字化。

## 2.2 图像数字化

图 2.2.8 量化级数减少而产生的数字图像效果

### 2.2.5 图像数字化设备的组成及性能

数字图像处理的一个先决条件就是将图像转化为数字形式。一个简易的图像处理系统就是一台计算机配备图像数字化器和输出设备。数字化设备是图像处理系统中的先导硬件，具有图像输入和数字化双重功能。在数字图像处理发展的初级阶段，数字化设备非常昂贵，只有很少的研究单位买得起，导致数字图像处理技术的研究受到限制。随着科学技术的发展，数字化设备得到广泛应用，并日益向高速度、高分辨率、多功能、智能化方向发展。

**1. 数字化器的组成与类型**

一台图像数字化器必须能够把图像划分为若干图像像素并给出它们的地址，能够度量每一像素的灰度，并把连续的度量结果量化为整数，以及能够将这些整数结果写入存储设备。为了实现这些功能，该设备必须包含采样孔、图像扫描机构、光传感器、量化器和存储体五个组成部分。各部件的作用如下：

①采样孔：使数字化设备能够单独观测特定的图像像素而不受图像其他部分的影响；

②图像扫描机构：使采样孔按照预先规定的方式在图像上移动，从而按顺序观测每一个像素；

③光传感器：通过采样孔测量图像每一像素的亮度，是一种将光强转换为电压或电流的变换器；

④量化器：将传感器输出的连续量转化为整数。典型的量化器是一种被称为"模数转

换器"的电路,它产生一个与输入电压或电流成比例的数值;

⑤存储体:将量化器产生的灰度值按适当格式存储起来,以用于后续的计算机处理。它可以是固态存储器,也可以是磁盘或其他合适的设备。

数字化器的类型有很多,目前用得较多的图像数字化设备有扫描仪、数码相机和数码摄像机。

扫描仪内部具有一套光电转换系统,可以把各种图片信息转换成计算机图像数据,并传送给计算机,再由计算机进行图像处理、编辑、存储、打印输出或传送给其他设备。其工作过程如下:①扫描仪的光源发出均匀光线照射到图像表面;②经过 A/D 模数转换,把当前"扫描线"的图像转换成电平信号;③步进电机驱动扫描头移动,读取下一次图像数据;④经过扫描仪 CPU 处理后,图像数据暂存在缓冲器中,为输入计算机做好准备工作;⑤按照先后顺序把图像数据传输至计算机并存储起来。

按扫描原理可将扫描仪分为以 CCD(电荷耦合器件)为核心的平板式扫描仪、手持式扫描仪和以光电倍增管为核心的滚筒式扫描仪;按色彩方式分为灰度扫描仪和彩色扫描仪;按扫描图稿的介质可将扫描仪分为反射式(纸质材料)扫描仪,透射式(胶片)扫描仪以及既可扫描反射稿又可扫描透射稿的多用途扫描仪。

手持式扫描仪体积较小、重量轻、携带方便,但扫描精度较低,扫描质量较差,如图 2.2.9(a)所示。平板式扫描仪是市场上的主力军,主要产品为 A3 和 A4 幅面扫描仪,其中又以 A4 幅面的扫描仪用途最广、功能最强、种类最多,分辨率通常为 600~1200dpi,高的可达 2400dpi;色彩数一般为 30 位,高的可达 36 位,如图 2.2.9(b)所示。滚筒式扫描仪一般用于大幅面图像扫描,如大幅面工程图纸的数字化。它通过滚筒带动图像旋转和扫描头相对位移实现扫描,如图 2.2.9(c)所示。

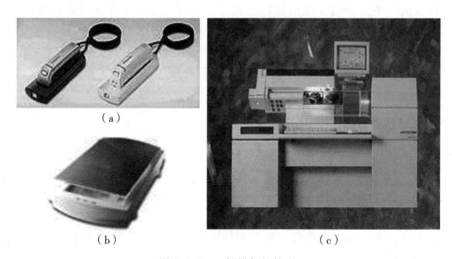

图 2.2.9 扫描仪的外观

扫描仪一般都配有相应的软件,这些软件可用于选择扫描的参数,如扫描区域、对比度、分辨率、图像深度等。此外,有些扫描仪的配套软件还具有平滑、放大、缩小、旋转、编辑等功能。

数码相机一般由镜头、传感器、模拟数字转换器(A/D 转换器)、微处理器(MPU)、存储设备、LCD(液晶显示屏)、输入输出接口等主要部件组成。如图 2.2.10 所示,镜头的作用与普通相机镜头作用相同;传感器是将光信号转换为电信号的核心部件,通常为 CCD 或 CMOS。A/D 转换器是将模拟信号转换为数字信号的部件。微处理器通过对传感器的感光强弱进行分析,调节快门和光圈;生成的图像数据存储在存储设备中,LCD 屏用来显示电子取景器的内容、图片或功能菜单。输入输出接口用于数据交互。常用接口有图像数据存储扩展设备接口、计算机通信接口、连接电视机的视频接口。与模拟相机不同,模拟相机是以胶卷为载体,而数码相机主要靠感光芯片及记忆卡。数码相机还可以直接连接到计算机、电视机或者打印机上。

数码相机按照用途主要分为:单反数码相机、卡片相机、长焦数码相机。

单反数码相机指的是单镜头反光数码相机,市面上常见的单反数码相机品牌有:尼康、佳能、宾得、富士等。在单反数码相机的工作系统中,光线通过镜头到达反光镜后,折射到上面的对焦屏并结成影像,通过目镜和五棱镜帮助我们在观景窗中看到外面的景物。单反数码相机的一大特点就是可以交换不同规格的镜头,实现有针对性的拍摄,这是单反相机天生的优点,是普通数码相机不能比拟的。

卡片相机是一种外形小巧、机身相对较轻以及超薄的数码相机。卡片数码相机最大的优点是便于携带。

长焦数码相机指的是具有较大光学变焦倍数的机型。光学变焦倍数越大,能拍摄的景物就越远。长焦相机特别适合拍摄远处的景物,或者用于被拍摄者不希望被打扰的情景。

数码摄像机通过感光元件将光信号转变成电流,再将模拟电信号转变成数字信号,由专门的芯片进行处理和过滤后得到动态画面。数码摄像机通配性好,携带方便,适用于现场数据采集,如图 2.2.11 所示,其详细结构、性能及使用方法参见有关书籍。

图 2.2.10　数码相机

图 2.2.11　数码摄像机

**2. 数字化器的性能**

虽然各种图像数字化器的组成不同,但其性能可从表 2.2 所列的方面进行评价。

表 2.2　　　　　　　　　　　图像数字化器的性能评价项目

| 项　　目 | 内　　容 |
|---|---|
| 空间分辨率 | 单位尺寸能够采样的像素数，由采样孔径与间距的大小和可变范围决定 |
| 灰(色)度分辨率 | 量化为多少等级(位深度)，颜色数(色深度) |
| 图像大小 | 仪器允许扫描的最大图幅 |
| 量测特征 | 数字化器所测量和量化的实际物理参数及精度 |
| 扫描速度 | 采样数据的传输速度 |
| 噪声 | 数字化器的噪声水平(应当使噪声小于图像内的反差) |
| 其他 | 黑白/彩色、价格、操作性能等 |

## 2.3 数字图像获取技术

下面主要介绍有关数码相机和扫描仪获取数字图像的技术。

### 2.3.1 数字摄影技术

摄影就是利用光学成像原理，通过摄影机物镜，将被摄物体构像于焦平面上，并利用感光材料把它们真实地记录下来。摄影的第一个过程是一个光学过程，主要工具是摄影机(亦称照相机)。摄影的第二个过程是影像记录过程，传统的胶片影像使用银盐感光材料制成的胶卷或胶片来记录影像；而数码摄影是光电转换过程，使用电荷耦合器件(CCD)或互补型金属氧化物半导体(CMOS)进行"感光"，然后将光学信号转换为电信号，经数模转换后记录在影像存储卡上。

摄影技术发明至今有一百多年历史，随着科学技术的突飞猛进，数码摄影自 1975 年诞生以来，已有了飞速发展。数码摄影的基本步骤包括相机参数设定、构图、用光、曝光控制等，下面介绍曝光控制、光线运用、摄影构图等方面的基础知识。

**1. 曝光控制**

摄影活动离不开一系列的操作过程，而每项操作都需对设备精确设置和调节。因此掌握摄影技术中一些重要的术语和概念对学好摄影而言，显得尤为重要。

(1) 光圈

光圈是用来控制光线透过镜头进入机身内感光面光量的装置。光圈大小用光圈号数 $k$ 表示，是物镜的焦距与进光孔径之比，即

$$k = \frac{f}{D} \tag{2.3.1}$$

由式(2.3.1)可知，相同的光圈 $k$ 值，长焦距镜头的口径要比短焦距镜头的口径大。完整的光圈号数系列如下：

1， 1.4， 2， 2.8， 4， 5.6， 8， 11， 16， 22，…

图 2.3.1 为一光圈号数系列对应的进光孔径大小。

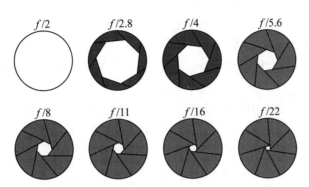

图 2.3.1　不同光圈号数对应的孔径

（2）快门

快门是镜头前阻挡光线进来的装置。一般而言快门的时间范围越大越好。快门速度就是所谓的曝光时间，在适当调整光圈大小以后，曝光时间就是由快门速度来实现的。如 1/250 秒，1/125 秒，1/60 秒等。

（3）感光度

感光度是指 CCD 或者 CMOS 感光元件的感光速度或感光灵敏度，用 ISO 表示。ISO 数值越高说明该数码相机的感光能力越强。

（4）对焦

对焦是指将镜头对准被拍摄对象后，调整镜头使图像变得最清晰的过程。只有对焦正确图像才可能清晰，否则图像就是模糊的。

（5）景深

景深的"景"是指我们要拍摄的景物，"深"就是清晰度的纵深范围。当摄取某一有限距离的景物时，若景物的前面最近处与该景物后面的最远处之间的景物，其构像都清晰时，此最近处与最远处之间的距离称为景深，即被摄景物中能产生清晰影像的最近点与最远点的距离。景深越大，纵深景物的清晰范围也就越大。景深越小，纵深景物的清晰范围也就越小。

影响景深的三大要素是：

①光圈：在镜头焦距及距离不变的情况下，光圈越小，景深越大，反之亦然。

②距离：在镜头焦距及光圈不变的情况下，越接近拍摄的目标，景深越小，越远离拍摄的目标，景深越大。

③焦距：在距离及光圈不变的情况下，镜头焦距越短，景深越大，即短焦镜头的景深大，长焦镜头的景深小。

（6）曝光量

使感光介质感光的过程称为曝光。感光介质曝光量 $H$ 与曝光时间 $t$ 成正比，与照度 $E$ 成正比。公式如下：

# 第 2 章 数字图像获取

$$H = E \times t \tag{2.3.2}$$

其中，$E$ 与光圈号数平方 $k^2$ 成反比。

正确曝光是由感光介质的特性所决定的。感光介质对明暗阶调的再现能力，有一定的限度(宽容度)，曝光量如果超过了这个限度，影像就不能正常地表现出来。光量过多，称为曝光过度，影像就会变亮而淡化，若严重曝光过度，会导致拍摄目标看不出来；而光量太少则造成曝光不足，画面整体变暗，部分影像丢失细节，若严重曝光不足，也会产生拍摄目标看不出来。

正确曝光的控制主要取决于光圈的大小和快门的速度，并互相影响着。如果将光圈收小一级(例如，由 $f/4$ 收小至 $f/5.6$)，将快门速度调慢一倍(例如，由 1/60 减至 1/30)，它们的曝光量是一样的。手动拍摄就必须学会光圈与快门的设定。

曝光控制与装满一杯水原理类似，装满一杯水，可以根据开水龙头的大小和时间长短调整；同一感光度 ISO 前提下，正确的曝光量可以采用光圈、快门的多种组合。

如果水龙头开得大、时间很短就可以装满一杯水；同理，光圈越大、快门就可以越快；如果水龙头开得小、时间要长些才可以装满一杯水；同理，光圈越小、快门就要越慢才行；如果水龙头太小、又想快点装满水，那可以换个小杯子；同理，在阴暗、光线不够的环境，光圈已开到最大了，还嫌快门不够快，这时，可以把感光度 ISO 调高。

快门与光圈的多种组合，可以使得创作者根据需要或控制快门速度(速度越快、照片不容易因手抖而模糊)，或调节光圈控制景深，从而达到创作的目的。

在正确曝光的基础上，才能把对光的感受表达出来，使作品具有感染力。前者是客观，后者是主观。主观受客观的限制，二者的有机结合是摄影创作的重要因素。因此，不要单纯考虑对被摄主体的正确曝光问题，应综合考虑在感光介质的再现能力范围内，如何把被摄主体和有关景物的整体光效特色(特别是明暗比)表现出来，一幅好的作品不仅仅是正确曝光的结果，而是对曝光进行选择性控制的结果。

曝光模式也称为拍摄模式，即拍摄时光圈、快门的不同组合形式。拍摄模式一般分为手动模式和自动模式两大类。手动模式包括全手动模式(M)、光圈优先模式(A)、速度优先模式(S)、程序曝光模式(P)。自动模式包括全自动曝光模式、人像模式、风景模式、夜景模式、运动模式、微距(近摄)模式。

**2. 光线运用**

光是构成影像的基础，摄影是光与影的艺术。将光线称为摄影的灵魂一点也不为过。光线是摄影造型的首要和必需条件。要使客观景物得到艺术的再现，必须掌握光的运用。

任何一种光线都包含强度、方向和色调三个要素。光的强度是指光线的强弱程度。强而直的光能增加被摄体的明暗对比，清楚呈现物体的轮廓，并造成明显的阴影，弱而散的光能减弱被摄体的明暗对比，使物体表面平滑细腻。强光源常作为拍摄照明的主光使用，弱光源用作辅助光使用，以减弱主光造成的强烈阴影，同时不会产生多余的影子。

光具有色彩，不同的光其色调不同。通常用色温描述光的色调。在不同色温光线照射下，被摄体色彩会产生变化。

拍摄同一个景物，运用不同方向投射来的光线会产生不同的效果。所有的光都具有方向性，光的基本方位由相机所处位置决定。根据光源与被摄体、镜头水平方向的相对位置，将光线分为以下情形：

(1) 顺光

从照相机背后而来，正面投向被摄对象的光线叫做"顺光"。"顺光"照明的特点是：被摄对象绝大部分直接受光，阴影面积不大，对象的影调比较明朗。这种光线形成的明暗反差较弱，对象的立体感不能靠照明光线反映出来，而是由本身的起伏表现出来。因此立体感较弱。

(2) 前侧光

从照相机左后方或右后方投向被摄对象的光线叫做"前侧光"。对象大部分会受光，产生的亮面大，所以影调较明亮，对象不受光而产生阴影的面积也不会太大，可以表现出对象的明暗分布和立体形态。这类光线既可保留比较明快的影调，又可以展现被摄对象的立体形态。

(3) 侧光

来自照相机左侧或右侧的光线叫做"侧光"。它会使被摄对象的一半受光，而另一半则处于阴影中，有利于表现对象的起伏状态。

由于"侧光"照明使对象的阴影面积增大，因此画面的影调不亮不暗，明暗参半，不及由"顺光"和"前侧光"产生的那样明快，但亦不会太阴沉。立体形态表现会较好。

(4) 侧逆光

来自照相机的左前方或右前方的光线叫做"侧逆光"。它令对象产生小部分受光面和大部分的阴影面，所以影调会较阴沉。这种照明方法在对象上产生的立体感会比"顺光"的好一些，但仍然偏弱。

(5) 逆光

"逆光"是由被摄对象背后射来，正面射向照相机的光线。被摄对象绝大部分处在阴影之中。因光线的对比较弱，所以立体感也较弱，影调比较阴沉。但"逆光"可以用来勾画物体的侧影和轮廓，还可以突显物体的质感和形状，清楚地展示对象的线条。在明朗的天气下使用"逆光"更会创造出一种强烈的反差。

(6) 顶光

光线由被摄对象上方而来的谓之"顶光"。中午的太阳光便是一个好例子。"顶光"常会在被摄对象上造成强大的阴影，若用于人像摄影，则人脸部的鼻下、眼眶、颚下等处会形成浓黑的阴影。

(7) 底光

"底光"的光源位于被摄物的下方。这种光线在日常生活经验中较少见，故有怪异和戏剧性的效果，在一般摄影场合应用较少。

拍摄同一个景物，运用光不同会产生不同的效果。所以，摄影者应根据不同的情况选择合适的光线。

**3. 摄影构图**

构图是在照片有限的空间内处理人、景、物的关系,并将三者安排在画面中最佳的位置以形成画面特定结构的过程。

构图最主要的目的是强调及突出主题,同时把繁琐的、次要的东西恰当地安排为陪衬。好的构图使照片看起来均匀、稳定、舒服、有规律,而且可以引导视线到主题点。构图不当,会出现杂乱、不平衡及主题不突出等问题。

要获得好的摄影构图,必须充分考虑当前拍摄所处位置、被摄体位置和角度是否恰当。为此要注意以下几点:

①照片不应太过单调,否则照片会显得呆板。但也不应太复杂,否则会令人觉得混乱。

②要选择适合的背景。好的背景不但有助于衬托主题及突出主角,亦会丰富照片的内容,增添画面的色彩。

③要了解人、景、物三者在照片中的关系,并适当地安排它们,以有效地表达主题,避免喧宾夺主的情况。

④要考虑各个景物色彩上的对比。鲜明的对比有助于突出主题,但若颜色混乱则会产生相反的效果。

⑤要掌握光线的照射角度及其所产生的明暗阴影,它们都会影响照片的色彩和效果。

⑥要多利用照明、透视、重叠和影纹的层次变化,这将有助于在平面的照片内增加立体感。

(1)以不同的拍摄角度构图

大多数拍摄对象都是立体的,它们呈现出许多面,有正面、侧面、背面、顶面及底面。同一个对象,拍摄的方位角度不同亦会令画面展现出多种多样的构图效果。所以在拍摄之前应选取不同的方位、角度对物体作观察及比较,从中找出一个最佳、最可表达主题、最生动的视点,以找到最合适的构图。

①正面拍摄:正面拍摄是一种最常用的摄影角度。正面拍摄可以产生庄严、平稳的构图效果。但平稳的线条、对称的结构也会因缺乏透视感而显得呆板。而且很多时候会因为对象的受光情况相似而不能突显对象应有的立体感。

②侧面拍摄:用斜侧的摄影角度,画面上原来的并行线条变成了斜线,具有纵深感,能将人的视线引向深处,增强立体感。而视线跟随斜线延伸,也会使画面变得生动。随斜侧方位的角度变化,其透视效果也会出现有趣的改变。

③仰视拍摄:仰视拍摄指的是向斜上方的角度进行摄影,多用于拍摄高大的景物。这种拍摄角度既可以拍到高大景物的全景,又可以形成垂直地面的线条向上汇聚的透视感觉。还可以突出对象的高耸特性,增加压迫感。

④俯视拍摄:俯视拍摄就是从上向下进行拍摄。在高处做俯视拍摄可以将大范围的景物都拍下来,所以在广角的风景摄影中会经常应用到。在人像摄影中使用俯视拍摄方法,可以为主角带来一种纤秀的效果。

(2) 构图的"三分法"

"三分法"是由希腊的数学家提出来的。摄影者将其运用在照片的构图上，往往可以拍出很多和谐悦目的照片。具体做法是：用两条直线和两条横线将画面平均分为9个同样大小的方格。拍摄时将主题放在直线和横线的交叉点上。"三分法"可以应用在任何人物和景物的摄影上。

(3) 背景与前景的选择

背景或前景与主题在色彩、形状、线条、质感、明暗上的不同会造成反差，形成对比，有突出主题之用。

① 简单柔和的背景：简单的背景不会抢去主题的地位，有利于突出主题。但过于简单及单调的背景却会使照片过于呆板。

② 避免杂乱的背景：杂乱的背景会使照片看起来非常混乱，更甚者会令人辨别不出主题是什么。

③ 避免前景有太多的人和物：如果前景有太多的人和物，将难以突出主题，会严重破坏照片的整体效果。

(4) 摄影构图的基本模式

① 构图均衡平稳。

均衡，就是平衡。它区别于对称。用这种形式进行构图的画面不是左右两边的景物形状、数量、大小、排列的一一对应，而是相等或相近形状、数量、大小的不同排列，给人以视觉上的稳定，是一种异形、异量的呼应均衡，是利用近重远轻、近大远小、深重浅轻等透视规律和视觉习惯的艺术均衡。当然均衡中也包括对称式的均衡。

均衡式构图，给人以宁静和平稳感，但又没有绝对对称的那种呆板无生气，所以是摄影家们在构图中常用的形式，均衡也成了摄影构图的基本要求之一。

要形成均衡式构图，关键是要选好均衡点(均衡物)。什么是均衡点呢？这要从艺术效果上去找，只要位置恰当，小的物体可以去与大的物体相均衡，远的物体也可与近的物体求均衡，动的物体也可以去均衡静的物体，低的景物同样可均衡高的景物。要多加实践和学习，用好这种艺术技巧。

② 打破均衡。

随着社会的发展和进步，一些新潮的摄影家认为均衡刺激性不强，反映不出新时代的生活节奏和特点，他们主张打破均衡，身体力行，拍出了一些不均衡的作品。我们把这些作品的构图形式，称为非均衡式构图。生活是多种多样的，现实生活中既有均衡也有不均衡。只要是内容的需要和创作意图的需求，形式可以任意选择。

非均衡式构图具有不稳定，不和谐，紧张刺激、动荡不安等特点。从景物形象上来表现动势较为理想；从心理反映上用来表达烦躁不安的情绪、不协调的动作或不一致的注意力和不同的表情等，具有优势；如展示战争的残酷、革命风暴、狼藉现场等场面，亦可取得好的视觉效果。

③ 框架式构图。

框架式构图是用一些前景将主题框住。常用的有树枝、拱门、装饰漂亮的栏杆和厅门等。这种构图很自然地把注意力集中到主题上，有助于突出主题。另外，焦点清晰的边框虽然有吸引力，但它们可能会与主体相对抗。因此用框架式构图多会配合光圈和景深的调节，使主体周围的景物清晰或虚化，使人们自然地将视线放在主题上。

④直角三角形式构图。

直角三角形式构图一般是以画面的一个竖边为三角形的一个直角边，底边为三角形的另一个直角边。这种构图大多注重被摄物的方向性。景物的运动方向或面向应该对着三角形的斜边，使运动物体的前面或景物的面向前留有空间，给予出路。

直角三角形式构图，在横幅或竖幅画面中均可选用，其特点是竖边直线可显示景物之高耸，底边横线又具有稳实、安定感，并且富有运动感，具有正三角形式和倒三角形式构图的双重优势，同时左右直角边灵活多变，很受摄影家们的喜爱，所以使用较多。

直角三角形式构图的灵便性还表现在底边长竖边短或底边短竖边长均可选用，只要三个角中有一个角可形成直角，便可用这种形式构图。

⑤圆形构图。

圆形构图是把景物安排在画面的中央，圆心为视觉中心。圆形构图看起来就像一个"团结"的"团"字，用示意图表示，就是在画面的正中央形成一个圆圈。

圆形构图，除了圆形物体以这种图式表示其圆外，实际上有许多场景可用圆形构图表示其团结一致，既包括形式上的，也包括意愿上的。如许多人围着一个英雄模范在签名，不少少年儿童正聚精会神地听老人讲故事，小朋友们围着圆圈做游戏等，均可选用圆形构图。

圆形构图给人以团结一致的感觉，没有松散感，但这种构图模式，活力不足，缺乏冲击力，缺少生气。

⑥S形构图。

S形实际上是条曲线，只是这种曲线条是有规律的定型曲线。S形具有曲线的优点，优美而富有活力和韵味。同时，读者的视线随着S形向纵深移动，可有力地表现其场景的空间感和深度感。

S形构图分竖式和横式两种，竖式可表现场景的深远，横式可表现场景的宽广。S形构图着重在线条与色调紧密结合的整体形象，而不是景物间的内在联系或彼此间的呼应。

S形构图最适于表现自身富有曲线美的景物。在自然风光摄影中，可选择弯曲的河流、庭院中的曲径、矿山中的羊肠小道，等等。在大场面摄影中，可选择排队购物、游行表演等场景；在夜间拍摄时可选择蜿蜒的路灯、车灯行驶的轨迹，等等。

⑦十字形构图。

十字形是一条竖线与一条水平横线的垂直交叉。它给人以平稳、庄重、严肃感，表现成熟而神秘，健康而向上。因为十字最能使人联想到教会的十字架、医疗部门的红十字等，从而产生神秘感。

十字形构图不宜使横竖线等长，一般竖长横短为好；两线交叉点也不宜把两条线等分，特别是竖线，一般是上半截短些、下半截略长为好。因为两线长短一样，而且以交点等分，给人以对称感，缺少了省略和动势，会减弱其表现力。

十字形构图的场景,并不都是简单的两条横竖线的交叉,而是相仿于十字形的场景均可选用十字形构图。如正面人像,头与上半身可视为垂直竖线,左右肩膀连起来可视为横线;建筑物的高与横的结构等。也可以这样讲,凡是在视觉上能组成十字形形象的,均可选用十字形构图。

**4. 专题摄影**

在实际的摄影中,根据不同的场景和主题,以及摄影的目的可分为不同的专题摄影,一般分为人像、风光、纪实等专题。不同的专题在具体的摄影细节上会有不同的要求。

(1)人像摄影

人像摄影是以刻画和描绘被摄者的外貌与神态,应使人物相貌鲜明的摄影方式,分为照相室人像、室内特定环境人像和户外人像三大类。人像摄影的要求是"形神兼备"。一幅优秀的人像摄影作品,是许多成功因素的总和:神情、姿态、构图、照明、曝光、制作均要达到较高的境界,它们是一个总体的各组成部分。

人像摄影的构图可分特写、近景、半身、全身。画幅的格式可分为横向构图、竖向构图、方形构图。拍摄的角度要根据光线方向、面部朝向、人物角度以及拍摄的位置来综合考虑,同时拍摄时还要注意与人物的情感交流,以达到满意的效果。

(2)风光摄影

风光摄影,是以展现自然风光之美为主要创作题材的原创作品。风光摄影的手法可归纳为四点:知其时、观其势、表其质、现其伟。

知其时,"时"在意义来说有广义和狭义的分别。从广义来讲,是指季节性的春、夏、秋、冬。狭义所指的"时",是一天里自早晨至黄昏,甚至晚上。为要表现大自然,而又要具典型性的风光,对于"时",便不能不细加分析、深入了解,才能有效地予以恰当的时机和把握。

观其势,是指观察拍摄景物的整个环境和形势。选景与拍摄是要相当细致的。为此,必须细心有耐性地、不厌其烦、不畏其劳地,多个位置和角度去观察。深观而默察,结合积累的经验,选取认为理想的角度去拍摄景物,随之再加以细致的剪裁。

表其质,万物都有它独特的本质,尤其拍摄大自然风景。在表现景或物的时候,不是徒具其形貌的轮廓,重要的目的要表现到有质的感觉,既有骨,又有肉。

现其伟,"伟"字含义很广,突出景色最美之处。风光摄影关键是在于抓景物的特点、气派。

(3)纪实摄影

纪实摄影是以记录生活现实为主要诉求的摄影方式。素材来源于真实生活,如实反映所看到的。纪实摄影与人物摄影和风光摄影都不同,纪实摄影追求的是真实性和广泛性。纪实摄影更着重于拍得到,纪实摄影者需要随时带着相机,遇到突发情况能够及时地记录下这个场景。因此,纪实摄影有记录和保存历史的价值,具有作为社会见证者独一无二的资格。

## 2.3.2 扫描技术

扫描过程中所捕捉的图形信息能否尽可能地忠实于原件，显然是至关重要的。应将原件所包含的整个影调范围(从暗调到高光的所有细节)都给捕捉下来。颜色的信息应记录得准确真实(不应出现偏色)。丢失的信息是无法事后弥补的(魔棒工具对此无能为力)。

要想最大程度地提高数字图像的质量，原始照片或胶片的影像质量要高，并且应多花些工夫来力求获得最佳的扫描结果。

一个优质的扫描图像应当是：①具有足够的合乎图像尺寸和输出设备所需的像素数量；②捕捉到原件的从高光到暗调的整个范围；③校正至与原件相符的颜色。

要想获得一个优秀的扫描图像，用户必须具备：① 掌握数字图像文件大小和扫描分辨率方面的知识；②保证扫描原件和扫描设备整洁；③掌握扫描软件控制选项方面的知识。

因此，扫描的一般步骤如下：

①将原件摆放在扫描仪扫描区域内的正确位置。
②打开图像编辑软件。
③选取"文件→输入→扫描"以运行扫描软件。
④选择反射(照片)或透射(胶片)的扫描方式。
⑤选择一个恰当的图像模式(RGB 或灰度)。
⑥如果原件为杂志或书籍中的插图，选择一种"去网纹"工具。
⑦选择图像"预览"。
⑧如有必要，重新调整原件的位置(如果作了调整，应再次预览图像)。
⑨使用矩形选择工具划定扫描区域。
⑩选择扫描分辨率和放大倍率，直至文件大小满足所要求的大小为止。
⑪利用相应的控制选项，调整图像的高光、暗调和中间调。
⑫利用相应的控制选项，调整图像的色彩平衡。
⑬选取"扫描"。
⑭检验扫描结果，方法是通过图像编辑软件中的"色阶"对话框来评价扫描图像中可用的信息。

获取数字图像不仅用于显示观看，往往还需打印输出。为使最终打印出的彩色图像能实现准确的色彩还原，并与所显示的图像效果一致，还需要对图像处理系统进行色彩管理。有关色彩管理的方法见本书第 5 章第 4 节。

◎ 习　题

1. 什么是图像对比度？
2. 人眼感受的亮度与哪些因素有关？
3. 图像数字化包括哪两个过程？它们对数字化图像质量有何影响？

4. 数字化图像的数据量与哪些因素有关？
5. 数字化设备由哪几部分组成？动画可以采用哪些格式存储？
6. 感光介质正确曝光与哪些因素有关？如何控制曝光？
7. 摄影构图需要从哪些方面加以考虑？

# 第3章 图像变换

图像变换是数字图像处理与分析的一种常用手段。图像变换的目的在于：①使图像处理问题简化；②有利于图像特征提取；③有助于从概念上增强对图像信息的理解。

图像变换包括图像的正交变换和几何变换两部分。

## 3.1 正交变换

图像的正交变换通常是一种二维正交变换，正交变换必须是可逆的，并且正变换和反变换的算法不能太复杂。正交变换的特点是在变换域中图像能量集中分布在低频率成分上，边缘、线信息反映在高频率成分上。因此正交变换广泛应用于图像增强、图像恢复、特征提取、图像压缩编码和形状分析等方面。图像变换算法很多，本章主要讨论常用的二维傅里叶变换；其次简介沃尔什-哈达玛变换、哈尔变换、离散余弦变换等；最后介绍近年来发展的小波变换。

### 3.1.1 连续函数的傅里叶变换

令 $f(x)$ 为实变量 $x$ 的连续函数，$f(x)$ 的傅里叶变换用 $F\{f(x)\}$ 表示，则表达式为

$$F\{f(x)\} = F(u) = \int_{-\infty}^{\infty} f(x) e^{-j2\pi ux} dx \tag{3.1.1}$$

式中，$j = \sqrt{-1}$。

$$e^{-j2\pi x} = \cos 2\pi ux - j\sin 2\pi ux \tag{3.1.2}$$

傅里叶变换中出现的变量 $u$ 通常称为频率变量。这个名称由来是这样的：用欧拉公式将式(3.1.1)中的指数项表示成式(3.1.2)，将式(3.1.1)中的积分解释为离散项的和的极限，则显然包含了正弦和余弦项的无限项的和，而且 $u$ 的每一个值确定了它对应的正弦 - 余弦的频率。

若已知 $F(u)$，则傅里叶反变换为

$$f(x) = F^{-1}\{F(u)\} = \int_{-\infty}^{\infty} F(u) e^{j2\pi ux} du \tag{3.1.3}$$

式(3.1.1)和式(3.1.2)称为傅里叶变换对。如果 $f(x)$ 是连续的和可积的，且 $F(u)$ 是可积的，可证明此傅里叶变换对存在。事实上这些条件几乎总是可以满足的。

这里 $f(x)$ 是实函数，它的傅里叶变换 $F(u)$ 通常是复函数。$F(u)$ 的实部、虚部、振幅、能量和相位分别表示如下：

实部：
$$R(u) = \int_{-\infty}^{\infty} f(x) \cos(2\pi ux) dx \tag{3.1.4}$$

虚部：
$$I(u) = -\int_{-\infty}^{\infty} f(x) \sin(2\pi ux) \mathrm{d}x \tag{3.1.5}$$

振幅：
$$|F(u)| = [R^2(u) + I^2(u)]^{\frac{1}{2}} \tag{3.1.6}$$

能量：
$$E(u) = |F(u)|^2 = R^2(u) + I^2(u) \tag{3.1.7}$$

相位：
$$\phi(u) = \arctan\left[\frac{I(u)}{R(u)}\right] \tag{3.1.8}$$

傅里叶变换很容易推广到二维的情况。如果 $f(x,y)$ 是连续和可积的，且 $F(u,v)$ 是可积的，则存在如下的傅里叶变换对：

$$F(u,v) = \int_{-\infty}^{\infty}\!\!\int f(x,y) \mathrm{e}^{-\mathrm{j}2\pi(ux+vy)} \mathrm{d}x \mathrm{d}y \tag{3.1.9}$$

$$F^{-1}\{F(u,v)\} = f(x,y) = \int_{-\infty}^{\infty}\!\!\int F(u,v) \mathrm{e}^{\mathrm{j}2\pi(ux+vy)} \mathrm{d}u \mathrm{d}v \tag{3.1.10}$$

式中，$u$，$v$ 是频率变量。

与一维的情况一样，二维函数的傅里叶谱、相位谱和能量分别由下列关系给出：

$$|F(u,v)| = [R^2(u,v) + I^2(u,v)]^{1/2} \tag{3.1.11}$$

$$\phi(u,v) = \arctan\frac{I(u,v)}{R(u,v)} \tag{3.1.12}$$

$$E(u,v) = R^2(u,v) + I^2(u,v) \tag{3.1.13}$$

例如，图 3.1.1(a) 所示矩形函数的傅里叶变换如下：

$$\begin{aligned} F(u,v) &= \iint_{-\infty}^{\infty} f(x,y) \mathrm{e}^{-\mathrm{j}2\pi(ux+vy)} \mathrm{d}x \mathrm{d}y \\ &= A \int_0^x f(x,y) \mathrm{e}^{-\mathrm{j}2\pi ux} \int_0^y f(x,y) \mathrm{e}^{-\mathrm{j}2\pi vy} \mathrm{d}x \mathrm{d}y \\ &= Axy \left[\frac{\sin(\pi vx) \mathrm{e}^{-\mathrm{j}\pi ux}}{(\pi ux)}\right]\left[\frac{\sin(\pi vy) \mathrm{e}^{-\mathrm{j}\pi vy}}{(\pi vy)}\right] \end{aligned} \tag{3.1.14}$$

其傅里叶谱为

$$|F(u,v)| = AXY \left|\frac{\sin(\pi vx)}{(\pi vx)}\right| \left|\frac{\sin(\pi vy)}{(\pi vy)}\right| \tag{3.1.15}$$

矩形函数的傅里叶谱表示在图 3.1.1(c) 中。其他的二维函数的例子和它们的谱如图 3.1.2 所示，这里 $f(x,y)$ 和 $|F(u,v)|$ 都用图像表示。

需要说明的是：傅里叶谱通常用 $\lg(1+|F(u,v)|)$ 的图像显示，而不是 $F(u,v)$ 的直接显示。因为傅里叶变换中 $F(u,v)$ 随 $u$ 或 $v$ 的增加衰减太快，这样只能表示 $F(u,v)$ 高频项很少的峰，其余都难以表示清楚。而采用对数形式显示，就能更好地表示 $F(u,v)$ 的高频，这样便于对图像频谱的视觉理解；其次，利用傅里叶变换的平移性质，将 $f(x,y)$ 傅里叶变换后的原点移到频率域窗口的中心显示，这样显示的傅里叶谱图像中，窗口中心为低频，向外为高频，从而便于分析。

### 3.1.2 离散函数的傅里叶变换

假定取间隔 $\Delta x$ 对一个连续函数 $f(x)$ 均匀采样，离散化为一个序列 $\{f(x_0), f(x_0+$

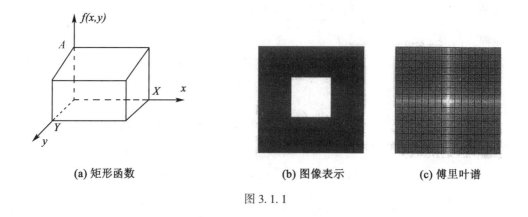

图 3.1.1

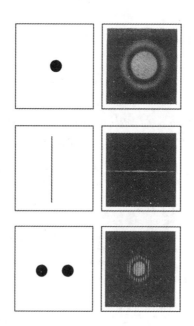

图 3.1.2 一些二维函数及其傅里叶谱

$\Delta x$),…,$f[x_0+(N-1)\Delta x]\}$,如图 3.1.3 所示。将序列表示成

$$f(x)=f(x_0+x\Delta x) \tag{3.1.16}$$

式中,$x$ 假定为离散值 0,1,2,…,$N-1$。变量替换后的序列 $\{f(0),f(1),f(2),…,f(N-1)\}$ 表示取自该连续函数的 $N$ 个等间隔抽样值。

被抽样函数的离散傅里叶变换可定义为

$$F(u)=\frac{1}{N}\sum_{x=0}^{N-1}f(x)\mathrm{e}^{-\mathrm{j}2\pi ux/N} \tag{3.1.17}$$

式中,$u=0$,1,2,…,$N-1$。反变换为

$$f(x) = \sum_{x=0}^{N-1} F(u) e^{j2\pi ux/N} \tag{3.1.18}$$

式中，$x = 0, 1, 2, \cdots, N-1$。

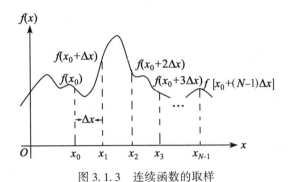

图 3.1.3 连续函数的取样

在式(3.1.17)给出的离散傅里叶变换中，$u = 0, 1, 2, \cdots, N-1$ 分别对应于 $0, \Delta u$，$2\Delta u, \cdots, (N-1)\Delta u$ 处傅里叶变换的抽样值，即 $F(u)$ 来表示 $F(u\Delta u)$。除了 $F(u)$ 的抽样始于频率轴的原点之外，这个表示法和离散的 $f(x)$ 所用的表示法相似。可以证明 $\Delta u$ 和 $\Delta x$ 的关系为

$$\Delta u = \frac{1}{N\Delta x} \tag{3.1.19}$$

在二维的情况下，离散的傅里叶变换对表示为

$$F(u, v) = \frac{1}{MN} \sum_{x=0}^{M-1} \sum_{y=0}^{N-1} f(x, y) e^{-j2\pi(ux/M + vy/N)} \tag{3.1.20}$$

式中，$u = 0, 1, 2, \cdots, M-1$；$v = 0, 1, 2, \cdots, N-1$。

$$f(x, y) = \sum_{u=0}^{M-1} \sum_{v=0}^{N-1} F(u, v) e^{j2\pi(ux/M + vy/N)} \tag{3.1.21}$$

式中，$x = 0, 1, 2, \cdots, M-1$；$y = 0, 1, 2, \cdots, N-1$。

对二维连续函数的抽样是在 $x$ 轴和 $y$ 轴上分别以宽度 $\Delta x$ 和 $\Delta y$ 等间距划分为若干个格网点。同一维的情况一样，离散函数 $f(x, y)$ 表示函数 $f(x_0+x\Delta x, y_0+y\Delta y)$ 点的取样，对 $F(u, v)$ 有类似的解释。在空间域和频率域中的抽样间距关系为：

$$\Delta u = \frac{1}{M\Delta x} \tag{3.1.22}$$

$$\Delta y = \frac{1}{N\Delta y} \tag{3.1.23}$$

当图像抽样成一个方形阵列时，即 $M = N$，则傅里叶变换可表示为

$$F(u, v) = \frac{1}{N} \sum_{x=0}^{N-1} \sum_{y=0}^{N-1} f(x, y) e^{-j2\pi(ux+vy)/N} \tag{3.1.24}$$

式中，$u, v = 0, 1, 2, \cdots, N-1$。

$$f(x, y) = \frac{1}{N} \sum_{u=0}^{N-1} \sum_{v=0}^{N-1} F(u, v) e^{j2\pi(ux/+vy)/N} \qquad (3.1.25)$$

式中，$x$，$y=0$，1，2，…，$N-1$。注意，式(3.1.20)与式(3.1.24)、式(3.1.21)与式(3.1.25)的区别在于这些常数倍乘项的组合是不同的。实际中图像常被数字化为方阵，因此这里主要考虑式(3.1.24)和式(3.1.25)给出的傅里叶变换对。而式(3.1.20)和式(3.1.21)适用于图幅不为方阵的情形。

一维和二维离散函数的傅里叶谱，相位和能量谱也分别由式(3.1.6)至式(3.1.8)和式(3.1.11)至式(3.1.13)给出。唯一的差别在于独立变量是离散的。因为在离散的情况下，$F(u)$和$F(u, v)$两者总是存在的，因此与连续的情况不同的是不必考虑离散傅里叶变换的存在性。

数字图像的二维离散傅里叶变换所得结果的频率成分的分布如图3.1.4所示。即变换的结果的左上、右上、左下、右下四个角的周围对应于低频成分，中央部位对应于高频成分。为使直流成分出现在变换结果数组的中央，可采用图示的换位方法。但应注意到，换位后的数组相当再进行反变换时，得不到原图。也就是说，在进行反变换时，必须使用四角代表低频成分的变换结果，使画面中央对应高频部分。

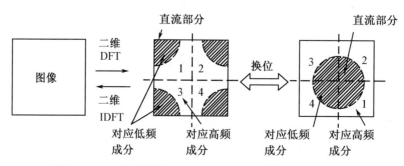

图3.1.4 二维离散傅里叶变换结果中频率成分分布示意图

一般来说，对一幅图像进行傅里叶变换运算量很大，不直接利用以上公式计算。现在都采用快速傅里叶变换法，这样可大大减少计算量。为提高傅里叶变换算法的速度，从软件角度来讲，要不断改进算法；另一种途径为硬件化，它不但体积小且速度快。限于篇幅，关于快速傅里叶变换算法在此从略。

### 3.1.3 二维离散傅里叶变换的若干性质

离散傅里叶变换建立了函数在空间域与频率域之间的转换关系，把空间域(即空域)难以显现的特征在频率域(即频域)中十分清楚地显现出来。在数字图像处理中，经常要利用这种转换关系及其转换规律。因此，这里列出了二维傅里叶变换的性质，见表3.1。下面将介绍离散傅里叶变换的若干重要性质。

表3.1　　二维离散傅里叶变换的性质

| 序号 | 性 质 | 表 达 式 |
|---|---|---|
| 1 | 变换可分性 | 因为 $\exp(-j2\pi(ux+vy)/N) = \exp(-j2\pi ux/N)\exp(-j2\pi vy/N)$<br>所以 $F(u,v) = F_x\{F_y[f(x,y)]\} = F_y\{F_x[f(x,y)]\}$<br>$f(x,y) = F_u^{-1}\{F_v^{-1}[F(u,v)]\} = F_v^{-1}\{F_u^{-1}[F(u,v)]\}$ |
| 2 | 线　性 | $F[a_1 f_1(x,y) + a_2 f_2(x,y)] = a_1 F[f_1(x,y)] + a_2 F[f_2(x,y)]$ |
| 3 | 比例性质 | $f(ax, by) \leftrightarrow F(u/a, v/b)/|ab|$ |
| 4 | 空间位移 | $f(x-x_0, y-y_0) \leftrightarrow F(u,v)\exp(-j2\pi(ux_0+vy_0)/N)$ |
| 5 | 频率位移(调制) | $f(x,y)\exp(j2\pi(u_0 x + v_0 y)/N) \leftrightarrow F(u-u_0, v-v_0)$ |
| 6 | 对称性 | 若 $f(x,y) = f(-x,-y)$ 则 $F(u,v) = F(-u,-v)$ |
| 7 | 共轭对称性 | $f^*(x,y) \leftrightarrow F^*(-u,-v)$ |
| 8 | 差分 | $f(x,y) - f(x-1,y) \leftrightarrow (1-\exp(-j2\pi u/N))F(u,v)$ |
| 9 | 积分 | $f(x,y) + f(x-1,y) \leftrightarrow (1+\exp(-j2\pi u/N))F(u,v)$ |
| 10 | 两单变量函数之积 | $f_1(x)f_2(y) \leftrightarrow F_1(u)F_2(v)$ |
| 11 | 平均值 | $F(0,0) = \dfrac{1}{N^2}\sum\limits_{x=0}^{N-1}\sum\limits_{y=0}^{N-1} f(x,y)$ |
| 12 | 180°旋转 | $F\{F[f(x,y)]\} = f(-x,-y)$ |
| 13 | 旋转不变性 | $f(r, \theta+\theta_0) \leftrightarrow F(\rho, \varphi+\theta_0)$ |
| 14 | 巴塞伐定理(能量定理) | $\sum\limits_{x=0}^{M-1}\sum\limits_{y=0}^{N-1} f_1(x,y)f_2^*(x,y) = \sum\limits_{u=0}^{M-1}\sum\limits_{v=0}^{N-1} F_1(u,v)F_2^*(u,v)$<br>当 $f_1(x,y) = f_2(x,y)$ 时，$\sum\limits_{x=0}^{M-1}\sum\limits_{y=0}^{N-1} |f_1(x,y)|^2 = \sum\limits_{u=0}^{M-1}\sum\limits_{v=0}^{N-1} |F(u,v)|^2$ |
| 15 | 卷积定理(空间域) | $f(x,y) * h(x,y) \leftrightarrow F(u,v) \cdot H(u,v)$ |
| 16 | 卷积定理(频率域) | $f(x,y) \cdot h(x,y) \leftrightarrow F(u,v) * H(u,v)$ |
| 17 | 相关定理 | 互相关：$f(x,y) \circ g(x,y) \leftrightarrow F^*(u,v)G(u,v)$<br>$f(x,y) \circ g(x,y) \leftrightarrow F(u,v) \circ G(u,v)$<br>自相关：$f(x,y) \circ f(x,y) \leftrightarrow |F(u,v)|^2$<br>$|f(x,y)|^2 \leftrightarrow F(u,v) \circ F(u,v)$ |
| 18 | 周期性 | $f(x,y) = f(x+mN, y+nN)$<br>$F(u,v) = F(u+mN, v+nN)$<br>$m,n = 0, \pm 1, \pm 2, \cdots$ |

## 1. 周期性和共轭对称性

若离散的傅里叶变换和它的反变换周期为 $N$，则有

$$F(u, v) = F(u+N, v) = F(u, v+N) = F(u+N, v+N) \qquad (3.1.26)$$

以 $(u+N)$ 和 $(v+N)$ 的变量直接代入式(3.1.24)中，可以证明这个性质的有效性。虽然式(3.1.26)指出对 $u$ 和 $v$ 的无限数来讲，$F(u, v)$ 重复着其本身，但是由 $F(u, v)$ 得到 $f(x, y)$，只需任何一周期中每个变量的取值。换言之，为了在频域中完全地确定 $F(u, v)$，只需要变换一个周期。在空间域中，对 $f(x, y)$ 也有相似的性质。

傅里叶变换存在共轭对称性。因为

$$F(u, v) = F^*(-u, -v) \qquad (3.1.27)$$

或者

$$|F(u, v)| = |F(-u, -v)| \qquad (3.1.28)$$

这种周期性和共轭对称性对图像的频谱分析和显示带来很大益处。

**2. 分离性**

二维傅里叶变换可由连续两次一维傅里叶变换来实现。例如，式(3.1.24)可分成下列两式：

$$F(x, v) = N\left\{\frac{1}{N}\sum_{y=0}^{N-1}f(x, y)\exp[-j2\pi vy/N]\right\} \quad v = 0, 1\cdots, N-1 \qquad (3.1.29)$$

$$F(u, v) = \frac{1}{N}\sum_{x=0}^{N-1}F(x, v)\exp[-j2\pi ux/N], \quad u, v = 0, 1\cdots, N-1 \qquad (3.1.30)$$

对每个 $x$ 值，式(3.1.29)大括号中是一个一维傅里叶变换。所以，$F(x, v)$ 可由沿 $F(x, y)$ 的每一列变换再乘以 $N$ 得到；在此基础上，再对 $F(x, v)$ 每一行按式(3.1.30)求傅里叶变换就可得到 $F(u, v)$。这个过程可用图 3.1.5 表示。

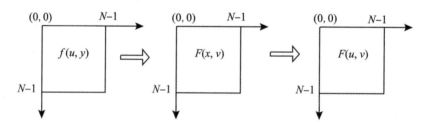

图 3.1.5　由两步一维变换计算二维变换

**3. 平移性质**

傅里叶变换对的平移性质可写成(以 $\Leftrightarrow$ 表示函数和其傅里叶变换的对应关系)：

$$f(x, y)\exp[j2\pi(u_0x + v_0y)/N] \Leftrightarrow F(u - u_0, v - v_0) \qquad (3.1.31)$$

$$f(x - x_0, y - y_0) \Leftrightarrow F(u, v)\exp[-j2\pi(ux_0 + vy_0)/N] \qquad (3.1.32)$$

式(3.1.31)表明将 $f(x, y)$ 与一个指数项相乘就相当于将其变换后的频域中心移动到新的位置 $(u_0, v_0)$。类似的，式(3.1.32)表明将 $F(u, v)$ 与一个指数项相乘就相当于将其反变换后的空域中心移动到新的位置 $(x_0, y_0)$。另外，从式(3.1.32)可知，对 $f(x, y)$ 的平移不影响其傅里叶变换的幅值。

**4. 旋转性质**

首先借助极坐标变换 $x=r\cos\theta$，$y=r\sin\theta$，$u=w\cos\varphi$，$v=w\sin\varphi$ 将 $f(x, y)$ 和 $F(u, v)$ 分别转换为 $f(r, \theta)$ 和 $F(w, \varphi)$。直接将它们代入傅里叶变换对得到：

$$f(r, \theta+\theta_0) \Leftrightarrow F(w, \varphi+\theta_0) \tag{3.1.33}$$

上式表明，对 $f(x, y)$ 旋转 $\theta_0$ 的傅里叶变换对应于将其傅里叶变换 $F(u, v)$ 也旋转 $\theta_0$。类似地，对 $F(u, v)$ 旋转 $\theta_0$ 也对应于将其傅里叶反变换 $f(x, y)$ 旋转 $\theta_0$。

**5. 分配律**

根据傅里叶变换对的定义可得到：

$$F\{f_1(x, y)+f_2(x, y)\} = F\{f_1(x, y)\} + F\{f_2(x, y)\} \tag{3.1.34}$$

上式表明傅里叶变换和反变换对加法满足分配律，但对乘法则不满足。

**6. 尺度变换（缩放）**

给定两个标量 $a$ 和 $b$，可证明对傅里叶变换有式（3.1.35）和式（3.1.36）成立

$$af(x, y) \Leftrightarrow aF(u, v) \tag{3.1.35}$$

$$f(ax, by) \Leftrightarrow \frac{1}{|ab|}F\left(\frac{u}{a}, \frac{v}{b}\right) \tag{3.1.36}$$

**7. 平均值**

对一个二维离散函数，其平均值可用下式表示：

$$\bar{f}(x, y) = \frac{1}{N^2}\sum_{x=0}^{N-1}\sum_{y=0}^{N-1}f(x, y) \tag{3.1.37}$$

如将 $u=v=0$ 代入式（3.1.20），得

$$F(0, 0) = \frac{1}{N}\sum_{x=0}^{N-1}\sum_{y=0}^{N-1}f(x, y) = \bar{f}(x, y) \tag{3.1.38}$$

**8. 离散卷积定理**

设 $f(x, y)$、$g(x, y)$ 是大小分别为 $A \times B$ 和 $C \times D$ 的两个数组，则它们的离散卷积定义为

$$f(x, y) * g(x, y) = \sum_{m=0}^{M-1}\sum_{n=0}^{N-1}f(m, n)g(x-m, y-n) \tag{3.1.39}$$

式中，$x=0, 1, \cdots, M-1$；$y=0, 1, \cdots, N-1$；$M=A+C-1$，$N=B+D-1$

对式（3.1.39）两边进行傅里叶变换，有

$$F[f(x, y)*g(x, y)] = \sum_{x=0}^{M-1}\sum_{y=0}^{N-1}\left\{\sum_{m=0}^{M-1}\sum_{n=0}^{N-1}f(m, n)g(x-m, y-n)\right\}e^{-j2\pi(\frac{ux}{M}+\frac{vy}{N})}$$

$$= \sum_{m=0}^{M-1}\sum_{n=0}^{N-1}f(m, n)e^{-j2\pi(\frac{um}{M}+\frac{vn}{N})} \cdot \sum_{x=0}^{M-1}\sum_{y=0}^{N-1}g(x-m, y-n)e^{-j2\pi[\frac{u(x-m)}{M}+\frac{v(y-n)}{N}]}$$

$$= F(u, v)G(u, v) \qquad (3.1.40)$$

这就是空间域卷积定理。

**9. 离散相关定理**

大小为 $A \times B$ 和 $C \times D$ 的两个离散函数序列 $f(x, y)$、$g(x, y)$ 的互相关定义为：

$$f(x, y) \circ g(x, y) = \sum_{m=0}^{M-1} \sum_{n=0}^{N-1} f^*(m, n) g(x+m, y+n) \qquad (3.1.41)$$

式中，$M = A+C-1$，$N = B+D-1$。则相关定理为：

$$F\{f(x, y) \circ g(x, y)\} = F^*(u, v) G(u, v) \qquad (3.1.42)$$

利用和卷积定理相似的证明方法，可以证明互相关和自相关定理。

利用相关定理可以计算函数的相关，但和计算卷积一样，有循环相关问题。为此，必须将求相关的函数延拓成周期为 $M$ 和 $N$ 的周期函数，并对要延拓后的函数添加适当的零。即

$$f_e(x, y) = \begin{cases} f(x, y) & 0 \leq x \leq A-1, \; 0 \leq y \leq B-1 \\ 0 & A \leq x \leq M-1, \; B \leq y \leq N-1 \end{cases} \qquad (3.1.43)$$

$$g_e(x, y) = \begin{cases} g(x, y) & 0 \leq x \leq C-1, \; 0 \leq y \leq D-1 \\ 0 & C \leq x \leq M-1, \; D \leq y \leq N-1 \end{cases} \qquad (3.1.44)$$

式中，$M \geq A+C-1$，$N \geq B+D-1$。

## 3.2 其他可分离图像变换

以上所讨论的傅里叶变换是图像处理应用中常用的可分离变换中的一个特例。下面先讨论可分离变换的通用公式，然后介绍在图像处理中常用的沃尔什、哈达玛、离散余弦等变换。

### 3.2.1 通用公式

一维离散傅里叶变换是一类重要的变换，它可以用通用关系式表示

$$T(u) = \sum_{x=0}^{N-1} f(x) g(x, u) \qquad (3.2.1)$$

其中，$T(u)$ 是 $f(x)$ 的正变换，$g(x, u)$ 是正变换核，并且假定 $u = 0, 1, \cdots, N-1$。类似地，逆变换由关系式

$$f(x) = \sum_{u=0}^{N-1} T(u) h(x, u) \qquad (3.2.2)$$

给出，其中 $h(x, u)$ 是反变换核，并且假定 $x = 0, 1, \cdots, N-1$。变换的性质由变换核的性质所决定。

对于二维方阵，正变换和反变换可分别表示为

$$T(u, v) = \sum_{x=0}^{N-1} \sum_{y=0}^{N-1} f(x, y) g(x, y, u, v) \qquad (3.2.3)$$

以及
$$f(x, y) = \sum_{u=0}^{N-1}\sum_{v=0}^{N-1} T(u, v)h(x, y, u, v) \tag{3.2.4}$$

和上面一样，其中 $g(x, y, u, v)$ 和 $h(x, y, u, v)$ 分别称为正变换核和反变换核。如果
$$g(x, y, u, v) = g_1(x, u)g_2(y, v) \tag{3.2.5}$$
则称核是可分离的。如果 $g_1$ 与 $g_2$ 相同，则这个核是对称的。在对称情况下，式(3.2.5)可以表示成
$$g(x, y, u, v) = g_1(x, u)g_1(y, v) \tag{3.2.6}$$
类似地，用 $h$ 代替 $g$ 也成立。

对于式(3.1.24)中的二维傅里叶变换而言，它的核为：
$$g(x, y, u, v) = \frac{1}{N}\exp[-j2\pi(ux+vy)/N]$$
它是可分离的，因为
$$g(x, y, u, v) = g_1(x, u)g_1(y, v) = \frac{1}{\sqrt{N}}\exp[-j2\pi ux/N]\frac{1}{\sqrt{N}}\exp[-j2\pi vy/N]$$
$$\tag{3.2.7}$$

很容易证明反变换核也是可分离的。

一个具有可分离核的正变换可以分成两步处理，每一步要作一个一维变换。首先，沿着 $f(x, y)$ 的每一列进行变换，得到
$$T(x, v) = \sum_{y=0}^{N-1} f(x, y)g_2(y, v) \tag{3.2.8}$$
其中，$x, v = 0, 1, 2, \cdots, N-1$。然后，沿着 $T(x, v)$ 的每一行取一个一维变换，则有
$$T(u, v) = \sum_{x=0}^{N-1} T(x, v)g_1(x, u) \tag{3.2.9}$$
其中，$u, v = 0, 1, 2, \cdots, N-1$。

如果核 $g(x, y, u, v)$ 是可分离和对称的，则 $g_1$ 与 $g_2$ 是相同的，$T(u, v)$ 为
$$T(u, v) \sum_{x=0}^{N-1}\sum_{y=0}^{N-1} g_1(u, x)f(x, y)g_1(y, v) \tag{3.2.10}$$
用矩阵形式表示为
$$\boldsymbol{T} = \boldsymbol{AFA}^{\mathrm{T}} \tag{3.2.11}$$

其中 $\boldsymbol{F}$ 是 $N \times N$ 的矩阵，$\boldsymbol{A}$ 是以 $a_{ij} = g_1(i, j)$ 为元素的 $N \times N$ 的对称变换矩阵。矩阵 $\boldsymbol{A}$ 的元素可能为复数，用 $\boldsymbol{A}^*$ 表示 $\boldsymbol{A}$ 的复数共轭矩阵，若满足
$$\boldsymbol{A}^{-1} = (\boldsymbol{A}^*)^{\mathrm{T}} \tag{3.2.12}$$
根据式(3.2.11)和式(3.2.12)可推导出反变换的矩阵表达式为
$$\boldsymbol{F} = (\boldsymbol{A}^*)^{\mathrm{T}}\boldsymbol{F}\boldsymbol{A}^* \tag{3.2.13}$$

若 $\boldsymbol{A}$ 为实数矩阵，则满足式(3.2.12)的矩阵 $\boldsymbol{A}$ 称正交矩阵，相应的变换就是正交变换。

酉变换是复数域中的一种正交变换。可见，正交变换是酉变换的一种特例，前面介绍

的傅里叶变换显然是一种酉变换,下面介绍的几种变换也属于酉变换。

### 3.2.2 沃尔什变换

当 $N=2^n$ 时,函数 $f(x)$ 的离散沃尔什变换记作 $w(u)$,其变换核为:

$$g(x,u) = \frac{1}{N}\prod_{i=0}^{N-1}(-1)^{b_i(x)b_{n-1-i}(u)} \tag{3.2.14}$$

则

$$w(u) = \frac{1}{N}\sum_{x=0}^{N-1}f(x)\prod_{i=0}^{N-1}(-1)^{b_i(x)b_{n-1-i}(u)} \tag{3.2.15}$$

就是一维离散沃尔什变换。

其中 $b_k(z)$ 是 $z$ 的二进制表示的第 $k$ 位值。例如,$n=3$,$N=2^n=8$,如果 $z=6$(二进制是110),则有 $b_0(z)=0$,$b_1(z)=1$,以及 $b_2(z)=1$。

不顾及常数项,$g(u,x)$ 的值在 $N=8$ 时可以列成表 3.2。沃尔什变换核形成的数组是一个对称矩阵,它的行和列是正交的。除相差常数因子 $1/N$ 外,反变换核 $h(x,u)$ 与正变换核其他完全相同。即

$$h(x,u) = \prod_{i=0}^{n-1}(-1)^{b_i(x)b_{n-1-i}(u)} \tag{3.2.16}$$

表 3.2 $N=8$ 的沃尔什变换核的值

| u \ X | 0 | 1 | 2 | 3 | 4 | 5 | 6 | 7 |
|---|---|---|---|---|---|---|---|---|
| 0 | + | + | + | + | + | + | + | + |
| 1 | + | + | + | + | − | − | − | − |
| 2 | + | + | − | − | + | + | − | − |
| 3 | + | + | − | − | − | − | + | + |
| 4 | + | − | + | − | + | − | + | − |
| 5 | + | − | + | − | − | + | − | + |
| 6 | + | − | − | + | + | − | − | + |
| 7 | + | − | − | + | − | + | + | − |

因而,一维离散沃尔什反变换为:

$$f(x) = \sum_{i=0}^{N-1}w(u)\prod_{i=0}^{n-1}(-1)^{b_i(x)b_{n-1-i}(u)} \tag{3.2.17}$$

与以三角函数项为基础的傅里叶变换不同,沃尔什变换是由取 +1 或者取 −1 的基本函数的级数展开式构成的,有快速算法,因此,它广泛用于数字信号处理等领域。

二维正、反沃尔什变换核由关系式

$$g(x,y,u,v) = \frac{1}{N}\prod_{i=1}^{n-1}(-1)^{[b_i(x)b_{n-1-i}(u)+b_i(y)b_{n-1-i}(v)]} \tag{3.2.18}$$

$$h(x,y,u,v) = \frac{1}{N}\prod_{i=1}^{n-1}(-1)^{[b_i(x)b_{n-1-i}(u)+b_i(y)b_{n-1-i}(v)]} \tag{3.2.19}$$

给出。

这两个核完全相同,所以下面两式给出的二维沃尔什正变换和反变换也具有相同形式:

$$W(u,v) = \frac{1}{N}\sum_{x=0}^{N-1}\sum_{y=0}^{N-1}f(x,y)\prod_{i=0}^{n-1}(-1)^{[b_i(x)b_{n-1-i}(u)+b_i(y)b_{n-1-i}(v)]} \tag{3.2.20}$$

$$f(x,y) = \frac{1}{N}\sum_{u=0}^{N-1}\sum_{v=0}^{N-1}W(u,v)\prod_{i=0}^{n-1}(-1)^{[b_i(x)b_{n-1-i}(u)+b_i(y)b_{n-1-i}(v)]} \tag{3.2.21}$$

二维沃尔什正变换核和反变换核都是可分离的和对称的,因为

$$g(x,y,u,v) = g_1(x,u)g_1(y,v) = h_1(x,u)h_1(y,v) \tag{3.2.22}$$

可见,二维的沃尔什正、反变换都可分成两个步骤计算,每个步骤由一个一维变换实现。

### 3.2.3 哈达玛变换

一维正向哈达玛(Hadamard)变换核为

$$g(x,u) = \frac{1}{N}(-1)^{\sum_{i=0}^{n-1}b_i(x)b_i(u)} \tag{3.2.23}$$

其中 $b_k(z)$ 代表 $z$ 的二进制表示的第 $k$ 位值。将式(3.2.23)代入式(3.2.1)中可得下面的一维哈达玛变换表达式

$$H(u) = \frac{1}{N}\sum_{x=0}^{N-1}f(x)(-1)^{\sum_{i=0}^{n-1}b_i(x)b_i(u)} \tag{3.2.24}$$

其中 $N=2^n$,并假定 $u$ 在范围 0, 1, 2, …, $N-1$ 内取值。

与沃尔什变换一样,正、反变换核相同,但没有 $1/N$。因此,一维哈达玛变换的表达式为:

$$f(x) = \sum_{u=0}^{N-1}H(u)(-1)^{\sum_{i=0}^{n-1}b_i(x)b_i(u)} \tag{3.2.25}$$

其中,$x=0, 1, 2, \cdots, N-1$。

二维核正、反变换关系式

$$g(x,y,u,v) = \frac{1}{N}(-1)^{\sum_{i=0}^{n-1}[b_i(x)b_i(u)+b_i(y)b_i(v)]} \tag{3.2.26}$$

以及

$$h(x,y,u,v) = \frac{1}{N}(-1)^{\sum_{i=0}^{n-1}[b_i(x)b_i(u)+b_i(y)b_i(v)]} \tag{3.2.27}$$

给出。

这两个核完全相同,所以下面两式

$$H(u, v) = \frac{1}{N} \sum_{x=0}^{N-1} \sum_{y=0}^{N-1} f(x, y) (-1)^{\sum_{i=0}^{n-1}[b_i(x)b_i(u)+b_i(y)b_i(v)]} \tag{3.2.28}$$

$$f(x, y) = \frac{1}{N} \sum_{x=0}^{N-1} \sum_{y=0}^{N-1} H(u, v) (-1)^{\sum_{i=0}^{n-1}[b_i(x)b_i(u)+b_i(y)b_i(v)]} \tag{3.2.29}$$

给出的二维的哈达玛正、反变换也具有相同形式。哈达玛正变换核都是可分离的和对称的。因此,二维的哈达玛正变换和反变换都可通过两个一维变换实现。

一维哈达玛核产生的数值矩阵,在 $N=8$ 的情形下见表 3.3。其中的常数项 $1/N$ 被省略了。与表 3.2 相比,区别仅是次序的不同。

表 3.3　　　　　　　　　　　$N=8$ 的哈达玛变换核的值

| X<br>u | 0 | 1 | 2 | 3 | 4 | 5 | 6 | 7 |
|---|---|---|---|---|---|---|---|---|
| 0 | + | + | + | + | + | + | + | + |
| 1 | + | − | + | − | + | − | + | − |
| 2 | + | + | − | − | + | + | − | − |
| 3 | + | − | − | + | + | − | − | + |
| 4 | + | + | + | + | − | − | − | − |
| 5 | + | − | + | − | − | + | − | + |
| 6 | + | + | − | − | − | − | + | + |
| 7 | + | − | − | + | − | + | + | − |

哈达玛变换核矩阵具有简单的递推关系。

最小阶($N=2$)的哈达玛矩阵是

$$\boldsymbol{H}_2 = \begin{bmatrix} 1 & 1 \\ 1 & -1 \end{bmatrix} \tag{3.2.30}$$

如果用 $\boldsymbol{H}_N$ 代表 $N$ 阶矩阵,那么 $2N$ 阶哈达玛矩阵 $\boldsymbol{H}_{2N}$ 与 $\boldsymbol{H}_N$ 的递推关系式为:

$$\boldsymbol{H}_{2N} = \begin{bmatrix} \boldsymbol{H}_N & \boldsymbol{H}_N \\ \boldsymbol{H}_N & -\boldsymbol{H}_N \end{bmatrix} \tag{3.2.31}$$

哈达玛矩阵某一列元素符号变换次数常称为该列的列率。例如,表 3.3 中八列的列率依次为 0,7,3,4,1,6,2 和 5。可以定义随 $u$ 增加而序也增加的哈达玛变换核。以下两个式子给出满足该条件的一维哈达玛变换核

$$g(x, u) = \frac{1}{N} (-1)^{\sum_{i=0}^{n-1} b_i(x)p_i(u)} \tag{3.2.32}$$

$$\begin{cases} P_0(u) = b_{n-1}(u) \\ p_1(u) = b_{n-1}(u)b_{n-2}(u) \\ p_{n-1}(u) = b_1(u) + b_0(u) \end{cases} \tag{3.2.33}$$

表3.4给出 $N=8$ 时按列率排序的一维哈达玛变换核的值(常数 $1/N$ 略去)。注意根据对称性行和列都满足列率递增的条件。

排序的一维哈达玛反变换核定义如下

$$h(x,u)=(-1)^{\sum_{i=0}^{n-1}b_i(x)p_i(u)} \qquad (3.2.34)$$

从而可以得到一维定序哈达玛变换对:

$$H(u)=\frac{1}{N}\sum_{x=0}^{N-1}f(x)(-1)^{\sum_{i=0}^{n-1}b_i(x)p_i(u)} \qquad (3.2.35)$$

$$f(x)=\sum_{u=0}^{N-1}H(u)(-1)^{\sum_{i=0}^{n-1}b_i(x)p_i(u)} \qquad (3.2.36)$$

二维定序哈达玛正、反变换核是可分离的并且相同。

$$g(x,y,u,v)=h(x,y,u,v)=\frac{1}{N}(-1)^{\sum_{i=0}^{n-1}[b_i(x)p_i(u)+b_i(y)p_i(v)]} \qquad (3.2.37)$$

按式(3.2.28)和式(3.2.29)可以类似写出定序的二维哈达玛变换对。

表3.4       $N=8$ 时经过排序的一维哈达玛变换核的值

| u \ X | 0 | 1 | 2 | 3 | 4 | 5 | 6 | 7 |
|---|---|---|---|---|---|---|---|---|
| 0 | + | + | + | + | + | + | + | + |
| 1 | + | + | + | + | − | − | − | − |
| 2 | + | + | − | − | + | + | − | − |
| 3 | + | + | − | − | − | − | + | + |
| 4 | + | − | + | − | + | − | + | − |
| 5 | + | − | + | − | − | + | − | + |
| 6 | + | − | − | + | + | − | − | + |
| 7 | + | − | − | + | − | + | + | − |

## 3.2.4 离散余弦变换

从傅里叶变换性质可知,当一函数为偶函数时,其傅里叶变换的虚部为零,因而不需计算正弦项变换,只计算余弦项变换,这就是余弦变换。因此,余弦变换是傅里叶变换的特例,余弦变换是简化傅里叶变换的重要方法。

将一幅 $N×N$ 的图像 $f(x,y)$ 沿水平方向对折镜像,再沿垂直方向对折镜像,可成为一个 $2N×2N$ 的偶函数图像。那么,它的二维正反余弦变换由下面两式定义:

$$C(u,v)=a(u)a(v)\sum_{x=0}^{N-1}\sum_{y=0}^{N-1}f(x,y)\cos\left[\frac{(2x+1)u\pi}{2N}\right]\cos\left[\frac{(2y+1)v\pi}{2N}\right]$$

$$(3.2.38)$$

$$f(x, y) = \sum_{u=0}^{N-1} \sum_{v=0}^{N-1} a(u)a(v)C(u, v)\cos\left[\frac{(2x+1)u\pi}{2N}\right]\cos\left[\frac{(2y+1)v\pi}{2N}\right]$$

$$u, v = 0, 1, \cdots, N-1$$

(3.2.39)

式中，$a(u) = \begin{cases} 1/\sqrt{2} & u=0 \\ 1 & u=1, 2, \cdots, N-1 \end{cases}$　$a(v) = \begin{cases} 1/\sqrt{2} & v=0 \\ 1 & v=1, 2, \cdots, N-1 \end{cases}$　$x, y = 0, 1, \cdots, N-1$。

近年来，DCT 在图像压缩编码中得到广泛应用，本书将在图像压缩中进一步加以讨论。

## 3.3 小波变换简介

小波分析与前面介绍的傅里叶分析有着惊人的相似，其基本的数学思想来源于经典的调和分析，其雏形形成于 20 世纪 50 年代初的纯数学领域，但此后 30 年来一直没有受到人们的注意。小波的概念是由法国 Elf-Aquitaine 公司的地球物理学家 J. Morlet 在 1984 年提出的，他在分析地质资料时，首先引进并使用了小波(wavelet)这一术语，顾名思义"小波"就是小的波形。所谓"小"是指它具有衰减性；而称之为"波"则是指它的波动性，其振幅正负相间的振荡形式。

众所周知，傅里叶分析是现代工程中应用最广泛的数学方法之一，特别是在信号及图像处理方面，利用傅里叶变换可以把信号分解成不同尺度上连续重复的成分，对图像处理与分析有很多优点，应用也相当多。然而傅里叶变换存在不能同时进行时间-频率局部分析的缺点，为了弥补这方面的不足，Gabor 在 1946 年提出了信号的时频局部化分析方法，即所谓的 Gabor 变换，信号 $f(t)$ 的 Gabor 变换定义式为：

$$W_f(\omega, \tau) = \int_R g(t-\tau)f(t)e^{-\omega t}dt \qquad (3.3.1)$$

式中函数 $g(\tau)\frac{1}{\sqrt{2\pi}}e^{-\frac{t^2}{2}}$ 称为高斯窗函数。此方法在之后的应用中不断发展完善，从而形成了一种新的处理信号的方法——加窗傅里叶变换或称为短时傅里叶变换。加窗傅里叶变换能在不同程度上克服傅里叶变换的上述弱点，但提取精确信息时要涉及时窗和频窗的选择问题。由著名的 Heisenberg 测不准原理可知，$g(t)$ 无论是什么样的窗函数，时窗 $g(t)$ 的宽度与频窗 $g(w)$ 宽度之积不小于 $\pi/4$，在对信号作时-频分析时，其时窗和频窗不能同时达到极小值。即当选定一窗函数后，使其频宽对应于某一频段时，其时宽就不能太窄，这对提取高频信号是不利的。

由于 Gabor 变换的时-频窗口是固定不变的，窗口没有自适应性，不适于分析多尺度信号过程和突变过程，而且其离散形式没有正交展开，难于实现高效算法，因此限制了它的应用。

小波分析是当前应用数学中一个迅速发展的新技术。小波变换在信号分析、语音合成、图像识别、计算机视觉、数据压缩、CT 成像、地震勘探、大气与海洋波的分析、分形力学、流体湍流以及天体力学方面,都已取得了理论和应用上的重要成果。原则上能用傅里叶分析的地方均可用小波分析,甚至能获得更好的结果。限于篇幅,本节仅就小波变换的基本概念作简单介绍,以引起读者对这一新技术的关注。

## 3.3.1 连续小波变换

同傅里叶变换一样,在小波变换中同样存在着一维、二维的连续小波变换。

**1. 一维连续小波变换**

给定基本小波函数 $\varphi$,信号 $f(t)$ 的连续小波变换定义为

$$W_f(a,\ b) = \frac{1}{\sqrt{a}} \int_{\mathbf{R}} f(t) \varphi\left(\frac{t-b}{a}\right) \mathrm{d}t = \int_{-\infty}^{+\infty} f(t) \varphi_{a,b}(t) \mathrm{d}t \qquad (3.3.2)$$

其中 $a>0$,$b \in \mathbf{R}$。式(3.3.2)给出 $f(t)$ 的一种多尺度表示,$a$ 代表尺度因子,$b$ 为平移参数,$\varphi_{a,b}(t) = \frac{1}{\sqrt{a}} \varphi\left(\frac{t-b}{a}\right)$ 称为小波。小波变换可以表示为 $W_f(a,b) = f * \varphi_{a,b}(t)$,它可以看作求函数 $f(t)$ 在 $\varphi_{a,b}(t)$ 的各尺度平移信号上的投影。

若 $a>1$,则函数 $\varphi(t)$ 具有伸展作用;$a<1$ 时,函数具有收缩作用。而 $\varphi(t)$ 的傅里叶变换 $\psi(\omega)$ 则恰好相反。伸缩参数 $a$ 对小波 $\varphi(t)$ 和 $\psi(\omega)$ 的影响如图 3.3.1(a)、(b)所示。

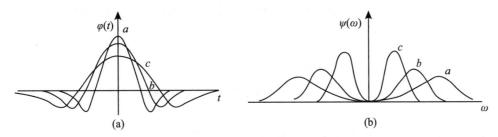

图 3.3.1 伸缩参数 $a$ 对小波 $\varphi(t)$ 和 $\psi(\omega)$ 的影响

随着参数 $a$ 的减小,$\varphi_{a,b}(t)$ 的支撑区随之变窄,而 $\psi_{a,b}(\omega)$ 的频谱随之向高频端展宽,反之亦然。这就有可能实现窗口大小自适应变化,当信号频率增高时,时窗宽度变窄,而频窗宽度增大,有利于提高时域分辨率,反之亦然。

小波 $\varphi_{a,b}(t)$ 随伸缩参数 $a$、平移参数 $b$ 而变化,如图 3.3.2 所示。图中小波函数为 $\varphi(t) = te^{-t^2}$。当 $a=2$,$b=15$ 时,$\varphi_{a,b}(t) = \varphi_{2,15}(t)$ 的波形 $\varphi(t)$ 从原点向右移至 $t=15$ 且波形展宽,$a=-5$,$b=-10$ 时,$\varphi_{-5,-10}(t)$ 则从原点向左平移至 $t=-10$ 处且波形收缩。

小波 $\varphi(t)$ 的选择既不是唯一的,也不是任意的。这里 $\varphi(t)$ 是归一化的具有单位能量的解析函数,它应满足以下几个条件:

①定义域应是紧支撑的,即在一个很小的区间外,函数为零,也就是函数应有速降特性。

②平均值为零,即

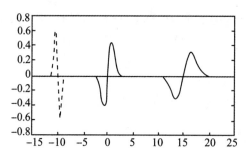

图 3.3.2 小波 $\varphi_{a,b}(t)$ 的波形随参数 $a$, $b$ 而变化的情形

$$\int_{-\infty}^{+\infty} \varphi(t)\,dt = 0 \tag{3.3.3}$$

其高阶矩也为零。即

$$\int_{-\infty}^{+\infty} t^k \varphi(t)\,dt = 0 \quad k = 0, 1, 2, \cdots, N-1 \tag{3.3.4}$$

该条件也叫小波的容许条件。

$$C_\varphi = \int_{-\infty}^{+\infty} \frac{|\Psi(\omega)|^2}{\omega} d\omega < \infty \tag{3.3.5}$$

式中，$\Psi(\omega) = \int_{-\infty}^{+\infty} \varphi(t) e^{-j\omega t} dt$ 是 $\varphi(t)$ 的傅里叶变换。$C_\varphi$ 是有限值，它意味着 $\Psi(\omega)$ 连续可积。

$$\Psi(0) = \int_{-\infty}^{+\infty} \varphi(t)\,dt = 0 \tag{3.3.6}$$

由上式可以看出，小波 $\varphi(t)$ 在 $t$ 轴上取值有正有负才能保证式(3.3.6)积分为零。所以 $\varphi(t)$ 应有振荡性。

由此可见，小波是一个具有振荡性和迅速衰减的波。

对于所有的 $f(t)$，$\varphi(t) \in L^2(R)$，连续小波逆变换由式(3.3.7)给出

$$f(t) = \frac{1}{C_\varphi} \int_{-\infty}^{+\infty} \int_{-\infty}^{+\infty} a^{-2} W_f(a, b) \varphi_{a,b}(t)\,da\,db \tag{3.3.7}$$

**2. 一维小波变换的基本性质**

(1) 线性

小波变换是线性变换，它把信号分解成不同尺度的分量。设 $W_{f_1}(a, b)$ 为 $f_1(t)$ 的小波变换，若

$$f(t) = \alpha f_1(t) + \beta f_2(t) \tag{3.3.8}$$

则有

$$W_f(a, b) = \alpha W_{f_1}(a, b) + \beta W_{f_2}(a, b) \tag{3.3.9}$$

(2) 平移和伸缩的共变性

连续小波变换在任何平移之下是共变的，若 $f(t) \leftrightarrow W_f(a, b)$ 是一对小波变换关系，

则 $f(t-b_0) \leftrightarrow W_f(a, b-b_0)$ 也是小波变换对。

对于任何伸缩也是共变的，若 $f(t) \leftrightarrow W_f(a, b)$，则

$$f(a_0 t) \Leftrightarrow \frac{1}{\sqrt{a_0}} W_f(a_0 a, a_0 b) \qquad (3.3.10)$$

（3）微分运算

$$W_{\varphi_{a,b}}\left(\frac{\partial^n f(t)}{\partial t^n}\right) = (-1)^n \int_{-\infty}^{+\infty} f(t) \left(\frac{\partial^n}{\partial t^n}\right) \overline{[\varphi_{a,b}(t)]} \, dt \qquad (3.3.11)$$

除上述性质外，小波变换还有诸如局部正则性、能量守恒性、空间-尺度局部化等特性。

**3. 几种典型的一维小波**

由于基本小波的选取具有很大的灵活性，因此各个应用领域可根据所讨论问题的自身特点选取基本小波 $\varphi$。从这个方面看，小波变换比经典的傅里叶变换更具有广泛的适应性。到目前为止，人们已经构造了各种各样的小波及小波基。下面给出几个有代表性的小波。

（1）Haar 小波

$$h(t) = \begin{cases} 1, & t \in [0, 1/2) \\ -1, & t \in [1/2, 1] \end{cases} \qquad (3.3.12)$$

该正交函数是由 Haar 提出来的，如图 3.3.3 所示。而由

$$h_{m,n}(t) = 2^{m/2} h(2^m t - n) \quad m, n \in \mathbf{Z} \qquad (3.3.13)$$

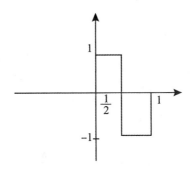

图 3.3.3　Haar 小波的波形

构成 $L^2(R)$ 中的一个正交小波基，称为 Haar 基。式中，$\mathbf{Z}$ 为全体整数构成的集合。由于 Haar 基不是连续函数，因而用途不广。

（2）墨西哥草帽小波

高斯函数 $f(x) = e^{-\frac{x^2}{2}}$ 的各阶导数为

$$\varphi_m(x) = (-1)^m \frac{d^m f(x)}{dx^m} \qquad (3.3.14)$$

当 $m=2$ 时，$\varphi_2(x)$ 称为马尔小波或墨西哥草帽小波，如图 3.3.4 所示。

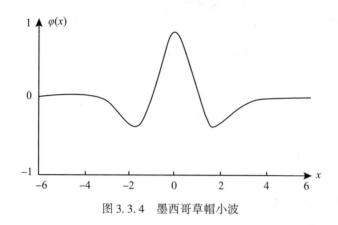

图 3.3.4 墨西哥草帽小波

墨西哥草帽小波在视觉信息加工研究和边缘监测方面获得较多应用。

**4. 二维连续小波变换**

由于图像信息一般是二维信息，因此这里给出二维小波变换的定义。

若 $f(x, y)$ 是一个二维函数，则它的连续小波变换是

$$W_f(a, b_x, b_y) = \int_{-\infty}^{+\infty}\int_{-\infty}^{+\infty} f(x, y)\varphi_{a, b_x, b_y}(x, y) \mathrm{d}x\mathrm{d}y \quad (3.3.15)$$

其中，$b_x$ 和 $b_y$ 分别表示在 $x$、$y$ 轴的平移。二维连续小波逆变换为：

$$f(x, y) = \frac{1}{C_\varphi}\int_0^\infty \int_{-\infty}^\infty \int_{-\infty}^\infty W_f(a, b_x, b_y)\varphi_{a, b_x, b_y}(x, y)\mathrm{d}b_x\mathrm{d}b_y\frac{\mathrm{d}a}{a^3} \quad (3.3.16)$$

其中，

$$\varphi_{a, b_x, b_y}(x, y) = \frac{1}{|a|}\varphi\left(\frac{x - b_x}{a}, \frac{y - b_y}{a}\right) \quad (3.3.17)$$

而 $\varphi(x, y)$ 是一个二维基本小波。同理，可以给出多维连续小波变换。

## 3.3.2 离散小波变换

参数 $a$ 的伸缩和参数 $b$ 的平移为连续取值的子波变换是连续小波变换，主要用于理论分析方面。在实际应用中需要对尺寸参数 $a$ 和平移参数 $b$ 进行离散化处理，可以选取 $a = a_0^m$，$m$ 是整数，$a_0$ 是大于 1 的固定伸缩步长。选 $b = nb_0a_0^m$，此外 $b_0 > 0$ 且与小波 $\varphi(t)$ 具体形式有关，而 $n$ 为整数。这种离散化的基本思想体现了小波变换作为"数学显微镜"的主要功能。选择适当的放大倍数 $a_0^{-m}$，在一个特定的位置研究一个函数或信号的变化过程，然后再平移到另一位置继续研究，如果放大倍数过大，也就是尺度太小，就可按小步长移动一个距离，反之亦然。这一点通过选择递增步长反比于放大倍数(也就是与尺度 $a_0^m$ 成反比例)很容易实现。而该放大倍数的离散化则由上述平移定位参数 $b$ 的离散化方法来实现。于是离散小波可以定义为：

$$\varphi_{m,n}(t) = \frac{1}{\sqrt{a_0^m}}\varphi\left(\frac{t-nb_0 a_0^m}{a_0^m}\right) = a_0^{-m/2}\varphi(a_0^{-m}t - nb_0) \qquad (3.3.18)$$

相应的离散小波变换

$$W_f(m,n) = a_0^{-m/2}\int_{-\infty}^{+\infty} f(t)\varphi_{m,n}(t)\,\mathrm{d}t = a_0^{-m/2}\int_{-\infty}^{+\infty} f(t)\varphi(a_0^{-m}t - nb_0)\,\mathrm{d}t \qquad (3.3.19)$$

上式就是一维离散小波变换。

在连续小波变换的情形下,我们知道 $W_f(a,b)$ 在 $a>0$ 和 $b\in(-\infty,+\infty)$ 时完全刻画了函数 $f(t)$ 的性质或信号的变化过程,实际上用逆变换式可以由变换结果重构 $f(t)$。用离散小波 $\varphi_{m,n}$,适当选择 $a_0$ 与 $b_0$ 之值,同样能刻画 $f(t)$。

与 Fourier 变换相比,小波变换是空间(时间)和频率的局部变换,因而能有效地从信号中提取信息。通过伸缩和平移等运算功能可对函数或信号进行多尺度的细化分析,解决了 Fourier 变换不能解决的许多困难问题。

从图像处理的角度看,小波变换存在以下几个优点:

①小波分解可以覆盖整个频域(提供了一个数学上完备的描述)。

②小波变换通过选取合适的滤波器,可以极大地减小或去除所提取的不同特征之间的相关性。

③小波变换具有"变焦"特性,在低频段可用高频分辨率和低时间分辨率(宽分析窗口);在高频段,可用低频分辨率和高时间分辨率(窄分析窗口)。

④小波变换有快速算法(Mallat 小波分解算法)。

因此,小波变换用于图像压缩、分类、识别与诊断、去噪等方面。

这里仅对小波理论做简要的分析,小波变换理论的进一步讨论涉及较多的数学知识,读者可参考有关著作。

## 3.4 几何校正

在成像过程中,由于成像系统本身具有非线性或因拍摄姿态等不同,会使生成的图像产生几何失真。几何失真一般分为系统失真和非系统失真。系统失真是有规律的、能预测的;非系统失真则是随机的。

图像几何校正是指消除或改正图像几何误差的过程。当用图像作定量分析时,就要对失真的图像先进行精确的几何校正,以免影响分析精度。图像几何校正的基本方法是先建立几何校正的数学模型;其次利用已知条件确定数学模型参数;最后根据模型对图像进行几何校正。通常分两步:

①图像空间坐标的变换;

②确定校正空间各像素的灰度值(灰度内插)。

### 3.4.1 空间坐标变换

实际工作中经常是以一幅图为基准,去校正几何失真图像。常见的图像几何校正有图像到地图、图像到图像纠正两种情形。假设基准图 $f(x,y)$ 是利用没畸变或畸变较小的摄像系统获得，有较大的几何畸变系统获取的图像用 $g(x', y')$ 表示，图 3.4.1 是一种畸变情形。图像几何校正是先根据先验知识建立两幅图像中对应点（同名点）的坐标关系，根据一些已知同名点解求未知参数，然后通过坐标变换实现失真图像的几何校正。

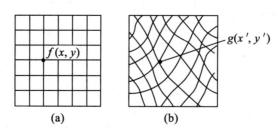

图 3.4.1　几何畸变

设两幅图像对应点坐标之间关系能用解析式来描述：

$$x' = h_1(x, y) \tag{3.4.1}$$

$$y' = h_2(x, y) \tag{3.4.2}$$

若函数 $h_1(x, y)$ 和 $h_2(x, y)$ 已知，则可以从一个坐标系统的像素坐标算出在另一坐标系统的对应像素的坐标。在未知情况下，通常 $h_1(x, y)$ 和 $h_2(x, y)$ 可用二元多项式来近似

$$x' = \sum_{i=0}^{n} \sum_{j=0}^{n-i} a_{ij} x^i y^j \tag{3.4.3}$$

$$y' = \sum_{i=0}^{n} \sum_{j=0}^{n-i} b_{ij} x^i y^j \tag{3.4.4}$$

式中，$n$ 为多项式的次数，$a_{ij}$ 和 $b_{ij}$ 为各项系数。

**1. 仿射变换**

当 $n=1$ 时为线性变换表示：

$$x' = a_{00} + a_{10} x + a_{01} y \tag{3.4.5}$$

$$y' = b_{00} + b_{10} x + b_{01} y \tag{3.4.6}$$

式(3.4.5)和式(3.4.6)是图像坐标的仿射变换式，是图像平面几何变换中的平移、镜像、缩放、旋转等的通式。

(1) 图像平移

将图像中所有的点都按照指定的平移量水平、垂直移动。设 $(x, y)$ 为原图像上的一点，图像水平平移量为 $t_x$，垂直平移量为 $t_y$，平移后点 $(x, y)$ 的坐标变为 $(x', y')$。则 $(x, y)$ 与 $(x', y')$ 之间的关系为

$$\begin{cases} x' = x + t_x \\ y' = y + t_y \end{cases} \tag{3.4.7}$$

以矩阵的形式表示为

$$\begin{pmatrix} x' \\ y' \\ 1 \end{pmatrix} = \begin{pmatrix} 1 & 0 & +t_x \\ 0 & 1 & +t_y \\ 0 & 0 & 1 \end{pmatrix} \begin{pmatrix} x \\ y \\ 1 \end{pmatrix} \qquad (3.4.8)$$

它的逆变换为

$$\begin{pmatrix} x \\ y \\ 1 \end{pmatrix} = \begin{pmatrix} 1 & 0 & -t_x \\ 0 & 1 & -t_y \\ 0 & 0 & 1 \end{pmatrix} \begin{pmatrix} x' \\ y' \\ 1 \end{pmatrix} \qquad (3.4.9)$$

(2) 图像镜像

水平镜像的表达式为

$$\begin{cases} x' = -x \\ y' = y \end{cases} \qquad (3.4.10)$$

垂直镜像的表达式为

$$\begin{cases} x' = x \\ y' = -y \end{cases} \qquad (3.4.11)$$

(3) 图像缩放

若对图像 $x$ 方向缩放 $c$ 倍，$y$ 方向缩放 $d$ 倍，则缩放表达式为

$$\begin{cases} x' = cx \\ y' = dy \end{cases} \qquad (3.4.12)$$

(4) 图像旋转

通常是以图像的中心为圆心旋转，按顺时针方向旋转后的图像，如图 3.4.2 所示。

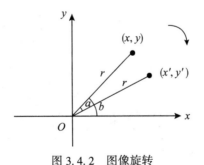

图 3.4.2 图像旋转

旋转前图像上任一点 $(x, y)$ 与其极坐标 $(r, b)$ 的关系式为

$$\begin{cases} x = r\cos b \\ y = r\sin b \end{cases} \qquad (3.4.13)$$

以图像的中心为原点，顺时针旋转 $a$ 角度后坐标为 $(x', y')$，则有

$$\begin{cases} x' = r\cos(b-a) = r\cos b\cos a + r\sin b\sin a = x\cos a + y\sin a \\ y' = r\sin(b-a) = r\sin b\cos(a) - r\cos b\sin a = -x\sin a + y\cos a \end{cases} \qquad (3.4.14)$$

以矩阵的形式表示

$$\begin{pmatrix} x' \\ y' \\ 1 \end{pmatrix} = \begin{pmatrix} \cos a & \sin a & 0 \\ -\sin a & \cos a & 0 \\ 0 & 0 & 1 \end{pmatrix} \begin{pmatrix} x \\ y \\ 1 \end{pmatrix} \tag{3.4.15}$$

**2. 多项式几何校正**

图像几何校正更精确一些常用二次多项式来近似

$$x' = a_{00} + a_{10}x + a_{01}y + a_{20}x^2 + a_{11}xy + a_{02}y^2 \tag{3.4.16}$$

$$y' = b_{00} + b_{10}x + b_{01}y + b_{20}x^2 + b_{11}xy + b_{02}y^2 \tag{3.4.17}$$

(1) 已知 $h_1(x, y)$ 和 $h_2(x, y)$ 条件下的几何校正

若 $h_1(x, y)$、$h_2(x, y)$ 已知,则希望将几何畸变图像 $g(x', y')$ 恢复为基准几何坐标系的图像 $f(x, y)$。几何校正方法可分为直接法和间接法两种。

直接法:先由 $\begin{cases} x' = h_1(x, y) \\ y' = h_2(x, y) \end{cases}$ 推出 $\begin{cases} x = h'_1(x', y') \\ y = h'_2(x', y') \end{cases}$,然后依次计算图像 $g(x', y')$ 每个像素的校正坐标,保持各像素灰度值不变,这样可生成一幅校正图像 $f(x, y)$,如图 3.4.3 所示。然而直接法坐标变换后其像素分布是不规则的,会出现像素挤压、疏密不均等现象,因此还需对不规则图像通过灰度内插,生成规则的栅格图像。

间接法:间接法校正如图 3.4.3 所示,首先要确定校正后图像的范围,这可以通过先对畸变图像四个角点 $a$、$b$、$c$、$d$ 进行坐标变换,获得 $a'$、$b'$、$c'$、$d'$ 来确定。

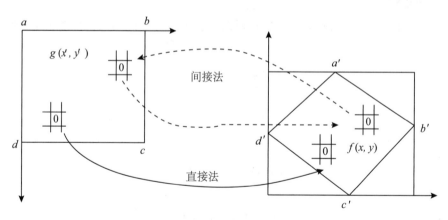

图 3.4.3 直接法和间接法纠正示意图

在确定校正图像的范围后,由校正图像每个像素坐标 $(x, y)$ 出发,算出在已知畸变图像上的对应坐标 $(x', y')$,即

$$(x', y') = [h_1(x, y), h_2(x, y)] \tag{3.4.18}$$

由于对应的坐标 $x'$、$y'$ 一般不为整数,也不会刚好位于畸变图像像素中心,因而不能直接确定在畸变图像上 $(x', y')$ 处的灰度值。$(x', y')$ 的灰度值可由其在畸变图像的周围像素灰度内插求出,然后作为其对应像素 $(x, y)$ 的灰度值,由此获得校正图像。由于间

接法内插灰度容易,所以一般采用间接法进行几何纠正。

(2)$h_1(x,y)$和$h_2(x,y)$未知条件下的几何校正

在这种情况下,通常用基准图像和几何畸变图像上多对同名像素的坐标来确定$h_1(x,y)$和$h_2(x,y)$。

假定基准图像像素的空间坐标$(x,y)$和被校正图像对应像素的空间坐标$(x',y')$之间的关系用$n$次多项式来表示:

$$x' = \sum_{i=0}^{n} \sum_{j=0}^{n-i} a_{ij} x^i y^j \quad (3.4.19)$$

$$y' = \sum_{i=0}^{n} \sum_{j=0}^{n-i} b_{ij} x^i y^j \quad (3.4.20)$$

其中,$a_{ij}$,$b_{ij}$为待定数。

①线性畸变校正:

可从基准图像上找出三个点$(r_1,s_1)$,$(r_2,s_2)$,$(r_3,s_3)$,它们在畸变图像上对应的三个点坐标分别为$(x_1,y_1)$,$(x_2,y_2)$,$(x_3,y_3)$。

把坐标分别代入式(3.4.5)和式(3.4.6),有

$$\begin{cases} x_1 = a_{00} + a_{10} r_1 + a_{01} s_1 \\ x_2 = a_{00} + a_{10} r_2 + a_{01} s_2 \\ x_3 = a_{00} + a_{10} r_3 + a_{01} s_3 \\ y_1 = b_{00} + b_{10} r_1 + b_{01} r_1 \\ y_2 = b_{00} + b_{10} r_2 + b_{01} r_2 \\ y_3 = b_{00} + b_{10} r_3 + b_{01} r_3 \end{cases} \quad (3.4.21)$$

用矩阵形式表示为

$$\begin{bmatrix} x_1 \\ x_2 \\ x_3 \end{bmatrix} = \begin{bmatrix} 1 & r_1 & s_1 \\ 1 & r_2 & s_2 \\ 1 & r_3 & s_3 \end{bmatrix} \begin{bmatrix} a_{00} \\ a_{10} \\ a_{01} \end{bmatrix} \quad \begin{bmatrix} y_1 \\ y_2 \\ y_3 \end{bmatrix} = \begin{bmatrix} 1 & r_1 & s_1 \\ 1 & r_2 & s_2 \\ 1 & r_3 & s_3 \end{bmatrix} \begin{bmatrix} b_{00} \\ b_{10} \\ b_{01} \end{bmatrix} \quad (3.4.22)$$

则可解联立方程或矩阵求逆,得到$a_{ij}$、$b_{ij}$系数,这样$h_1(x,y)$和$h_2(x,y)$确定了,则可用已知$h_1(x,y)$和$h_2(x,y)$的间接法校正几何失真的图像。

②二次型畸变校正:

由式(3.4.16)和式(3.4.17)可知,式中包含有12个未知数,因此至少要有6对同名像素坐标已知。在多于6对同名点坐标已知时,根据最小二乘法求解$a_{ij}$、$b_{ij}$。这样,$h_1(x,y)$和$h_2(x,y)$确定了,则可用已知$h_1(x,y)$和$h_2(x,y)$的间接法校正几何失真的图像。

### 3.4.2 像素灰度内插

常用的像素灰度内插法有最近邻元法、双线性内插法和三次内插法三种。

**1. 最近邻元法**

在待求像素的四邻像素中,将距离这像素最近的邻像素灰度赋给待求像素。该方法最简单,但校正后的图像有明显锯齿状,即存在灰度不连续性。

**2. 双线性内插法**

双线性内插法是利用待求像素四个邻像素在二方向上作线性内插,如图 3.4.4 所示。

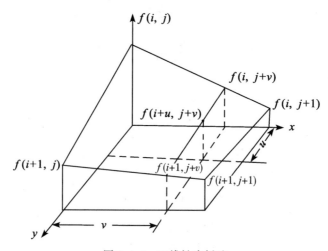

图 3.4.4　双线性内插法

对于 $(i, j+v)$,$f(i, j)$ 到 $f(i, j+1)$ 的灰度变化为线性关系,则有

$$f(i, j+v) = [f(i, j+1) - f(i, j)]v + f(i, j) \tag{3.4.23}$$

同理,对于 $(i+1, j+v)$ 则有

$$f(i+1, j+v) = [f(i+1, j+1) - f(i+1, j)]v + f(i+1, j) \tag{3.4.24}$$

从 $f(i, j+v)$ 到 $f(i+1, j+v)$ 的灰度变化也为线性关系,由此可推导出待求像素灰度的计算式如下:

$$f(i+u, j+v) = (1-u)(1-v)f(i, j) + (1-u)vf(i, j+1) + \\ u(1-v)f(i+1, j) + uvf(i+1, j+1) \tag{3.4.25}$$

双线性内插比最近邻点法复杂些,计算量大,但没有灰度不连续性的缺点,结果令人满意。它具有低通滤波性质,使高频分量受损,图像轮廓有一定模糊。

**3. 三次内插法**

三次内插法利用三次多项式 $S(x)$ 来逼近理论上的最佳插值函数 $\sin(x)/x$,如图 3.4.5 所示。其数学表达式为:

$$S(x) = \begin{cases} 1 - 2|x|^2 + |x|^3, & 0 \leq |x| < 1 \\ 4 - 8|x| + 5|x|^2 - |x|^3, & 1 \leq |x| < 2 \\ 0, & |x| \geq 2 \end{cases} \tag{3.4.26}$$

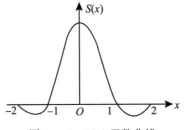

图 3.4.5 $S(x)$ 函数曲线

上式中$|x|$是周围像素沿 $x$ 方向离原点的距离。如图 3.4.6 所示，待求像素$(x, y)$的灰度值由其周围十六个点的灰度值加权内插得到。可推导出待求像素的灰度计算式如下：

$$f(x, y) = f(i+u, j+v) = \boldsymbol{A} \cdot \boldsymbol{B} \cdot \boldsymbol{C} \tag{3.4.27}$$

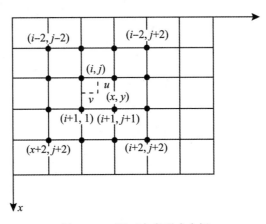

图 3.4.6 用三次多项式内插

其中,

$$\boldsymbol{A} = \begin{bmatrix} S(1+v) \\ S(v) \\ S(1-v) \\ S(2-v) \end{bmatrix}^{\mathrm{T}} \tag{3.4.28}$$

$$\boldsymbol{B} = \begin{bmatrix} f(i-1, j-1) & f(i-1, j) & f(i-1, j+1) & f(i-1, j+2) \\ f(i, j-1) & f(i, j) & f(i, j+1) & f(i, j+2) \\ f(i+1, j-1) & f(i+1, j) & f(i+1, j+1) & f(i+1, j+2) \\ f(i+2, j-1) & f(i+2, j) & f(i+2, j+1) & f(i+2, j+2) \end{bmatrix} \tag{3.4.29}$$

$$\boldsymbol{C} = \begin{bmatrix} S(1+u) \\ S(u) \\ S(1-u) \\ S(2-u) \end{bmatrix}^{\mathrm{T}} \tag{3.4.30}$$

该方法计算量最大，但内插效果最好，精度最高。

◎ 习　题

1. 图像处理中正交变换的目的是什么？图像变换主要用于哪些方面？
2. 二维 Fourier 变换有哪些性质？二维 Fourier 变换的可分离性有何意义？
3. 离散沃尔什变换有哪些性质？
4. 离散的沃尔什变换与哈达玛变换之间有何异同？哈达玛变换有何优点？
5. 什么是小波？小波函数是唯一的吗？
6. 图像的几何校正一般包括哪两步？像素灰度内插有哪三种方法？各有何特点？
7. 试述应用 Photoshop 拼接全景图的基本步骤。

# 第4章 图像增强与复原

在图像形成、传输和记录过程中,由于成像系统、传输介质和设备的不完善,图像的质量下降,这一现象称为图像的退化。图像退化的典型表现为图像模糊、失真等,而引起退化的原因有很多,如光学系统的像差、衍射、非线性、几何畸变、成像系统与被摄体的相对运动、大气的湍流效应等。由于多种因素的影响,图像质量多少会有所下降。图像增强的目的在于:①采用一系列技术改善图像的视觉效果,提高图像的清晰度;②将图像转换成一种更适合于人或机器进行分析处理的形式。它不是以图像保真度为原则,而是设法有选择地突出便于人或机器分析某些感兴趣的信息,抑制一些无用的信息,以提高图像的使用价值。

图像的复原就是要尽可能恢复退化图像的本来面目,它是沿着图像退化的逆过程恢复图像的。由于引起退化的因素各异,目前还没有统一的恢复方法。

图像复原和图像增强是有区别的,二者的目的都是改善图像的质量。但图像增强不考虑图像是如何退化的,只通过试探各种技术来增强图像的视觉效果。因此,图像增强可以不顾增强后的图像是否失真,只要看得舒服就行。而图像复原就完全不同,需知道图像退化的机制和过程等先验知识,据此找出一种相应的逆过程解算方法,从而得到复原的图像。如果图像已退化,应先作复原处理,再作增强处理。

本章首先介绍图像增强的空间域和频率域两类增强方法,然后介绍图像的复原方法。

## 4.1 图像空间域增强

图像空间域增强是直接对图像像素灰度进行操作,获得视觉效果改善的图像。主要内容如下:

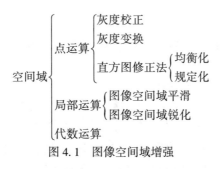

图 4.1 图像空间域增强

在图像处理中,点运算是一种简单而又很重要的技术。对于一幅输入图像,经过点运算将输出一幅图像,输出图像上每个像素的灰度值仅由相应输入像素灰度值决定。灰度校正、灰度变换都属于点运算。它是图像数字化软件和图像显示软件的重要组成部分。

### 4.1.1 对比度增强

**1. 灰度校正**

在成像过程中,扫描系统、光电转换系统中的很多因素,如光照强弱、感光部件灵敏度、光学系统不均匀性、元器件特性不稳定等均可造成图像亮度分布的不均匀,导致某些部分亮,某些部分暗。灰度校正就是在图像采集系统中对图像像素进行修正,改善成像质量。

令理想输入系统输出的图像为 $f(i,j)$,实际获得的降质图像为 $g(i,j)$,则有

$$g(i,j) = e(i,j)f(i,j) \tag{4.1.1}$$

$e(i,j)$ 为降质函数或观测系统的灰度失真系数。显然只要知道了 $e(i,j)$,就可求出不失真图像 $f(i,j)$。

标定系统失真系数的方法之一是采用一幅灰度级为常数 $C$ 的图像成像,若经成像系统的实际输出为 $g_c(i,j)$,则有

$$g_c(i,j) = e(i,j)C \tag{4.1.2}$$

从而可得降质函数

$$e(i,j) = g_c(i,j)C^{-1} \tag{4.1.3}$$

将上式代入式(4.1.1),就可得降质图像 $g(i,j)$ 经校正后所恢复的原始图像 $f(i,j)$。

$$f(i,j) = C\frac{g(i,j)}{g_c(i,j)} \tag{4.1.4}$$

值得注意的是:降质图像 $g(i,j)$ 乘以系数 $C/g_c(i,j)$ 得到 $f(i,j)$,有可能出现"溢出"现象,即灰度级值可能超过某些记录器件或显示器的灰度输入许可范围,因此需再作适当修正。

**2. 灰度变换**

灰度变换可使图像动态范围增大,图像对比度扩展,图像变清晰,特征明显,是图像增强的重要手段之一。

(1)线性变换

令原图像 $f(i,j)$ 的灰度范围为 $[a,b]$,线性变换后图像 $g(i,j)$ 的范围为 $[a',b']$,如图 4.1.1 所示。

$g(i,j)$ 与 $f(i,j)$ 之间的关系式为:

$$g(i,j) = a' + \frac{b'-a'}{b-a}(f(i,j)-a) \tag{4.1.5}$$

在曝光不足或过度的情况下,图像灰度可能会局限在一个很小的范围内。这时在显示器上看到的将是一个模糊不清、似乎没有灰度层次的图像。采用线性变换对图像每一个像素灰度作线性拉伸,将有效地改善图像视觉效果。

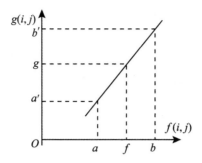

图 4.1.1 线性变换示意图

(2) 分段线性变换

为了突出图像中感兴趣的目标或灰度区间，相对抑制那些不感兴趣的灰度区间，可采用分段线性变换。常用的是三段线性变换，如图 4.1.2 所示。对应的数学表达式为：

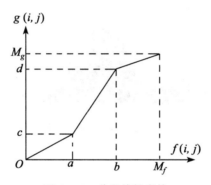

图 4.1.2 分段线性变换

$$g(i,j) = \begin{cases} (c/a)f(i,j) & 0 \leqslant f(i,j) \leqslant a \\ [(d-c)/(b-a)][f(i,j)-a]+c & a \leqslant f(i,j) < b \\ [(M_g-d)/(M_f-b)][f(i,j)-b]+d & b \leqslant f(i,j) < M_f \end{cases} \quad (4.1.6)$$

图 4.1.2 中对灰度区间 $[a, b]$ 进行了线性拉伸，而灰度区间 $[0, a]$ 和 $[b, M_f]$ 则被压缩。通过细心调整折线拐点的位置及控制分段直线的斜率，可对任一灰度区间进行拉伸或压缩。

(3) 非线性灰度变换

当用某些非线性函数如对数函数、指数函数等作为映射函数时，可实现图像灰度的非线性变换。

①对数变换。对数变换的一般表达式为：

$$g(i,j) = a + \frac{\ln[f(i,j)+1]}{b \cdot \ln c} \quad (4.1.7)$$

这里 $a, b, c$ 是为了调整曲线的位置和形状而引入的参数。当希望对图像的低灰度区进行较大的拉伸而对高灰度区压缩时，可采用这种变换，它能使图像灰度分布与人的视觉特性相匹配。

②指数变换。指数变换的一般表达式为：

$$g(i,j) = b^{c[f(i,j)-a]} - 1 \tag{4.1.8}$$

这里参数 $a$，$b$，$c$ 用来调整曲线的位置和形状。这种变换能对图像的高灰度区有较大的拉伸。

### 3. 直方图修正法

(1) 灰度直方图

灰度直方图是反映一幅灰度图像中各灰度级与其像素出现的频率之间的关系。以灰度级为横坐标，纵坐标为灰度级的出现频率，绘制图像灰度级同频率之间关系的图就是灰度直方图。它是图像的重要特征之一，如图 4.1.3 是一幅图像的灰度直方图。

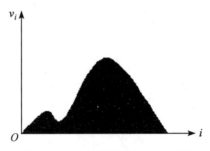

图 4.1.3　一幅图像的灰度直方图

频率的计算式为：

$$v_i = \frac{n_i}{n} \tag{4.1.9}$$

式中，$n_i$ 是图像中灰度为 $i$ 的像素数，$n$ 为图像的总像素数。

图像灰度直方图具有以下性质：

①灰度直方图只能反映图像的灰度分布情况，而不能反映图像像素的位置，即丢失了像素的位置信息。

②一幅图像对应唯一的灰度直方图，反之不成立。不同的图像可对应相同的直方图。

③一幅图像分成多个区域，多个区域的直方图之和即为原图像的直方图。

灰度直方图作为图像的重要特征之一，可直接用来判断一幅图像数字化时量化是否合理地利用了全部允许的灰度范围。如图 4.1.4(a)是恰当分布的情况，数字化获取的图像有效利用数字化器允许的灰度许可范围[0,255]。图 4.1.4(b)是图像对比度低的情况，图中 S、E 部分的灰度级未能有效利用，灰度级数少于 256，对比度减小。图 4.1.4(c)图像 S、E 处具有超出数字化器所能处理的范围的亮度，则这些灰度级将被简单地置为 0 或 256，亮度差别消失，相应的内容也随之失去。由此将在直方图的一端或两端产生尖峰。丢失的信息将不能恢复，除非重新数字化。可见，数字化时利用直方图进行检查是一个有效的方法。直方图的快速检查可以使数字化中产生的问题及早暴露出来，以免在后续处理中浪费大量时间。

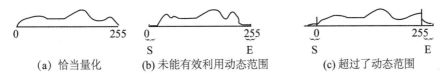

(a) 恰当量化　　(b) 未能有效利用动态范围　　(c) 超过了动态范围

图 4.1.4　直方图用于判断量化是否恰当

此外，直方图在图像增强、图像压缩、图像分割、纹理分析与目标识别等方面都得到应用。下面介绍直方图修正的两种方法，即直方图均衡化和直方图规定化，就是直方图在图像增强中的具体应用。

(2) 直方图均衡化

直方图均衡化是通过对原图像进行某种变换使原图像的灰度直方图修正为均匀的直方图的一种方法。下面先讨论连续图像的均衡化问题，然后推广到离散的数字图像上。

为讨论方便起见，以 $r$ 和 $s$ 分别表示归一化了的原图像灰度和经直方图修正后的图像灰度。即

$$0 \leqslant r, s \leqslant 1 \tag{4.1.10}$$

在 $[0,1]$ 区间内的任一个 $r$，经变换 $T(r)$ 都可产生一个 $s$，且

$$s = T(r) \tag{4.1.11}$$

$T(r)$ 为变换函数，应满足以下两个条件：

① 在 $0 \leqslant r \leqslant 1$ 内为单调递增函数；

② 在 $0 \leqslant r \leqslant 1$ 内，有 $0 \leqslant T(r) \leqslant 1$。

条件①保证灰度级从黑到白的次序不变，条件②确保映射后的像素灰度在允许的范围内。

反变换关系为

$$r = T^{-1}(s) \tag{4.1.12}$$

$T^{-1}(s)$ 对 $s$ 同样满足上述两个条件①与②。

由概率论理论可知，如果已知随机变量 $r$ 的概率密度为 $p_r(r)$，而随机变量 $s$ 是 $r$ 的函数，则 $s$ 的概率密度 $p_s(s)$ 可以由 $p_r(r)$ 求出。假定随机变量 $s$ 的分布函数用 $F_s(s)$ 表示，根据分布函数定义

$$F_s(s) = \int_{-\infty}^{s} p_s(s) \, ds = \int_{-\infty}^{r} p_r(r) \, dr \tag{4.1.13}$$

根据密度函数是分布函数的导数的关系，式(4.1.13)两边对 $s$ 求导，有

$$p_s(s) = \frac{d}{ds}\left[\int_{-\infty}^{r} p_r(r) \, dr\right] = p_r \frac{dr}{ds} = p_r \frac{d}{ds}[T^{-1}(s)] \tag{4.1.14}$$

从式(4.1.14)看出，通过变换函数 $T(r)$ 可以控制图像灰度级的概率密度函数，从而改善图像的灰度层次，这就是直方图修改技术的基础。

从人眼视觉特性来考虑，一幅图像的直方图如果是均匀分布的，即 $p_s(s) = k$（归一化后 $k=1$）时，感觉上该图像影调比较协调。因此要求将原图像进行直方图均衡化，以满足

人眼视觉要求的目的。

因为归一化假定 $p_s(s)=1$，由式(4.1.14)则有
$$ds = p_r(r)dr \tag{4.1.15}$$
两边积分，得
$$s = T(r) = \int_0^r p_r(r)dr \tag{4.1.16}$$

上式就是所求得的变换函数。它表明当变换函数 $T(r)$ 是原图像直方图累积分布函数时，能达到直方图均衡化的目的。

对于灰度级为离散的数字图像，用频率来代替概率。则变换函数的离散形式 $T(r_k)$ 可表示为：
$$s_k = T(r_k) = \sum_{j=0}^{k} p_r(r_j) = \sum_{j=0}^{k} \frac{n_j}{n} \tag{4.1.17}$$
$$0 \leq r_k \leq 1, \quad k = 0, 1, 2, \cdots, L-1$$

可见，均衡后各像素的灰度值 $s_k$ 可由原图像的直方图算出。下面举例说明直方图均衡的过程。

**例** 假定有一幅总像素为 $n = 64 \times 64$ 的图像，灰度级数为8，各灰度级分布列于表4.1中。对其均衡化的计算过程如下：

表4.1　　　　　　　　　　直方图的均衡化计算

| $r_k$ | $n_k$ | $p_r(r_k) = n_k/n$ | $s_{k\text{计}}$ | $s_{k\text{并}}$ | $s_k$ | $n_{s_k}$ | $p_s(s_k)$ |
|---|---|---|---|---|---|---|---|
| $r_0 = 0$ | 790 | 0.19 | 0.19 | 1/7 | $s_0 = 1/7$ | 790 | 0.19 |
| $r_1 = 1/7$ | 1023 | 0.25 | 0.44 | 3/7 | $s_1 = 3/7$ | 1023 | 0.25 |
| $r_2 = 2/7$ | 850 | 0.21 | 0.65 | 5/7 | $s_2 = 5/7$ | 850 | 0.21 |
| $r_3 = 3/7$ | 656 | 0.16 | 0.81 | 6/7 | | | |
| $r_4 = 4/7$ | 329 | 0.08 | 0.89 | 6/7 | $s_3 = 6/7$ | 985 | 0.24 |
| $r_5 = 5/7$ | 245 | 0.06 | 0.95 | 1 | | | |
| $r_6 = 6/7$ | 122 | 0.03 | 0.98 | 1 | | | |
| $r_7 = 1$ | 81 | 0.02 | 1.00 | 1 | $s_4 = 1$ | 448 | 0.11 |

① 按式(4.1.16)求变换函数 $s_{k\text{计}}$；
$$s_{0\text{计}} = T(r_0) = \sum_{j=0}^{0} p_r(r_j) = 0.19$$
$$s_{1\text{计}} = T(r_1) = \sum_{j=0}^{1} p_r(r_j) = p_r(r_0) + p_r(r_1) = 0.19 + 0.25 = 0.44$$
类似地，计算出 $s_{2\text{计}} = 0.65$，$s_{3\text{计}} = 0.81$，$s_{4\text{计}} = 0.89$，$s_{5\text{计}} = 0.95$，$s_{6\text{计}} = 0.98$，$s_{7\text{计}} = 1$。

② 计算 $s_{k\text{并}}$；

考虑输出图像灰度是等间隔的,且与原图像灰度范围一样取 8 个等级,即要求 $s_k = i/7$,$i=0,1,2,\cdots,7$。因而需对 $s_{k\text{计}}$ 加以修正(采用 4 舍 5 入法),得到

$$s_{0\text{并}}=1/7,\ s_{1\text{并}}=3/7,\ s_{2\text{并}}=5/7,\ s_{3\text{并}}=6/7,\ s_{4\text{并}}=6/7,\ s_{5\text{并}}=1,\ s_{6\text{并}}=1,\ s_{7\text{并}}=1$$

③ $s_k$ 的确定;

由 $s_{k\text{并}}$ 可知,输出图像的灰度级仅为 5 个级别,它们分别是:

$$s_0=1/7,\quad s_1=3/7,\quad s_2=5/7,\quad s_3=6/7,\quad s_4=1$$

④计算对应每个 $s_k$ 的 $n_{s_k}$;

因为 $r_0=0$ 映射到 $s_0=1/7$,所以有 790 个像素变成 $s_0=1/7$。同样,$r_1=1/7$,映射到 $s_1=3/7$,所以有 1023 个像素取值 $s_1=3/7$。$r_2=2/7$ 映射到 $s_2=5/7$,因此有 850 个像素取值 $s_2=5/7$。又因为 $r_3$ 和 $r_4$ 都映射到 $s_3=6/7$,因此有 656+329=985 个像素,取 $s_3=6/7$。同理,有 245+122+81=448 个像素变换 $s_4=1$。

⑤计算 $p_s(s_k)=n_{s_k}/n$。

将以上各步计算结果填在表 4.1 中。图 4.1.5 给出了原图像直方图以及均衡化的结果。图 4.1.5(b)就是按公式 4.1.17 给出的变换函数。由于采用离散公式,其概率密度函数是近似的,原直方图上频数较少的某些灰度级被合并到一个或几个灰度级中,频率小的部分被压缩,频率大的部分被增强。故图 4.1.5(c)的结果是一种近似的、非理想的均衡化结果。虽然均衡所得图像的灰度直方图不是很平坦,灰度级数减少,但从分布来看,比原图像直方图平坦多了,而且动态范围扩大了。因此,直方图均衡的实质是减少图像的灰度等级换取对比度的扩大。

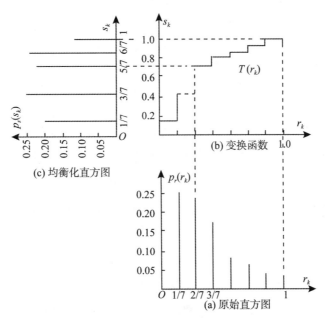

图 4.1.5 直方图均衡化

图 4.1.6 给出了一个直方均衡化图示例。图 4.1.6(a)和图 4.1.6(b)分别为一幅灰度

级数 8bit 的图像及其直方图。原图像较暗且动态范围小,其直方图表现为大部分像素灰度集中在小灰度值一边。图 4.1.6(c)和图 4.1.6(d)分别是均衡化得到的图像及其直方图。比较图 4.1.6(c)和图 4.1.6(a)可以看出,图 4.1.6(c)的反差增大了,许多细节更加清晰,对应的直方图变得平坦多了。

(a)      (b)      (c)      (d)

图 4.1.6 直方图均衡化示例

(3) 直方图规定化(直方图匹配)

由于数字图像离散化的误差,把原始直方图的累积分布函数作变换函数,采用"只合并不拆分"的均衡原则,直方图均衡只能产生近似均匀的直方图,这限制了均衡化处理的效果。在某些情况下,直方图修正并不一定要求增强后图像为均匀直方图,而是要求具有特定形状的直方图,以便能够增强图像中某些灰度级。直方图规定化方法就是针对这一思想提出来的。直方图规定化是使原图像灰度直方图变成规定形状的直方图而对图像作修正的增强方法,也称直方图匹配。可见,它是对直方图均衡化处理的一种有效的扩展。直方图均衡化处理是直方图规定化的一个特例。

直方图规定化方法仍从灰度连续的概率密度函数出发进行分析,然后推广应用到灰度离散的图像。

假设 $p_r(r)$ 和 $p_z(z)$ 分别表示已归一化的原图像灰度概率密度函数和希望得到的图像的概率密度函数。首先对原图像进行直方图均衡化处理,即求变换函数:

$$s = T(r) = \int_0^r p_r(r) \, dr \quad (4.1.18)$$

假定已得到了所希望的图像,对它也进行均衡化处理,即

$$v = G(z) = \int_0^z p_z(r) \, dr \quad (4.1.19)$$

它的逆变换是

$$z = G^{-1}(v) \quad (4.1.20)$$

即由均衡化后的灰度级得到希望图像的灰度级。因为对原始图像和希望图像都作了均衡化处理。因而 $p_s(s)$ 和 $p_v(v)$ 具有相同的密度函数。这样,如果用原图像均衡得到的灰度来代替变换中的 $v$,其结果:

$$z = G^{-1}(s) \quad (4.1.21)$$

即为所求直方图匹配的变换函数。

假定 $G^{-1}(s)$ 是单值的,根据上述思想,直方图规定化处理的步骤如下:

①对原始图像作直方图均衡化处理;

②按照希望得到的图像的灰度级概率密度函数 $p_z(z)$,由式(4.1.19)求得变换函数 $G(z)$;

③用步骤①得到的灰度级 $s$ 作逆变换 $z = G^{-1}(s)$。

那么经过以上处理得到的图像的灰度级分布将具有规定的概率密度函数 $p_z(z)$ 的形状。

在上述处理过程中包含了两个变换函数 $T(r)$ 和 $G^{-1}(s)$,可将这两个函数简单地组合成一个函数关系,得到:

$$z = G^{-1}[T(r)] \tag{4.1.22}$$

当 $G^{-1}(r) = T(r)$ 时,直方图规定化处理就简化为直方图均衡化处理了。

利用直方图规定化方法进行图像增强的主要困难在于如何构成有意义的直方图,使增强图像有利于人的视觉判读或机器识别。有人曾经对人眼感光模型进行过研究,认为感光体具有对数模型响应。当图像的直方图具有双曲线形状时,感光体经对数模型响应后合成具有均衡化的效果。另外,有时也用高斯函数、指数型函数、瑞利函数等作为规定的概率密度函数。

在遥感数字图像处理中,经常用到直方图匹配的增强处理方法,使一幅图像与另一幅(相邻)图像的色调尽可能保持一致。例如,在进行两幅图像的镶嵌(拼接)时,由于两幅图像的时相季节不同会引起图像间色调的差异,这就需要在镶嵌前进行直方图匹配,以使两幅图像的色调尽可能保持一致,消除成像条件不同造成的不利影响,做到无缝拼接。图4.1.7 给出了两幅图像直方图匹配的示意图及其相应的直方图,图 4.1.7(a)是直方图匹配前的镶嵌结果,中间有明显的接缝,(b)是直方图匹配后的镶嵌图像,中间的接缝已经消失,图 4.1.7(c)、(d)、(e)分别是左右图像和镶嵌后图像的直方图。

**4. 局部统计法**

对比度增强除了灰度变换与直方图修整法外,还可用 Wallis 和 Jong-Sen Lee 提出的用局部均值和方差进行对比度增强的方法。

在一幅图像中,令像素$(x, y)$的灰度值为$f(x, y)$,所谓局部均值和方差是指以像素$(x, y)$为中心的$(2n+1) \times (2m+1)$邻域内的均值 $m_L(x, y)$ 和方差 $\sigma_L^2(x, y)$($n, m$ 为正整数)。计算式为:

$$m_L(x, y) = \frac{1}{(2n+1)(2m+1)} \sum_{i=x-n}^{n+x} \sum_{j=y-m}^{m+y} f(i, j) \tag{4.1.23}$$

$$\sigma_L^2(x, y) = \frac{1}{(2n+1)(2m+1)} \sum_{i=x-n}^{n+x} \sum_{j=y-m}^{m+y} [f(x, y) - m_L(x, y)]^2 \tag{4.1.24}$$

Wallis 提出的算法使每个像素具有希望的局部均值 $m_d$ 和局部方差 $\sigma_d^2$,那么像素$(x, y)$的输出值为

$$g(x, y) = m_d + \frac{\sigma_d}{\sigma_L(x, y)} [f(x, y) - m_L(x, y)] \tag{4.1.25}$$

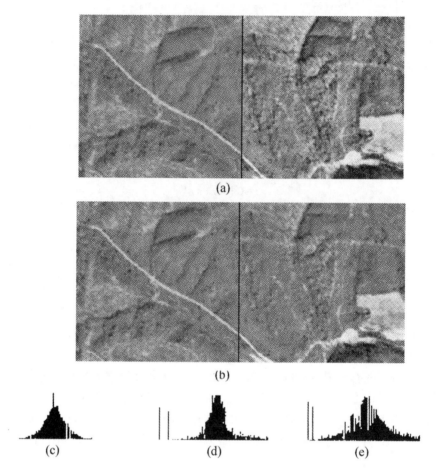

图 4.1.7 影像镶嵌中直方图匹配的应用

式中，$m_L(x, y)$ 和 $\sigma_L^2(x, y)$ 由式 (4.1.23) 和式 (4.1.24) 求得。若 $m_L(x, y)$ 和 $\sigma_L^2(x, y)$ 是像素 $(x, y)$ 的真实均值和方差，则 $g(x, y)$ 将具有均值 $m_d$ 和方差 $\sigma_d^2$。

Jong-Sen Lee 提出的改进算法保留像素 $(x, y)$ 的局部均值，而对它的局部方差做了改动，使

$$g(x, y) = m_L(x, y) + k[f(x, y) - m_L(x, y)] \tag{4.1.26}$$

这里 $k$ 是局部标准偏差的比值。这种改进算法的主要优点是不用计算局部方差 $\sigma_L^2(x, y)$。若 $k>1$，图像得到锐化，类似高通滤波；若 $k<1$，图像将被平滑，类似低通滤波；在极端情况 $k=0$ 下，$g(x, y)$ 等于局部均值 $m_L(x, y)$。

## 4.1.2 空间域平滑

任何一幅原始图像，在获取和传输等过程中，均会受到各种噪声的干扰，使图像质量下降，图像模糊，特征淹没，这对图像分析不利。

为了抑制噪声，改善图像质量所进行的处理称图像平滑或去噪。它可以在空间域和频

率域中进行。本节介绍几种空间域图像平滑法。

**1. 局部平滑法**

局部平滑法是一种直接在空间域上进行平滑处理的技术。假设图像是由许多灰度恒定的小块组成,相邻像素间存在很高的空间相关性,而噪声是统计独立的。则可用像素邻域内的各像素灰度平均值代替该像素原来的灰度值,实现图像的平滑。

最简单的局部平滑法称为非加权邻域平均,它均等地对待邻域中的每个像素,即各个像素灰度平均值作为中心像素的输出值。设有一幅 $N×N$ 的图像 $f(x, y)$ 用非加权邻域平均法所得的平滑图像为 $g(x, y)$,则

$$g(x, y) = \frac{1}{M} \sum_{i, j \in s} f(i, j) \tag{4.1.27}$$

式中,$x, y = 0, 1, \cdots, N-1$;$s$ 为 $(x, y)$ 的邻域中像素坐标的集合;$M$ 表示集合 $s$ 内像素的总数。常用的邻域为 4-邻域和 8-邻域。值得提及的是,在实际处理时,因为图像边框像素的 3×3 邻域会超出图幅。为此可以采取边框像素结果强迫置 0 或补充边框外像素的值(如取与边框像素值相同或为 0)进行处理。

设图像中的噪声是随机不相关的加性噪声,窗口内各点噪声是独立同分布的,经过上述平滑后,信号与噪声的方差比可望提高 $M$ 倍。

这种算法简单,处理速度快,但它的主要缺点是在降低噪声的同时使图像产生模糊,特别在边缘和细节处。而且邻域越大,在去噪能力增强的同时模糊程度越严重。如图 4.1.8(c) 和图 4.1.8(d) 所示,就发现 5×5 的邻域平滑图像比 3×3 的邻域平滑图像更模糊。

为克服简单局部平均法的弊病,目前已提出许多保边缘、保细节的局部平滑算法。它们的出发点都集中在如何选择邻域的大小、形状、方向、参加平均的像素数以及邻域各点的权重系数等。

**2. 超限像素平滑法**

对上述算法稍加改进,可导出一种称为超限像素平滑法。它是将 $f(x, y)$ 和 $g(x, y)$ 差的绝对值与选定的阈值进行比较,决定点 $(x, y)$ 的输出值 $g'(x, y)$。$g'(x, y)$ 的表达式为

$$g'(x, y) = \begin{cases} g(x, y), & \text{当 } |f(x, y) - g(x, y)| > T \\ f(x, y), & \text{否则} \end{cases} \tag{4.1.28}$$

式中,$g(x, y)$ 由式(4.1.27)求得,$T$ 为选定的阈值。这算法对抑制椒盐噪声比较有效,对保护仅有微小灰度差的细节及纹理也有效。图 4.1.8 给出该算法的实例。图 4.1.8(e) 和图 4.1.8(f) 分别是 3×3、5×5 邻域超限像素平滑法的结果。可见随着邻域增大,去噪能力增强,但模糊程度也变大。同局部平滑法相比,超限像素平滑法去椒盐噪声效果更好。

**3. 灰度最相近的 $K$ 个邻点平均法**

该算法的出发点是:在 $n×n$ 的窗口内,属于同一集合体(类)的像素,它们的灰度值

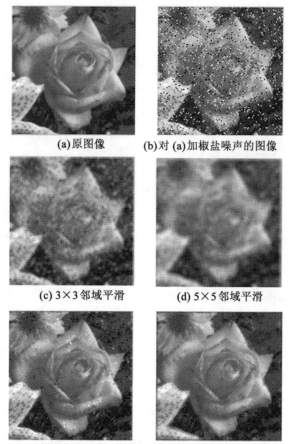

图 4.1.8

将高度相关。因此，窗口中心像素的灰度值可用窗口内与中心像素灰度最接近的 $K$ 个邻像素的平均灰度来代替。较少的 $K$ 值使噪声方差下降少，但保持细节也较好；而较大的 $K$ 值平滑噪声较好，但会使图像边缘模糊。实验证明，对于 3×3 的窗口，取 $K=6$ 为宜。

**4. 中值滤波**

中值滤波由 John Tukey 首先用于一维信号处理，后来很快被用到二维图像平滑中。

中值滤波是对一个滑动窗口内的诸像素灰度值排序，用其中值代替窗口中心像素的灰度值的滤波方法，因此它是一种非线性的平滑法，对脉冲干扰及椒盐噪声的抑制效果好，在抑制随机噪声的同时能有效保护边缘少受模糊。但它对点、线等细节较多的图像却不太合适。例如，若一个窗口内各像素的灰度是 5，6，35，10 和 5，它们的灰度中值是 6，中心像素原灰度为 35，滤波后就变成了 6。如果 35 是一个脉冲干扰，中值滤波后将被有效抑制。相反，若 35 是有用的信号，则滤波后也会受到抑制。

图 4.1.9 是一维中值滤波的几个例子，窗口尺寸 $N=5$。由图可见，离散阶跃信号、

斜升信号没有受到影响。离散三角信号的顶部则变平了。对于离散的脉冲信号,当其连续出现的次数小于窗口尺寸的一半时,将被抑制掉,否则将不受影响。由此可见,正确选择窗口尺寸的大小是用好中值滤波器的重要环节。一般很难事先确定最佳的窗口尺寸,需通过从小窗口到大窗口的试验,再从中选取最好的结果。

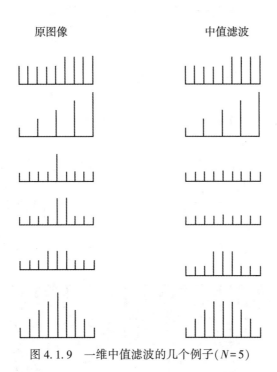

图 4.1.9　一维中值滤波的几个例子($N=5$)

一维中值滤波的概念很容易推广到二维。一般来说,二维中值滤波器比一维滤波器更能抑制噪声。二维中值滤波器的窗口形状可以有多种,如线状、方形、十字形、圆形、菱形等(见图 4.1.10)。不同形状的窗口产生不同的滤波效果,使用中必须根据图像的内容和不同的要求加以选择。从以往的经验看,方形或圆形窗口适宜于外廓线较长的物体图像,而十字形窗口对有尖顶角状的图像效果好。

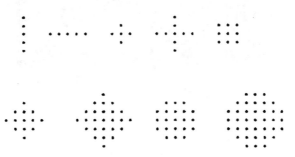

图 4.1.10　中值滤波器常用窗口

使用中值滤波器滤除噪声的方法有多种，且十分灵活。一种方法是先使用小尺度窗口，后逐渐加大窗口尺寸进行处理；另一种方法是一维滤波器和二维滤波器交替使用。此外还有迭代操作，就是对输入图像重复进行同样的中值滤波，直到输出不再有变化为止。

中值滤波具有许多重要特性，总结如下：

① 对离散阶跃信号、斜升信号不产生影响，连续个数小于窗口长度一半的离散脉冲将被平滑，三角函数的顶部平坦化(见图4.1.9)。

② 令 $C$ 为常数，则有

$$\mathrm{Med}\{CF_{jk}\} = C\mathrm{Med}\{F_{jk}\}$$
$$\mathrm{Med}\{C+F_{jk}\} = C+\mathrm{Med}\{F_{jk}\} \qquad (4.1.29)$$
$$\mathrm{Med}\{F_{jk}+f_{jk}\} \neq \mathrm{Med}\{F_{jk}\} + \mathrm{Med}\{f_{jk}\}$$

③ 中值滤波后，信号频谱基本不变。

图 4.1.11 给出了一个中值滤波法示例。图 4.1.11(a) 为原图像，图 4.1.11(b) 为加椒盐噪声的图像，图 4.1.11(c) 和图 4.1.11(d) 分别为用 3×3、5×5 模板进行中值滤波得到的结果。由此可见，中值滤波法能有效削弱椒盐噪声，且比超限像素平滑法更有效。但在抑制随机噪声方面，中值滤波要比均值滤波差一些。在本例中较小的滤波窗口效果比较好，这与所加噪声特性有关。实际中需根据应用要求选取窗口的大小。

图 4.1.11　中值滤波法示例

## 4.1.3　图像空间域锐化

在图像的判读或识别中常需要突出边缘和轮廓信息。图像锐化就是增强图像的边缘或轮廓。图像平滑通过积分过程使得图像边缘模糊，那么图像锐化通过微分而使图像边缘突出、清晰。

**1. 梯度锐化**

图像锐化法最常用的是梯度法。对于图像$f(x,y)$，在$(x,y)$处的梯度定义为

$$\text{grad}(x,y) = \begin{bmatrix} f'_x \\ f'_y \end{bmatrix} = \begin{bmatrix} \dfrac{\partial f(x,y)}{\partial x} \Big/ \dfrac{\partial f(x,y)}{\partial y} \end{bmatrix} \tag{4.1.30}$$

梯度是一个矢量，其大小和方向为

$$\text{grad}(x,y) = \sqrt{{f'_x}^2 + {f'_y}^2} = \sqrt{\left(\dfrac{\partial f(x,y)}{\partial x}\right)^2 + \left(\dfrac{\partial f(x,y)}{\partial y}\right)^2}$$

$$\theta = \arctan(f'_y/f'_x) = \arctan\left(\dfrac{\partial f(x,y)}{\partial y} \Big/ \dfrac{\partial f(x,y)}{\partial x}\right) \tag{4.1.31}$$

对于数字图像而言，常用到梯度的大小，因此把梯度的大小习惯称为"梯度"。一阶偏导数采用一阶差分近似表示，即

$$f'_x = f(x, y+1) - f(x, y)$$
$$f'_y = f(x+1, y) - f(x, y) \tag{4.1.32}$$

将式(4.1.32)代入式(4.1.31)，就可得到数字图像的梯度。为简化梯度的计算，经常使用下面的近似表达式：

$$\text{grad}(x,y) = \max(|f'_x|, |f'_y|) \tag{4.1.33}$$

或
$$\text{grad}(x,y) = |f'_x| + |f'_y| \tag{4.1.34}$$

对于一幅图像中突出的边缘区，其梯度值较大；对于平滑区，梯度值较小；对于灰度级为常数的区域，梯度为零。图4.1.12是一幅二值图像和采用式(4.1.34)计算的梯度图像。

(a) 二值图像　　　　(b) 梯度图像

图 4.1.12　梯度图像

一旦梯度算出后，就可根据不同的需要生成不同的增强图像。

第一种增强图像是使各点$(x,y)$的灰度$g(x,y)$等于梯度，即

$$g(x,y) = \text{grad}(x,y) \tag{4.1.35}$$

此法的缺点是增强的图像仅显示灰度变化比较陡的边缘轮廓，而灰度变化比较平缓或均匀的区域则呈黑色。图4.1.13是这种增强图像的实例，其中图4.1.13(a)为原图，是一个女孩的照片，而图4.1.13(b)是用此法处理的结果。

第二种增强的图像是使

$$g(x, y) = \begin{cases} \text{grad}(x, y), & \text{grad}(x, y) \geq T \\ f(x, y), & \text{其他} \end{cases} \quad (4.1.36)$$

式中，$T$ 是一个非负的阈值。适当选取 $T$，既可使明显的边缘轮廓得到突出，又不会破坏原来灰度变化比较平缓的背景。图 4.1.13(c)是用此法处理的结果。

第三种增强图像是使

$$g(x, y) = \begin{cases} L_G, & \text{grad}(x, y) \geq T \\ f(x, y), & \text{其他} \end{cases} \quad (4.1.37)$$

式中，$L_G$ 是根据需要指定的一个灰度级，它将明显边缘用一固定的灰度级 $L_G$ 来表现。图 4.1.13(d)是此法处理的结果。

第四种增强图像是使

$$g(x, y) = \begin{cases} \text{grad}(x, y), & \text{grad}(x, y) \geq T \\ L_B, & \text{其他} \end{cases} \quad (4.1.38)$$

此方法将背景用一个固定的灰度级 $L_B$ 来表现，便于研究边缘灰度的变化。图 4.1.13(e)是这种方法处理的结果。

第五种增强图像是使

$$g(x, y) = \begin{cases} L_G, & \text{grad}(x, y) \geq T \\ L_B, & \text{其他} \end{cases} \quad (4.1.39)$$

这种方法将明显边缘和背景分别用灰度级 $L_G$ 和 $L_B$ 表示，生成二值图像，便于研究边缘所在位置。图 4.1.13(f)是用此法的处理结果。

**2. Laplacian 增强算子**

Laplacian 算子是线性二阶微分算子。对于二维函数 $f(x, y)$，则有

$$\nabla^2 f(x, y) = \frac{\partial^2 f(x, y)}{\partial x^2} + \frac{\partial^2 f(x, y)}{\partial y^2} \quad (4.1.40)$$

对离散的数字图像 $f(x, y)$ 而言，二阶偏导数可用二阶差分近似，由此可推导出 Laplacian 算子表达式为：

$$\nabla^2 f(x, y) = f(x+1, y) + f(x-1, y) + f(x, y+1) + f(x, y-1) - 4f(x, y) \quad (4.1.41)$$

Laplacian 增强算子为：

$$g(x, y) = f(x, y) - \nabla^2 f(x, y) = 5f(x, y) - [f(x+1, y) + f(x-1, y) + f(x, y+1) + f(x, y-1)] \quad (4.1.42)$$

对应的模板为：

| 0 | -1 | 0 |
|---|----|---|
| -1 | 5 | -1 |
| 0 | -1 | 0 |

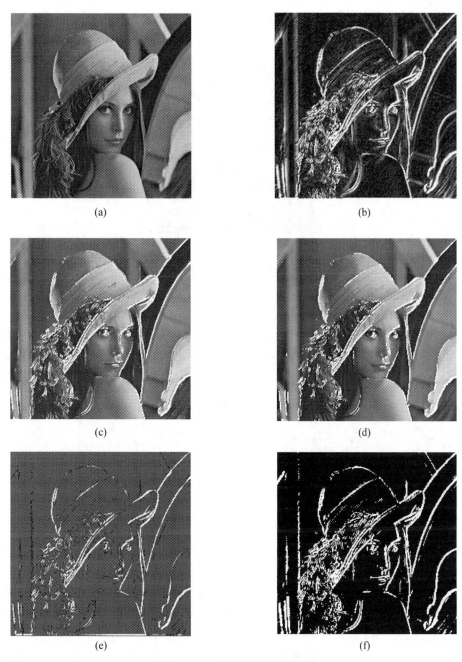

图 4.1.13 梯度增强图像示例

其特点有:

①由于灰度均匀的区域或斜坡中间 $\nabla^2 f(x, y)$ 为 0，Laplacian 增强算子不起作用;

②在斜坡底或低灰度侧形成"下冲"；而在斜坡顶或高灰度侧形成"上冲"。因此 Laplacian 增强算子具有突出边缘的特点。

采用 Laplacian 增强算子对图 4.1.13(a)增强的结果如图 4.1.14 所示。

图 4.1.14　Laplacian 增强算子增强效果

**3. 钝化掩蔽**

从原图像中减去一幅钝化(平滑后的)图像,这个过程称为钝化掩蔽。图 4.1.15 说明了钝化掩蔽的原理,它由如下步骤组成:

① 模糊原图像 $f(x,y)$,得到模糊图像 $g(x,y)$;

② 从原图像减去模糊后的图像产生的差称为模板,用 $g_{mask}$ 表示。则有

$$g_{mask}(x,y)=f(x,y)-g(x,y)$$

③ 将原图像与 $g_{mask}$ 模板相加,则得到增强的图像 $f'(x,y)$。

$$f'(x,y)=f(x,y)+kg_{mask}(x,y)$$

式中 $k(k\geqslant 0)$ 为权值,$k=1$ 时,称为钝化掩蔽;$k>1$ 时的钝化掩膜称为高提升滤波。选择 $k<1$ 可以减少钝化模板的贡献。

图 4.1.15(a)是边缘的灰度剖面,它从暗色逐步过渡到亮色,图 4.1.15(b)显示了原信号和模糊后信号的叠加结果。图 4.1.15(c)是从原信号中减去模糊后信号得到的钝化模板。这一结果类似于求二阶导数得到的结果。图 4.1.15(d)是原信号与模板相加后得到的最终锐化结果。结果中强调(锐化)了信号中斜率出现变化的点。注意,负值加到了原图像中。因此,只要原图像中有零值,或选择的 $k$ 值大到足以使模板的峰值大于原信号中的最小值,最终结果中就有可能存在负灰度值。负值会使得边缘周围出现暗晕,$k$ 值太大时,会令人不舒适。

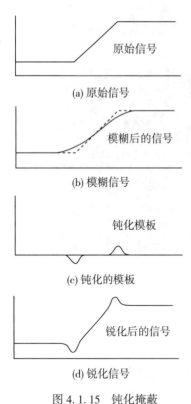

图 4.1.15　钝化掩蔽

### 4.1.4 代数运算

**1. 加运算**

若 $A(x, y)$ 和 $B(x, y)$ 为输入图像,则两幅图像的加法运算式为:
$$C(x, y) = A(x, y) + B(x, y) \tag{4.1.43}$$
$C(x, y)$ 为输出图像。它是 $A(x, y)$ 和 $B(x, y)$ 两幅图像内容叠加的结果,这是其用途之一。

图像相加的一个重要应用是对所获取的同一场景的多幅图像求平均,常常用来有效地削弱图像的加性随机噪声。

设理想图像 $f(x, y)$ 所受到的噪声 $n(x, y)$ 为加性噪声,则产生的有噪图像 $g(x, y)$ 可表示成
$$g(x, y) = f(x, y) + n(x, y) \tag{4.1.44}$$
若图像噪声是互不相关的加性噪声,且均值为 0,则
$$f(x, y) = E|g(x, y)| \tag{4.1.45}$$
式中,$E|g(x, y)|$ 是 $g(x, y)$ 的期望值。

对 $M$ 幅有噪声的图像经平均后得到
$$\hat{f}(x, y) \approx \bar{g}(x, y) = \frac{1}{M}\sum_{i=1}^{M} g_i(x, y) \tag{4.1.46}$$

其估值误差为
$$\sigma_{\bar{g}}^2 = E\{[\hat{f}(x, y) - f(x, y)]^2\} = E\left\{\left[\frac{1}{M}\sum_{i=1}^{M} f_i(x, y) - f(x, y)\right]^2\right\}$$
$$= E\left\{\left[\frac{1}{M}\sum_{i=1}^{M} n_i(x, y)\right]^2\right\} = \frac{1}{M}\sigma_{n(x, y)}^2 \tag{4.1.47}$$
式中,$\sigma_{\bar{g}(x,y)}^2$ 和 $\sigma_{n(x,y)}^2$ 是 $\bar{g}$ 和 $n$ 在点 $(x, y)$ 处的方差。

可见对 $M$ 幅图像取平均可把噪声方差减少到 $1/M$。当 $M$ 增大时,$\bar{g}(x, y)$ 将更加接近 $f(x, y)$。多幅图像取平均处理常用于摄像机的进图中,以削弱电视摄像机光导析像管的噪声。

**2. 减运算**

图像的减运算,又称减影技术,是指对同一景物在不同时间拍摄的图像或同一景物在不同波段的图像进行相减。差值图像提供了图像间的差异信息,用于动态监测、运动目标检测和跟踪、图像背景消除及目标识别等方面。

在动态监测时,用差值图像可以发现森林火灾、洪水泛滥及监测灾情变化,估计损失,也能用以监测河口、河岸的泥沙淤积及监视江河、湖泊、海岸等的污染。

利用减影技术消除图像背景相当成功,典型应用在医学上。如在血管造影技术中肾动脉造影术采用减影技术对诊断肾脏疾病就有独特效果。

图像作相减运算时必须使两相减图像的对应像素对应于空间同一目标点，否则必须先进行图像空间配准。

**3. 乘运算**

乘法运算可用来遮掉图像的某些部分。例如，使用一掩模图像(对需要被完整保留下来的区域，掩模图像上的值为1，而对被抑制掉的区域则值为0)去乘图像，可抹去图像的某些部分，使该部分为0。

**4. 除运算**

图像的相除又称比值处理，是遥感图像处理中常用的增强方法。

图像的亮度可理解为是照射分量和反射分量的乘积。对多光谱图像而言，各波段图像的照射分量几乎相同，对它们作比值处理，就能把它去掉，而对反映地物细节的反射分量，经比值后能把差异扩大，有利于地物的识别。例如，有些地物在单波段图像内的亮度差异极小，用常规方法难于区分它们。像水和沙滩，在第4波段和第7波段上的亮度非常接近，见表4.2，判读容易混淆。但如果把两波段图像相除，其比值的差异变大，就很容易将它们区分开。

表 4.2　　　　　　　　　　　　地 物 亮 度

| 波段 | 地　物 | |
|---|---|---|
| | 水 | 沙滩 |
| 4 | 16 | 17 |
| 7 | 1 | 4 |
| 4/7 | 16 | 4.25 |

比值处理还能用于消除山影、云影及显示隐伏构造。图4.1.16是为利用比值图像消除光照差异影响的例子。表4.3是波段4、波段5影像上的亮度及比值结果。

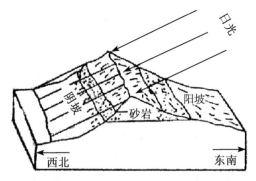

图 4.1.16　比值图像消除光照差异影响的实例

表 4.3　　波段 4、波段 5 影像上的亮度及比值结果

| 光照情况 | 波段 4 | 波段 5 | 比值 4/5 |
|---|---|---|---|
| 阳坡 | 28 | 42 | 0.66 |
| 阴坡 | 22 | 34 | 0.65 |

比值处理若与彩色合成技术相结合,增强效果将更佳。目前,国内外将比值彩色合成法用于找铁、铀、铜等矿床。

## 4.2 图像频率域增强

假定原图像为 $f(x,y)$,经傅里叶变换为 $F(u,v)$,频率域增强就是选择合适的滤波器 $H(u,v)$ 对 $F(u,v)$ 的频谱成分进行调整,然后经傅里叶逆变换得到增强的图像 $g(x,y)$。图 4.2.1 是频率域增强的一般过程。

$$f(x,y) \xrightarrow{\text{DFT}} F(u,v) \xrightarrow[\text{滤波}]{H(u,v)} F(u,v)H(u,v) \xrightarrow{\text{IDFT}} g(x,y)$$

图 4.2.1　图像频率域增强

### 4.2.1 频率域平滑

图像噪声除了在空间域平滑外,也可以在频率域处理。由于噪声主要集中在高频部分,为去除噪声,改善图像质量,在图 4.2.1 中滤波器采用低通滤波器 $H(u,v)$ 来抑制高频部分,然后再进行傅里叶逆变换获得滤波图像,就可达到平滑图像的目的。常用的频率域低滤波器 $H(u,v)$ 有四种:

**1. 理想低通滤波器**

设频率域理想低通滤波器离开原点的截止频率为 $D_0$,则理想低通滤波器的传递函数为:

$$H(u,v) = \begin{cases} 1 & D(u,v) \leq D_0 \\ 0 & D(u,v) > D_0 \end{cases} \tag{4.2.1}$$

其中 $D(u,v) = \sqrt{u^2+v^2}$。$D_0$ 有两种定义:一种是取 $H(u,0)$ 降到 1/2 时对应的频率;另一种是取 $H(u,0)$ 降低到 $1/\sqrt{2}$。这里采用第一种。理想低通滤波器传递函数的透视图和其剖面如图 4.2.2(a)、(b)所示。在理论上,$F(u,v)$ 在 $D_0$ 内的频率分量无损通过;而在 $D > D_0$ 的分量被除掉,然后经傅里叶逆变换得到平滑图像。由于高频成分包含有大量的边缘信息,因此采用该滤波器在去噪声的同时将会导致边缘信息损失而使图像边缘模糊,并且会产生振铃效应。

**2. Butterworth 低通滤波器**

$n$ 阶 Butterworth 滤波器的传递函数为:

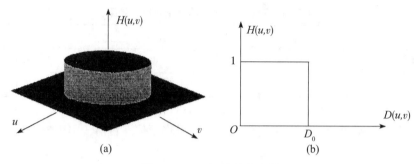

图 4.2.2　理想低通滤波器

$$H(u,v) = 1/[1+(D(u,v)/D_0)^{2n}]$$

Butterworth 低通滤波器传递函数的透视图及剖面图分别如图 4.2.3(a)、(b)所示。它的特性是连续性衰减,而不像理想低通滤波器那样陡峭和明显的不连续性。因此,采用该滤波器滤波在抑制噪声的同时,图像边缘的模糊程度大大减小,没有振铃效应产生,但计算量大于理想低通滤波。

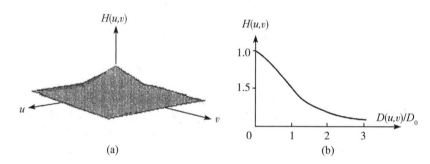

图 4.2.3　Butterworth 低通滤波器的传递函数

### 3. 指数低通滤波器

指数低通滤波器是图像处理中常用的一种平滑滤波器。它的传递函数为:

$$H(u,v) = e^{\left[-\frac{D(u,v)}{D_0}\right]^n} \tag{4.2.2}$$

式中,$n$ 决定指数的衰减率。指数低通滤波器的透视图和剖面图分别如图 4.2.4(a)、(b)所示。采用该滤波器滤波在抑制噪声的同时,图像边缘的模糊程度较用 Butterworth 滤波产生的大些,无明显的振铃效应。

### 4. 梯形低通滤波器

梯形低通滤波器的传递函数为:

$$H(u,v) \begin{cases} 1, & D(u,v) < D_0 \\ \dfrac{D(u,v)-D_1}{D_0-D_1}, & D_0 \leqslant D(u,v) \leqslant D_1 \\ 0, & D(u,v) > D_1 \end{cases} \tag{4.2.3}$$

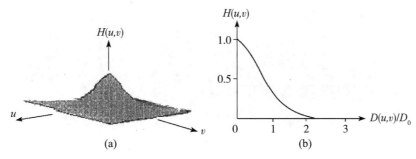

图 4.2.4 指数低通滤波器

式中，$D_1$ 是大于 $D_0$ 的任意正数。梯形低通滤波器的透视图和剖面图分别如图 4.2.5（a）、（b）所示。采用梯形低通滤波后的图像有一定的模糊和振铃效应。

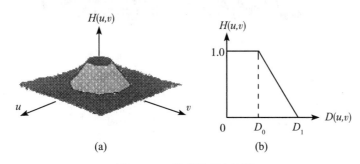

图 4.2.5 梯形低通滤波器

为了反映频率域各低通滤波器滤波的效果，下面给出了一个示例。图 4.2.6(a)是一幅无噪的图像，图 4.2.6(b)是采用理想低通滤波的结果，明显可见模糊和振铃效应；图 4.2.6(c)是采用 Butterworth 低通滤波的结果，由于高频被削弱，小的矩形变模糊；图 4.2.6(d)是采用指数滤波的结果，与 Butterworth 低通滤波效果类似，但较模糊；图 4.2.6(e)是采用梯形低通滤波的结果，其效果介于理想低通滤波和 Butterworth 低通滤波效果之间。

## 4.2.2 频率域锐化

图像的边缘、细节主要在高频部分得到反映，而图像的模糊是由于高频成分比较弱产生的。为了消除模糊，突出边缘，则采用高通滤波器让高频成分通过，使低频成分削弱，再经傅里叶逆变换得到边缘锐化的图像。常用的高通滤波器有：

**1. 理想高通滤波器**

二维理想高通滤波器的传递函数为：

$$H(u, v) = \begin{cases} 0, & D(u, v) \leqslant D_0 \\ 1, & D(u, v) > D_0 \end{cases} \tag{4.2.4}$$

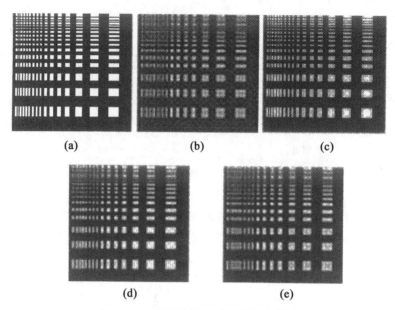

图 4.2.6 频率域低通滤波效果的示例

它的透视图和剖面图分别如图4.2.7(a)、(b)所示。它与理想低通滤波器相反,它把半径为 $D_0$ 的圆内所有频谱成分完全去掉,对圆外则无损地通过。

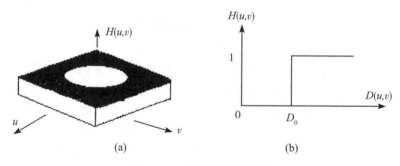

图 4.2.7 理想高通滤波器

**2. 巴特沃斯高通滤波器**

$n$ 阶巴特沃斯高通滤波器的传递函数定义如下:

$$H(u, v) = 1/[1+(D_0/D(u, v))^{2n}] \tag{4.2.5}$$

它的剖面图如图4.2.8所示。

**3. 指数高通滤波器**

指数高通滤波器的传递函数为:

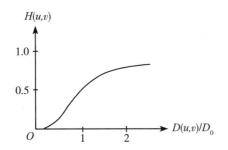

图 4.2.8 Butterworth 高通滤波器的剖面图

$$H(u,v) = e^{-\left[\frac{D_0}{D(u,v)}\right]^n} \tag{4.2.6}$$

式中，$n$ 控制函数的增长率。它的剖面图如图 4.2.9 所示。

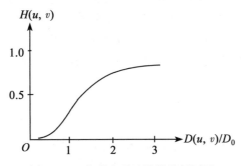

图 4.2.9 指数高通滤波器的剖面图

#### 4. 梯形高通滤波器

梯形高通滤波器的定义为

$$H(u,v) = \begin{cases} 0, & D(u,v) < D_0 \\ \dfrac{D(u,v) - D_0}{D_1 - D_0}, & D_0 \leq D(u,v) \leq D_1 \\ 1, & D(u,v) > D_1 \end{cases} \tag{4.2.7}$$

它的剖面图如图 4.2.10 所示。

四种滤波函数的选用类似于低通滤波器。理想高通滤波器有明显振铃现象，即图像的边缘有抖动现象；Butterworth 高通滤波效果较好，但计算复杂，其优点是有少量低频通过，$H(u,v)$ 是渐变的，振铃现象不明显；指数高通效果比 Butterworth 差一些，振铃现象也不明显；梯形高通滤波会产生微振铃效果，但计算简单，故较常用。

一般来说，不管在图像空间域还是频率域，采用高频滤波法对图像滤波不但会使图像有用的信息增强，同时也使噪声增强，因此不能随意地使用。

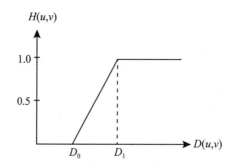

图 4.2.10 梯形高通滤波器的剖面图

对比空间域和频率域滤波,可见空间域滤波和频率域滤波之间的纽带是卷积定理。由卷积定理可知,若已知一个空间滤波器核,则可用这个核的傅里叶正变换得到其频率域中的表达式。反之,频率域滤波器传递函数的反变换,它是空间域中的对应核。当空间滤波器核较小时,采用空间卷积算法实现滤波。当空间滤波器核较大时,必须借助快速傅里叶变换通过频率域滤波来实现。频率域滤波器可以作为空间滤波器设计的指导,通过频率域滤波做前期设计,采用傅里叶逆变换可以将频率域滤波器转换为空间域滤波器,然后实现空间域滤波。

### 4.2.3 同态滤波增强

同态滤波是一种在频域中同时将图像亮度范围进行压缩和对比度增强的频域方法。由图像成像模型可知,图像 $f(x, y)$ 可以表示为照度分量 $i(x, y)$ 与反射分量 $r(x, y)$ 的乘积。

$$f(x, y) = i(x, y) \cdot r(x, y) \tag{4.2.8}$$

为此,同态滤波采用图 4.2.11 的流程对 $f(x, y)$ 进行滤波。

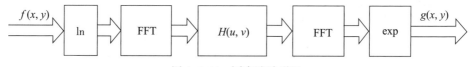

图 4.2.11 同态滤波增强

具体步骤如下:

① 先对式(4.2.9)的两边同时取对数,得

$$\ln f(x, y) = \ln i(x, y) + \ln r(x, y) \tag{4.2.9}$$

② 将上式两边进行傅里叶变换,得

$$F(u, v) = I(u, v) + R(u, v) \tag{4.2.10}$$

③ 用一个频域函数 $H(u, v)$ 处理 $F(u, v)$,可得到

$$H(u, v)F(u, v) = H(u, v)I(u, v) + H(u, v)R(u, v) \tag{4.2.11}$$

④上式两边傅里叶逆变换到空间域，得

$$h_f(x, y) = h_i(x, y) + h_r(x, y) \qquad (4.2.12)$$

可见，增强后的图像是由对应照度分量与反射分量的两部分叠加而成。

⑤再将上式两边进行指数运算，得

$$g(x, y) = \exp|h_f(x, y)| = \exp|h_i(x, y)| \cdot \exp|h_r(x, y)| \qquad (4.2.13)$$

这里，$H(u, v)$称作同态滤波函数，它可以分别作用于照度分量和反射分量上。因为一般照度分量是在空间域变化缓慢，而反射分量在不同物体的交界处是急剧变化的，所以图像对数的傅里叶变换中的低频部分主要对应照度分量，而高频部分主要对应反射分量。这就是基于影像成像模型的同态滤波匀光法原理。若设计一个对高频和低频分量有不同影响的滤波函数$H(u, v)$如图4.2.12所示，选择$H_L<1$，$H_H>1$，那么$H(u, v)$将会一方面削弱低频，也就是削减不均匀光照现象；而另一方面增强高频，也就是增强影像本身的特征信息。这种处理方法在理论上更加合理，对影像的亮度不均匀性也有较好的平衡效果。同态滤波匀光法主要适用于单幅影像亮度分布不均匀的校正，即匀光。但是其滤波器的传递函数设计及参数设定较为复杂，选取什么样的参数需要经过大量的实验验证；对于高对比度的影像并不适合，很容易造成亮度失真；对于彩色影像的亮度不均匀校正和影像反差分布不均匀的校正效果并不理想。

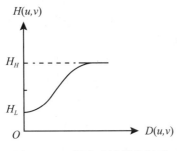

图4.2.12 同态滤波器的剖面

## 4.3 图像复原

图像复原，即利用退化过程的先验知识，恢复已退化图像的本来面目。由于引起退化的因素各异，目前还没有统一的图像恢复方法。典型的图像复原是根据图像退化的先验知识建立一个退化模型，以此模型为基础，采用各种逆退化处理方法进行恢复，使图像质量得到改善。可见，图像复原主要取决于对图像退化过程的先验知识所掌握的精确程度。图像复原的一般过程：弄清退化原因→建立退化模型→反向推演→恢复图像。

对图像复原结果的评价已确定了一些准则，这些准则包括最小均方准则、加权均方准则和最大熵准则等。

## 4.3.1 图像退化的数学模型

假定成像系统是线性位移不变系统(退化性质与图像的位置无关)，它的点扩散函数用 $h(x,y)$ 表示，则获取的图像 $g(x,y)$ 表示为：

$$g(x,y)=f(x,y)\cdot h(x,y) \tag{4.3.1}$$

式中，$f(x,y)$ 表示理想的、没有退化的图像，$g(x,y)$ 是劣化(被观察到)的图像。

若受加性噪声 $n(x,y)$ 的干扰，则退化图像可表示为：

$$g(x,y)=f(x,y)\cdot h(x,y)+n(x,y) \tag{4.3.2}$$

这就是线性位移不变系统的退化模型，如图 4.3.1 所示。下面给出离散化的退化模型。

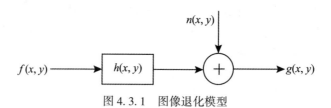

图 4.3.1 图像退化模型

若对图像 $f(x,y)$ 和点扩散函数 $h(x,y)$ 均匀采样就可以得到离散的退化模型。假设数字图像 $f(x,y)$ 和点扩散函数 $h(x,y)$ 的大小分别为 $A\times B$、$C\times D$，可先把它们延拓为 $M\times N$ 的周期图像，其方法是添加零。即

$$f_e(x,y)=\begin{cases}f(x,y), & 0\leqslant x\leqslant A-1 \quad 0\leqslant y\leqslant B-1 \\ 0, & A\leqslant x\leqslant M-1 \text{ 或 } B\leqslant y\leqslant N-1\end{cases} \tag{4.3.3}$$

和

$$h_e(x,y)=\begin{cases}h(x,y), & 0\leqslant x\leqslant C-1 \text{ 和 } 0\leqslant y\leqslant D-1 \\ 0, & C\leqslant x\leqslant M-1 \text{ 或 } D\leqslant y\leqslant N-1\end{cases} \tag{4.3.4}$$

把周期延拓的 $f_e(x,y)$ 和 $h_e(x,y)$ 作为二维周期函数来处理，即在 $x$ 和 $y$ 方向上，周期分别为 $M$ 和 $N$，则由此得到离散的退化模型为两函数的卷积：

$$g_e(x,y)=\sum_{m=0}^{M-1}\sum_{n=0}^{N-1}f_e(m,n)h_e(x-m,y-n) \tag{4.3.5}$$

式中，$x=0,1,2,\cdots,M-1$，$y=0,1,2,\cdots,N-1$。函数 $g_e(x,y)$ 为周期函数，其周期与 $f_e(x,y)$ 和 $h_e(x,y)$ 的周期一样。为了使离散退化模型变得完善，式(4.3.5)中还要加上一个延拓为 $M\times N$ 的离散噪声项，从而得到

$$g_e(x,y)=\sum_{m=0}^{M-1}\sum_{n=0}^{N-1}f_e(m,n)h_e(x-m,y-n)+n_e(x,y) \tag{4.3.6}$$

令 $\boldsymbol{f}$、$\boldsymbol{g}$ 和 $\boldsymbol{n}$ 代表 $M\times N$ 维列向量，这些列向量分别是由 $M\times N$ 维的 $f_e(x,y)$ 矩阵，$h_e(x,y)$ 和 $n_e(x,y)$ 的各个行堆积而成的。例如，$\boldsymbol{f}$ 的第一组 $N$ 个元素是 $f_e(x,y)$ 的第一行元素，相应的第二组 $N$ 个元素是由第二行得到的，对于 $f_e(x,y)$ 的所有行都是这样处理。利用这一规则，式(4.3.6)可被表示为向量矩阵形式

$$\boldsymbol{g}=\boldsymbol{H}\boldsymbol{f}+\boldsymbol{n} \tag{4.3.7}$$

式中，$\boldsymbol{H}$ 为 $MN \times MN$ 维矩阵。这一矩阵是由大小为 $N \times N$ 的 $M^2$ 部分组成，排列顺序为

$$\boldsymbol{H} = \begin{bmatrix} H_0 & H_{M-1} & H_{M-2} & \cdots & H_1 \\ H_1 & H_0 & H_{M-1} & \cdots & H_2 \\ H_2 & H_1 & H_0 & \cdots & H_3 \\ \vdots & \vdots & \vdots & & \vdots \\ H_{M-1} & H_{M-2} & H_{M-3} & \cdots & H_0 \end{bmatrix} \qquad (4.3.8)$$

每一部分 $H_j$ 是由周期延拓图像 $h_e(x, y)$ 的第 $j$ 行构成的，构成方法如下：

$$H_j = \begin{bmatrix} h_e(j, 0) & h_e(j, N-1) & h_e(j, N-2) & \cdots & h_e(j, 1) \\ h_e(j, 1) & h_e(j, 0) & h_e(j, N-1) & \cdots & h_e(j, 2) \\ h_e(j, 2) & h_e(j, 1) & h_e(j, 0) & \cdots & h_e(j, 3) \\ \vdots & \vdots & \vdots & & \vdots \\ h_e(j, N-1) & h_e(j, N-2) & h_e(j, N-3) & \cdots & h_e(j, 0) \end{bmatrix} \qquad (4.3.9)$$

式中利用了 $h_e(x, y)$ 的周期性。在这里 $H_j$ 是一循环矩阵，$\boldsymbol{H}$ 的各分块的下标也均按循环方式标注。因此，式(4.3.8)中给出的矩阵 $\boldsymbol{H}$ 常被称为分块循环矩阵。

由于许多种退化都可以用线性的位移不变模型来近似描述，这样可把线性系统中的许多数学工具如线性代数用于求解图像复原问题，从而得到简洁的公式和快速的运算方法。

当退化不太严重时，一般用线性位移不变系统模型来复原图像。把它作为图像退化的近似模型，在很多应用中有较好的复原结果，且计算大为简化。实际上非线性和位移变的情况能更加准确普遍地反映图像复原问题的本质，但难于求解。只有在要求很精确的情况下才用位移变的模型去求解，其求解也常以位移不变的解法为基础加以修改而成。因此本章着重介绍线性位移不变系统的复原方法。

### 4.3.2 代数恢复方法

图像复原的目的是在假设具备有关 $g$、$H$ 和 $n$ 的某些知识的情况下，寻求估计原图像 $f$ 的方法。这种估计应在某种预先选定的最佳准则下，具有最优的性质。

本节集中讨论在均方误差最小意义下，原图像 $f$ 的最佳估计，因为它是各种可能准则中最简单易行的。事实上，由它可以导出许多实用的恢复方法。

**1. 无约束复原**

由式(4.3.7)可得退化模型中的噪声项为

$$\boldsymbol{n} = \boldsymbol{g} - \boldsymbol{H}\boldsymbol{f} \qquad (4.3.10)$$

当对 $\boldsymbol{n}$ 一无所知时，有意义的准则函数是寻找一个 $\hat{f}$，使得 $\boldsymbol{H}\hat{f}$ 在最小二乘意义上近似于 $\boldsymbol{g}$，即要使噪声项的范数尽可能小，也就是使

$$\|\boldsymbol{n}\|^2 = \|\boldsymbol{g} - \boldsymbol{H}\hat{f}\|^2 \qquad (4.3.11)$$

为最小。把这一问题等效地看作为求准则函数

$$J(\hat{f}) = \|\boldsymbol{g} - \boldsymbol{H}\hat{f}\|^2 \qquad (4.3.12)$$

关于$\hat{f}$最小的问题。

令
$$\frac{\partial J(\hat{f})}{\partial \hat{f}}=2H'(g-H\hat{f})=0 \qquad (4.3.13)$$

可推出
$$\hat{f}=(H'H)^{-1}H'g \qquad (4.3.14)$$

令$M=N$，则$H$为一方阵。设$H^{-1}$存在，则式(4.3.14)化为
$$\hat{f}=H^{-1}(H')^{-1}H'g=H^{-1}g \qquad (4.3.15)$$

式(4.3.15)就是逆滤波恢复法的表达式。对于位移不变产生的模糊，可以通过在频率域进行去卷积来说明。即
$$\hat{F}(u,v)=\frac{G(u,v)}{H(u,v)} \qquad (4.3.16)$$

若$H(u,v)$有零值，则$H$为奇异的，无论$H^{-1}$或$(H'H)^{-1}$都不存在。这会导致恢复问题的病态性或奇异性。

**2. 约束最小二乘复原**

为了克服恢复问题的病态性质，常需要在恢复过程中施加某种约束，即约束复原。令$Q$为$f$的线性算子，约束最小二乘法复原问题是使形式为$\|Q\hat{f}\|^2$的函数，在约束条件$\|g-H\hat{f}\|^2=\|n\|^2$时为最小。这可以归结为寻找一个$\hat{f}$，使下面准则函数最小。
$$J(\hat{f})=\|Q\hat{f}\|^2+\lambda\ \|g-H\hat{f}\|^2-\|n\|^2 \qquad (4.3.17)$$

其中，$\lambda$为一常数，叫作拉格朗日系数。按一般求极小值的解法，令$J(\hat{f})$对$\hat{f}$的导数为零，有
$$\frac{\partial J(\hat{f})}{\partial \hat{f}}=2Q'Q\hat{f}-2\lambda H'(g-H\hat{f})=0 \qquad (4.3.18)$$

解得
$$\hat{f}=(H'H+\gamma Q'Q)^{-1}H'g \qquad (4.3.19)$$

其中$\gamma=1/\lambda$。这是求约束最小二乘复原图像的通用方程式。

通过指定不同的$Q$，可以得到不同的复原图像。下面是利用通用方程式给出的几种具体恢复方法。

(1)能量约束恢复

若取线性运算
$$Q=I \qquad (4.3.20)$$

则得
$$\hat{f}=(H'H+\gamma I)^{-1}H'g \qquad (4.3.21)$$

此解的物理意义是在约束条件为式(4.3.11)时，复原图像能量$\|\hat{f}\|^2$为最小。也可以说，当用$g$复原$f$时，能量应保持不变。事实上，上式完全可以在$\hat{f}'\hat{f}=g'g=c$条件下，

使 $\|\boldsymbol{g}-\boldsymbol{H}\hat{f}\|$ 为最小推导出来。

(2) 平滑约束恢复

把 $\hat{f}$ 考虑成 $x,y$ 的二维函数,平滑约束是指原图像 $f(x,y)$ 为最光滑的,那么它在各点的二阶导数都应最小。顾及二阶导数有正负,约束条件是应用各点二阶导数的平方和最小,即式(4.3.22)为最小。

$$\sum_{x=0}^{M-1}\sum_{y=0}^{N-1}[f(x+1,y)+f(x-1,y)+f(x,y+1)+f(x,y-1)-4f(x,y)]^2 \tag{4.3.22}$$

令

$$[c(m,n)] = \begin{bmatrix} 0 & 1 & 0 \\ 1 & -4 & 1 \\ 0 & 1 & 0 \end{bmatrix} \tag{4.3.23}$$

于是,复原就是在约束条件(4.3.22)即 $\|C\hat{f}\|^2$ 为最小。令 $Q=C$,最佳复原解为

$$\hat{f} = (H'H + \gamma C'C)^{-1}H'\boldsymbol{g} \tag{4.3.24}$$

(3) 均方误差最小滤波(维纳滤波)

将 $f$ 和 $n$ 视为随机变量,并选择 $Q$ 为

$$Q = R_f^{-1/2} R_n^{1/2} \tag{4.3.25}$$

使 $Q\hat{f}$ 最小。其中 $R_f = \varepsilon\{ff'\}$ 和 $R_n = \varepsilon\{nn'\}$,分别为信号和噪声的协方差矩阵,则可推导出

$$\hat{f} = (H'H + \gamma R_f^{-1}R_n)^{-1}H'\boldsymbol{g} \tag{4.3.26}$$

一般 $\gamma \neq 1$ 时为含参维纳滤波,$\gamma = 1$ 时为标准维纳滤波。在用统计线性运算代替确定线性运算时,最小二乘滤波将转化成均方误差最小滤波,尽管两者在表达式上有着类似的形式,但意义却有本质的不同。在随机性运算情况下,最小二乘滤波是对一组图像在统计平均意义上给出最佳恢复的;而在确定运算的情况下,最佳恢复是针对一幅退化图像给出的。

### 4.3.3 频率域恢复方法

**1. 逆滤波恢复法**

对于线性不变系统而言

$$\begin{aligned}g(x,y) &= \iint_{-\infty}^{\infty} f(\alpha,\beta)h(x-\alpha,y-\beta)\mathrm{d}\alpha\mathrm{d}\beta + n(x,y) \\ &= f(x,y) * h(x,y) + n(x,y)\end{aligned} \tag{4.3.27}$$

上式两边进行傅里叶变换,得

$$G(u,v) = F(u,v)H(u,v) + N(u,v) \tag{4.3.28}$$

式中,$G(u,v)$,$F(u,v)$,$H(u,v)$ 和 $N(u,v)$ 分别是 $g(x,y)$,$f(x,y)$,$h(x,y)$ 和 $n(x,y)$ 的二维傅里叶变换。$H(u,v)$ 称为系统的传递函数。从频率域角度看,它使图

像退化，因而反映了成像系统的性能。

通常在无噪声的理想情况下，式(4.3.28)变为
$$G(u, v) = F(u, v)H(u, v) \tag{4.3.29}$$

则
$$F(u, v) = \frac{G(u, v)}{H(u, v)} \tag{4.3.30}$$

$1/H(u, v)$ 称为逆滤波器。对式(4.3.30)再进行傅里叶反变换可得到 $f(x, y)$。这就是逆滤波复原的基本原理。其复原过程可归纳如下：

① 对退化图像 $g(x, y)$ 作二维离散傅里叶变换，得到 $G(u, v)$。

② 计算系统点扩散函数 $h(x, y)$ 的二维傅里叶变换，得到 $H(u, v)$。

这一步值得注意的是，通常 $h(x, y)$ 的尺寸小于 $g(x, y)$ 的尺寸。为了消除混叠效应引起的误差，需要把 $h(x, y)$ 的尺寸延拓。

③ 按式(4.3.30)计算 $\hat{F}(u, v)$。

④ 计算 $\hat{F}(u, v)$ 的傅里叶逆变换，求得 $\hat{f}(x, y)$。

若噪声为零，则采用逆滤波恢复法能完全再现原图像。但实际上碰到的问题都是有噪声，因而只能求 $F(u, v)$ 的估计值 $\hat{F}(u, v)$，

$$\hat{F}(u, v) = F(u, v) + \frac{N(u, v)}{H(u, v)} \tag{4.3.31}$$

作傅里叶逆变换，得

$$\hat{f}(x, y) = f(x, y) + \iint_{-\infty}^{\infty} [N(u, v)H^{-1}(u, v)] e^{j2\pi(ux+vy)} du dv \tag{4.3.32}$$

若噪声存在，而且 $H(u, v)$ 很小或为零时，则噪声被放大。这意味着退化图像中小噪声的干扰在 $H(u, v)$ 较小时，会对逆滤波恢复的图像产生很大的影响，有可能使恢复的图像 $\hat{f}(x, y)$ 和 $f(x, y)$ 相差很大，甚至面目全非。

为此改进的方法有：

① 在 $H(u, v) = 0$ 及其附近，人为地仔细设置 $H^{-1}(u, v)$ 的值，使 $N(u, v) * H^{-1}(u, v)$ 不会对 $\hat{F}(u, v)$ 产生太大影响。图4.3.2给出了 $H(u, v)$、$H^{-1}(u, v)$ 和改进的滤波器 $H_l(u, v)$ 的一维波形，从中可看出与正常的逆滤波的差别。

② $H^{-1}(u, v)$ 具有低通滤波性质。即使

$$H^{-1}(u, v) = \begin{cases} \dfrac{1}{H(u, v)}, & D \leqslant D_0 \\ 0, & D > D_0 \end{cases} \tag{4.3.33}$$

**2. 去除由匀速运动引起的模糊**

在获取图像的过程中，由于景物和摄像机之间的相对运动，往往造成图像的模糊。其中均匀直线运动所造成的模糊图像的恢复问题更具有一般性和普遍意义。因为变速的、非直线的运动在某些条件下可以看成是匀速的、直线运动的合成结果。

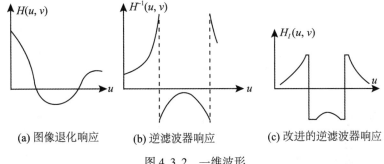

(a) 图像退化响应　　(b) 逆滤波器响应　　(c) 改进的逆滤波器响应

图 4.3.2　一维波形

设图像 $f(x,y)$ 有一个平面运动，令 $x_0(t)$ 和 $y_0(t)$ 分别为在 $x$ 和 $y$ 方向上运动的变化分量。$t$ 表示运动的时间。记录介质的总曝光量是在快门打开到关闭这段时间的积分，则模糊后的图像为

$$g(x,y) = \int_0^T f[x - x_0(t), y - y_0(t)]dt \tag{4.3.34}$$

式中，$g(x,y)$ 为模糊后的图像。上式就是由目标物或摄像机相对运动造成图像模糊的模型。

令 $G(u,v)$ 为模糊图像 $g(x,y)$ 的傅里叶变换，对上式两边进行傅里叶变换，得

$$\begin{aligned}G(u,v) &= \int_{-\infty}^{+\infty}\int_{-\infty}^{+\infty} g(x,y)\exp[-j2\pi(ux+vy)]dxdy \\ &= \int_{-\infty}^{+\infty}\int_{-\infty}^{+\infty}\{\int_0^T f[x-x_0(t), y-y_0(t)]dt\}\exp[-j2\pi(ux+vy)]dxdy\end{aligned} \tag{4.3.35}$$

改变式(4.3.35)的积分次序，则有

$$G(u,v) = \int_0^T\{\int_{-\infty}^{+\infty}\int_{-\infty}^{+\infty} f[x-x_0(t), y-y_0(t)]\exp[-j2\pi(ux+vy)]dxdy\}dt \tag{4.3.36}$$

由傅里叶变换的位移性质，可得

$$\begin{aligned}G(u,v) &= \int_0^T F(u,v)\exp\{-j2\pi[ux_0(t)+vy_0(t)]\}dt \\ &= F(u,v)\int_0^T\exp\{-j2\pi[ux_0(t)+vy_0(t)]\}dt\end{aligned} \tag{4.3.37}$$

令

$$H(u,v) = \int_0^T\exp\{-j2\pi[ux_0(t)+vy_0(t)]\}dt \tag{4.3.38}$$

由式(4.3.37)可得

$$G(u,v) = H(u,v)F(u,v) \tag{4.3.39}$$

这是已知退化模型的傅里叶变换式。若 $x(t)$、$y(t)$ 的性质已知，传递函数可直接由式(4.3.38)求出，因此，可以恢复出来 $f(x,y)$。下面直接给出沿水平方向和垂直方向匀速运动造成的图像模糊的模型及其恢复的近似表达式。

①由水平方向匀速直线运动造成的图像模糊的模型及其恢复用以下两式表示：

$$g(x, y) = \int_0^T f\left[\left(x - \frac{at}{T}\right), y\right] dt \qquad (4.3.40)$$

$$f(x, y) \approx A - mg'[(x - ma), y] + \sum_{k=0}^{m} g'[(x - ka), y], \quad 0 \leq x, y \leq L \qquad (4.3.41)$$

式中，$a$ 为总位移量，$T$ 为总运动时间，$m$ 是 $\dfrac{x}{a}$ 的整数部分，$L = ka$（$k$ 为整数）是 $x$ 的取值范围，$A = \dfrac{1}{k} \sum_{k=0}^{K-1} f(x + ka)$。

式(4.3.40)和式(4.3.41)的离散式如下：

$$g(x, y) = \sum_{t=0}^{T-1} f\left[x - \frac{at}{T}, y\right] \cdot \Delta x \qquad (4.3.42)$$

$$\begin{aligned}
f(x, y) \approx &\, A - m\{[g[(x - ma), y] - g[(x - ma - 1), y]]/\Delta x\} \\
&+ \sum_{k=0}^{m} \{[g[(x - ka), y] - g[\{(x - ka - 1), y]]/\Delta x\}, \quad 0 \leq x, y \leq L
\end{aligned} \qquad (4.3.43)$$

② 由垂直方向均匀直线运动造成的图像模糊模型及恢复用以下两式表示：

$$g(x, y) = \sum_{t=0}^{T-1} f\left(x, y - \frac{bt}{T}\right) \cdot \Delta y \qquad (4.3.44)$$

$$\begin{aligned}
f(x, y) \approx &\, A - m\{[g[x, (y - mb)] - g[x, (y - mb - 1)]]/\Delta y \\
&+ \sum_{k=0}^{m} \{[g[x, (y - kb)] - g[x, (y - kb - 1)]]/\Delta y\}
\end{aligned} \qquad (4.3.45)$$

图 4.3.3 所示是沿水平方向匀速直线运动造成的模糊图像的恢复处理例子。图 4.3.3(a)是模糊图像，图 4.3.3(b)是恢复后的图像。

(a)

(b)

图 4.3.3　水平匀速直线运动模糊图像的恢复

**3. 维纳滤波复原方法**

逆滤波复原方法数学表达式简单，物理意义明确，然而其缺点难以克服。因此，在逆滤波理论基础上，不少人从统计学观点出发，设计一类滤波器用于图像复原，以改善复原图像质量。

维纳(Wienner)滤波恢复的思想是在假设图像信号可近似看作平稳随机过程的前提下，按照使恢复的图像与原图像 $f(x, y)$ 的均方差最小原则来恢复图像。即

$$E[(\hat{f}(x, y) - f(x, y))^2] = \min \quad (4.3.46)$$

为此，当采用线性滤波来恢复时，恢复问题就归结为找合适的点扩散函数 $h_w(x, y)$，使 $\hat{f} = h_w(x, y) * g(x, y)$ 满足式(4.3.46)。

由 Andrews 和 Hunt 推导满足这一要求的传递函数为：

$$H_w(u, v) = \frac{H^*(u, v)}{|H(u, v)|^2 + \frac{P_n(u, v)}{P_f(u, v)}} \quad (4.3.47)$$

则有

$$\hat{F}(u, v) = \frac{H^*(u, v)}{|H(u, v)|^2 + P_n(u, v)/P_f(u, v)} G(u, v) \quad (4.3.48)$$

这里，$H^*(u, v)$ 是成像系统传递函数的复共轭；$H_w(u, v)$ 就是维纳滤波器的传递函数。$P_n(u, v)$ 是噪声功率谱；$P_f(u, v)$ 是输入图像的功率谱。

采用维纳滤波器的复原过程步骤如下：

①计算图像 $g(x, y)$ 的二维离散傅里叶变换得到 $G(u, v)$。

②计算点扩散函数 $h_w(x, y)$ 的二维离散傅里叶变换。同逆滤波一样，为了避免混叠效应引起的误差，应将尺寸延拓。

③估算图像的功率谱密度 $P_f$ 和噪声的谱密度 $P_n$。

④由式(4.3.48)计算图像的估计值 $\hat{F}(u, v)$。

⑤计算 $\hat{F}(u, v)$ 的傅里叶逆变换，得到恢复后的图像 $\hat{f}(x, y)$。

这一方法有如下特点：

①当 $H(u, v) \to 0$ 或幅值很小时，分母不为零，不会出现被零除的情形。

②当 $P_n \to 0$ 时，维纳滤波复原方法就是前述的逆滤波复原方法。

③当 $P_f \to 0$ 时，$\hat{f}(u, v) \to 0$，这表示图像无有用信息存在，因而不能从完全是噪声的信号中来"复原"有用信息。

对于噪声功率谱 $P_n(u, v)$，可在图像上找一块恒定灰度的区域，然后测定区域灰度图像的功率谱作为 $P_n(u, v)$。

◎ 习 题

1. 图像增强的目的是什么？它包含哪些内容？
2. 写出将具有双峰直方图的两个峰分别从 23 和 155 移到 16 和 240 的线性变换。
3. 直方图修正有哪两种方法？二者有何主要区别与联系？
4. 在直方图修改技术中采用的变换函数的基本要求是什么？
5. 直方图规定化处理的技术难点是什么？如何解决？

6. 采用 Photoshop 实现邻域平均与中值滤波，比较它们的异同点。
7. 低通滤波法中常有几种滤波器？它们的特点分别是什么？
8. 何为同态增强处理？试述其基本原理。
9. 采用 Photoshop 实现图像边缘锐化，分析其增强效果。
10. Laplacian 算子为何能增强图像边缘？
11. 试述图像退化的模型？写出离散退化模型。
12. 试述逆滤波复原的基本原理。它的主要难点是什么？如何克服？
13. 试述最小二乘复原方法。

# 第5章 彩色图像处理

人眼对彩色图像的视觉感受比对黑白或灰度图像的感受丰富得多,彩色图像提供了比灰度图像更丰富的信息,因此将彩色图像处理作为专门一章加以介绍,内容包括色彩知识、颜色模型、彩色增强技术、色彩管理及应用等。

## 5.1 色彩知识

对彩色图像进行处理,首先需要了解物体色彩的感知、生成和表达方法等基础知识。

### 5.1.1 色彩

色彩是物体将光源投射光反射到人的眼睛中,光刺激人的视觉器官而产生的主观感觉。

物体的颜色取决于物体对各种波长光线的吸收、反射和透射能力。因此,物体分消色物体和有色物体。

(1) 消色物体

消色物体是指黑、白和灰色物体。这类物体对照明光线具有非选择性吸收的特性,即光线照射到消色物体上时,消色物体对各种波长入射光是等量吸收的,因而反射光或透射光的光谱成分与入射光的光谱成分相同。当白光照射到消色物体上时,反射率在75%以上的消色物体呈白色;反射率在10%以下的消色物体呈黑色;反射率介于两者之间的消色物体呈灰色。

(2) 有色物体

有色物体对照明光线具有选择性吸收的特性,即光线照射到有色物体上时,有色物体对入射光中各种波长光的吸收是不等量的,有的吸收多,有的吸收少。白光照射到有色物体上,有色物体反射或透射的光线与入射光线相比,不仅亮度减弱,而且光谱成分会变少,因此呈现出各种不同的颜色。影响物体颜色的因素包括物体本身性质、光源性质、周围环境的颜色、视觉系统差异。

光度学中,色光中不能再分解的基本色称为原色,原色可以合成其他的色光。通常将红、绿、蓝称为三原色。三原色可以混合出所有的颜色,同时相加为白色。

从视觉的角度出发,色彩包括色调(hue)、饱和度(saturation)和亮度(lightness)三个特性,亦称为色彩三要素。色调是某种波长的光使观察者产生的颜色感觉,不同波长代表不同的色调。它反映颜色的种类,决定颜色的基本特性,例如,红色、棕色等都是指色调。饱和度是颜色纯度的度量。对于同一色调的彩色光,饱和度越深颜色越鲜明或者越纯。例如，鲜红色的饱和度高，而粉红色的饱和度低。亮度是发射光或物体反射光明亮程度量度。光的强度是光对人的刺激程度。

### 5.1.2 相加混色与相减混色原理

生成色彩的方式包括利用光线合成和依靠颜料、染料、油墨混合两种。

相加混色是指对三原色光红（red）、绿（green）、蓝（blue）按照不同比例的混合，生成可见色谱中的所有颜色。加色法原理如附录彩图 5.1.1 所示，它是利用三原色（红、绿、蓝）光相加获得彩色影像的方法。计算机的显示器就是使用加色原理来创建颜色的设备。与三原色光相加为白的色光称为三补色。青色（cyan）、品红（magenta）和黄色（yellow）为红、绿、蓝三色的补色。

在打印、印刷、油漆、绘画等靠介质表面的反射被动发光的场合，物体所呈现的颜色是光源中被颜料吸收后所剩余的部分，所以其成色的原理叫做减色法原理，如附录彩图 5.1.2 所示，减色法就是利用黄、品、青三种染料混合以获取彩色影像的方法。在减色法原理中的三原色颜料分别是青色、品红和黄色，而它们的互补色颜料分别为红、绿、蓝。减色法原理被广泛应用于各种被动发光的场合。

## 5.2 颜色模型

为了正确表达色彩信息，已提出了多种颜色模型或称色彩空间，如前述的 RGB、YMC。从应用角度出发，提出了面向硬件设备的颜色模型和面向视觉感知的颜色模型。面向硬件设备的颜色模型包括 RGB 模型、CMY 模型、YIQ 模型等；面向视觉感知的颜色模型包括 HIS 模型、Lab 模型等。下面将简要介绍这些模型的特点及其相互转换。

### 5.2.1 面向硬件设备的颜色模型

**1. RGB 模型**

根据 RGB 三基色原理，各种颜色的光都可以由红、绿和蓝三种基色加权混合而成，这可以用图 5.2.1 所示的 RGB 直角坐标定义的单位立方体来说明。坐标原点（0，0，0）表示黑色，坐标点（1，1，1）表示白色，在坐标轴上的三个顶点表示 RGB 三个基色。因此，色彩空间是三维的线性空间，任意一种具有一定亮度的颜色光都可用空间中的一个点或一个向量表示。国际公认的 RGB 表色系统的三基色光的波长为 $R=700.0$nm，$G=546.1$nm，$B=435.8$nm。在 RGB 表色系统中，光的色度只取决于 $R$，$G$，$B$ 之间的比例关系。

**2. CMY 模型**

在染料学中，青色（C）、品色（M）、黄色（Y）三种染料（或油墨）称作三原色，减色法就是青色、品色、黄色三种染料混合而成的一种方法。混合后产生黑色的两种染料的色，称作互补色染料。CMY（青、品红、黄）模型主要用于彩色打印、印染、印刷及绘画等。

## 5.2 颜色模型

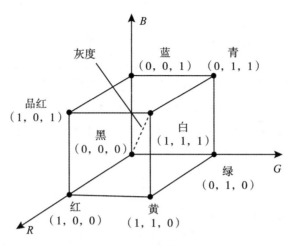

图 5.2.1　RGB 单位立方体

图 5.2.2 是表示 CMY 模型的单位立方体。RGB 到 CMY 之间的转换关系如下：

$$\begin{bmatrix} C \\ M \\ Y \end{bmatrix} = \begin{bmatrix} 1 \\ 1 \\ 1 \end{bmatrix} - \begin{bmatrix} R \\ G \\ B \end{bmatrix} \quad (5.2.1)$$

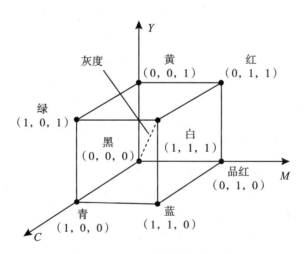

图 5.2.2　CMY 模型单位立方体

当青色、品红色和黄色染料等比例地混合在一张白纸上时，理论上讲所有的光线均被吸收，因而白纸上呈现出黑色。

然而，实际上当打印彩色图像时，往往不是依靠青色、品红色和黄色油墨的混合来产生黑色，而是专门增添了黑色的油墨，其理由是：黑色油墨比彩色油墨便宜；青色、品红色和黄色油墨的配方无法做到绝对精确并只能反射三分之一光谱的光线，因此由它们混合而成的"黑色"往往表现出一种"浑浊"的棕褐色；施加在纸面上的油墨少些，纸张会干得快些。

增加了黑色油墨后，油墨的颜色变成为4种，即常说的四色打印。这4种构成的色彩空间被称作CMYK。在这里为了防止将黑色(black)的第一个字母B与蓝色(blue)(RGB色彩空间中有蓝色)的第一个字母B混淆起来，用黑色的最后一个字母K来代表黑色。

不过应当注意的是，并不是RGB色彩空间中的所有颜色都能在CMYK的色彩空间中重现出来。实际上，能用染料生成的颜色的种类远远少于用色光混合产生的颜色。

**3. YIQ 模型**

YIQ色彩空间是由美国电视标准委员会NTSC(National Television Standards Committee)制定的。在YIQ系统中，$Y$分量代表图像的亮度信息，$I$、$Q$为两个色差分量，$I$分量代表从橙色到青色的颜色变化，而$Q$分量则代表从紫色到黄绿色的颜色变化。

YIQ颜色模型的优点是它的亮度信号与色度信号是相互独立的，可以对$Y$、$I$、$Q$单色图像单独进行编码。黑白电视机能够接收彩色电视信号就是利用了$Y$、$I$、$Q$之间的独立关系，只需将$Y$、$I$、$Q$三路信号中的$Y$信号接入电视机中即可。而当彩色电视机接收黑白电视信号时，只需将$I$、$Q$两路信号置为零即可。

YIQ与RGB的转换关系有多种表达式。式(5.2.2)和式(5.2.3)为表达式之一。

$$\begin{bmatrix} Y \\ I \\ Q \end{bmatrix} = \begin{bmatrix} 0.299 & 0.587 & 0.144 \\ 0.596 & -0.274 & -0.322 \\ 0.211 & -0.522 & 0.311 \end{bmatrix} \begin{bmatrix} R \\ G \\ B \end{bmatrix} \quad (5.2.2)$$

$$\begin{bmatrix} R \\ G \\ B \end{bmatrix} = \begin{bmatrix} 1 & 0.956 & 0.623 \\ 1 & -0.272 & -0.648 \\ 1 & -1.105 & 0.705 \end{bmatrix} \begin{bmatrix} Y \\ I \\ Q \end{bmatrix} \quad (5.2.3)$$

### 5.2.2 面向视觉感知的颜色模型

物体的颜色常用色彩的三要素色别($H$)、饱和度($S$)及明度($I$)来描述。

HIS定义的彩色空间如图5.2.3所示。明度$I$沿着轴线从底部的黑变到顶部的白。色别$H$由圆柱底面圆的角度表示。假定0°为红色，120°为绿色，240°为蓝色，则色度0°到240°覆盖了所有可见光谱的彩色。饱和度$S$是色度环的原点(圆心)到彩色点的半径的长度。圆心的饱和度为零，圆周上的饱和度为1。

HIS与RGB两种表示方法可以相互转换。把$R$、$G$、$B$变换成明度($I$)、色别($H$)、饱和度($S$)称为HIS正变换，而由$I$、$H$、$S$变换成$R$、$G$、$B$称为HIS反变换。由于IHS变换是一种图像显示、增强和信息综合的方法，具有灵活实用的优点。

HIS色彩空间还有三角形、球体和单六角锥来描述色别而形成的相应色彩空间。因此，产生了多种HIS变换式，见表5.1。

## 5.2 颜色模型

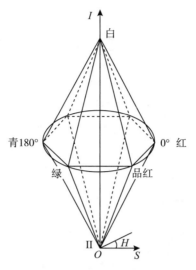

图 5.2.3 HIS 颜色模型

表 5.1                         **四种典型的 HIS 变换式**

| 色彩变换 | 正 变 换 | 备 注 |
|---|---|---|
| 球体变换 | $I=\dfrac{1}{2}(M+m)$ <br> $S=\dfrac{M-m}{2-M-m}$ <br> $H=60(2+b-g)$，当 $r=M$； <br> $H=60(4+r-b)$，当 $g=M$； <br> $H=60(6+g-r)$，当 $b=M$； | $r=\dfrac{\text{Max}-R}{\text{Max}-\text{Min}}$ <br> $g=\dfrac{\text{Max}-G}{\text{Max}-\text{Min}}$ <br> $b=\dfrac{\text{Max}-B}{\text{Max}-\text{Min}}$ <br> $\text{Max}=\text{Max}[R,\ G,\ B]$ <br> $\text{Min}=\text{Min}[R,\ G,\ B]$ <br> $M=\text{Max}[r,\ g,\ b]$ <br> $m=\text{Min}[r,\ g,\ b]$ |
| 圆柱体变换 | $I=\dfrac{1}{\sqrt{3}}(R+G+B)$ <br> $H=\arctan\left(\dfrac{2R-G-B}{\sqrt{3}(G-B)}\right)+C$ <br> $S=\dfrac{\sqrt{6}}{3}\sqrt{R^2+G^2+B^2-RG-RB-GB}$ | $\begin{cases} C=0,\ \text{当}\ G\geqslant B; \\ C=\pi,\ \text{当}\ G<B; \end{cases}$ |
| 三角形变换 | $I=\dfrac{1}{3}(R+G+B)$ <br> $H=\dfrac{G-B}{3(I-B)}$    $S=1-\dfrac{B}{I}$，当 $B=\text{Min}$； <br> $H=\dfrac{B-R}{3(I-R)}$    $S=1-\dfrac{R}{I}$，当 $R=\text{Min}$； <br> $H=\dfrac{R-G}{3(I-G)}$    $S=1-\dfrac{G}{I}$，当 $G=\text{Min}$； | $\text{Min}=\text{Min}[R,\ G,\ B]$ |

续表

| 色彩变换 | 正 变 换 | 备 注 |
|---|---|---|
| 单六角锥变换 | $I = \text{Max}$ $\quad S = \dfrac{\text{Max}-\text{Min}}{\text{Max}}$<br>$H = \left(5 + \dfrac{R-B}{R-G}\right)/6$，当 $R = \text{Max}$，$G = \text{Min}$；<br>$H = \left(1 - \dfrac{R-G}{R-B}\right)/6$，当 $R = \text{Max}$，$B = \text{Min}$；<br>$H = \left(1 + \dfrac{G-R}{G-B}\right)/6$，当 $G = \text{Max}$，$B = \text{Min}$；<br>$H = \left(3 - \dfrac{G-B}{G-R}\right)/6$，当 $G = \text{Max}$，$R = \text{Min}$；<br>$H = \left(3 + \dfrac{B-G}{B-R}\right)/6$，当 $B = \text{Max}$，$R = \text{Min}$；<br>$H = \left(5 - \dfrac{B-R}{B-G}\right)/6$，当 $B = \text{Max}$，$G = \text{Min}$； | $\text{Max} = \text{Max}[R, G, B]$<br>$\text{Min} = \text{Min}[R, G, B]$ |

## 5.3 彩色增强技术

众所周知，人眼能分辨的灰度级介于十几到二十几级之间，而对不同亮度和色调的彩色分辨能力可达到灰度分辨能力的百倍以上。利用视觉系统的这一特性，将灰度图像变成彩色图像或改变已有色彩的分布，都会改善图像的可分辨性。图像的彩色增强技术可分为伪彩色增强、假彩色增强和色彩变换融合等。

### 5.3.1 伪彩色增强

伪彩色增强是把灰度图像的各个不同灰度级按照线性或非线性的映射函数变换成不同的彩色，得到一幅彩色图像的技术。它使原图像细节更易辨认，目标更容易识别。伪彩色增强的方法主要有以下三种：

**1. 密度分割法**

密度分割法或称强度分割法是伪彩色增强中一种最简单的方法，如图5.3.1(a)、(b)所示。它是把灰度图像的灰度级从0(黑)到$M_0$(白)分成$N$个区间$I_i$($i = 1, 2, \cdots, N$)，给每个区间$I_i$指定一种颜色$C_i$，这样，便可以把一幅灰度图像变成一幅伪彩色图像，实例如图5.3.1(c)所示(彩色效果见附录图5.3.1(c))。此法比较直观简单，缺点是变换出的色彩数目有限。

**2. 彩色变换合成法**

彩色变换合成法是一种更为常用的、比密度分割更有效的伪彩色增强法。处理过程如图5.3.2所示，它是根据色度学的原理，将原图像$f(x, y)$的灰度分别经过红、绿、蓝三

5.3 彩色增强技术

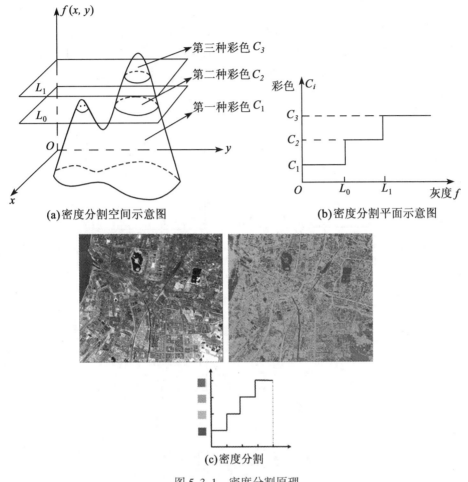

图 5.3.1 密度分割原理

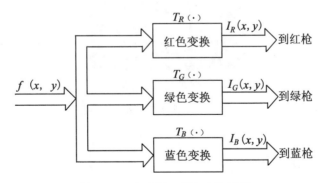

图 5.3.2 灰度级—彩色变换过程

种不同变换 $T_R(\cdot)$、$T_G(\cdot)$ 和 $T_B(\cdot)$，变成三基色分量 $I_R(x, y)$、$I_G(x, y)$、$I_B(x, y)$，然后用它们分别去控制彩色显示器的红、绿、蓝电子枪，便可以在彩色显示器的屏幕上合

107

成一幅彩色图像。彩色的含量由变换函数 $T_R(\cdot)$、$T_G(\cdot)$、$T_B(\cdot)$ 的形状而定。典型的变换函数如图 5.3.3 所示，其中图(a)、(b)、(c)分别为红、绿、蓝三种变换函数，而图(d)是把三种变换画在同一坐标系上以便看清相互间的关系。由图(d)可见，只有在灰度为零时呈蓝色，灰度为 $L/2$ 时呈绿色，灰度为 $L$ 时呈红色，灰度为其他值时将由三基色混合成不同的色调。实例如图 5.3.3(e)所示(彩色效果见附录图 5.3.3(e))。

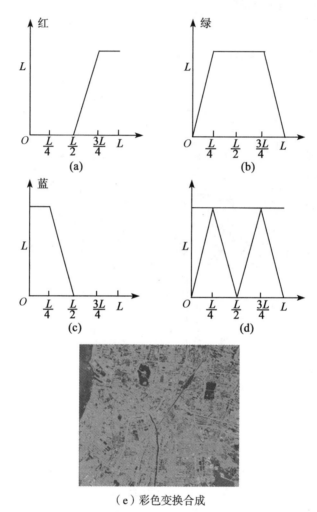

(e) 彩色变换合成

图 5.3.3 典型的变换函数及应用

**3. 频率域伪彩色增强**

频率域伪彩色增强是先把黑白图像经傅里叶变换到频率域，在频率域内用三个不同传递特性的滤波器分离成三个独立分量，然后对它们进行逆傅里叶变换，便得到三幅代表不同频率分量的单色图像，接着对这三幅图像作进一步的处理(如直方图均衡化)，最后将它们作为三基色分量分别加到彩色显示器的红、绿、蓝显示通道，从而实现频率域分段的伪彩色增强。其原理图如图 5.3.4 所示。

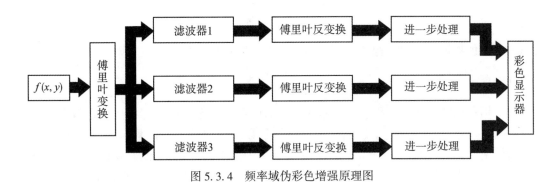

图 5.3.4 频率域伪彩色增强原理图

### 5.3.2 彩色图像常规处理与增强技术

**1. 彩色图像常规处理**

彩色图像常规处理分为两种。第一种方法是分别对彩色图像每幅分量图像进行相同的处理，然后将处理后的各分量合成一幅彩色图像。第二种方法是直接对彩色像素向量进行处理，即向量处理。灰度图像增强处理方法如对比度增强、平滑、锐化等可以直接用于彩色图像处理。为避免与灰度图像增强处理方法重复，彩色图像常规处理法本书就不作具体介绍了，下面仅介绍一些彩色图像增强技术。

**2. 假彩色合成技术**

假彩色增强的对象是一幅灰度图像，假彩色增强所处理的对象不是一幅灰度图像，而是一幅自然彩色图像或是同一景物的多光谱图像或超光谱图像。通过映射函数变换成新的三基色分量，彩色合成使各目标在增强图像中呈现出与原图像中不同的彩色，这种技术称为假彩色增强。假彩色增强的目的有两个：一个是使感兴趣的目标呈现奇异的彩色或置于奇特的彩色环境中，从而更受人注目；另一个是使景物呈现出与人眼色觉相匹配的颜色，以提高对目标的分辨力。如人眼视网膜中锥体细胞对绿色最敏感，因此，若把原来颜色不易辨认的目标经假彩色处理呈现绿色，必能大大提高对目标的分辨力。此外，人眼对蓝光强弱的对比灵敏度最大，若把图像某些细节物体按像素明暗程度经假彩色处理，成为饱和度深浅不一的蓝色，提高图像细节的分辨力。

对于自然景物的彩色图像，假彩色线性映射可表示为：

$$\begin{bmatrix} R_F \\ G_F \\ B_F \end{bmatrix} = \begin{bmatrix} a_1 & b_1 & c_1 \\ a_2 & b_2 & c_2 \\ a_3 & b_3 & c_3 \end{bmatrix} \begin{bmatrix} R_T \\ G_T \\ B_T \end{bmatrix} \tag{5.3.1}$$

式中，$R_F$、$G_F$、$B_F$ 是增强图像的三基色；$R_T$、$G_T$、$B_T$ 是原图像的三基色；中间的是 $3\times3$ 映射矩阵。例如，若采用以下的映射关系：

$$\begin{bmatrix} R_F \\ G_F \\ B_F \end{bmatrix} = \begin{bmatrix} 0 & 1 & 0 \\ 0 & 0 & 1 \\ 1 & 0 & 0 \end{bmatrix} \cdot \begin{bmatrix} R_f \\ G_f \\ B_f \end{bmatrix} \tag{5.3.2}$$

则原图中绿色物体呈红色，蓝色物体呈绿色及红色物体呈蓝色。实例见附录彩图 5.3.5。

### 5.3.3 色彩平衡

当一幅彩色图像数字化后，在显示时颜色有时看起来会有些不正常。这是因为颜色通道中不同的敏感度、增光因子、偏移量等，导致数字化中的三个图像分量出现不同的变换，结果使图像的三原色"不平衡"，从而使景物中所有物体的颜色都偏离了其原有的真实彩色。色彩平衡处理的目的就是将有色偏的图像进行颜色校正，获得正常颜色的图像。下面介绍两种基本的色彩平衡处理方法。

**1. 白平衡方法**

白平衡原理是：原始场景中的某些像素点本该是白色的，若所获得图像中的相应像素点存在色偏，则这些点的 $R$、$G$、$B$ 三个分量的值不再保持相同。通过调整这三个颜色分量的值，使之达到平衡，由此获得对整幅图像的彩色平衡映射关系，通过该映射关系对整幅图像进行处理，即可达到彩色平衡的目的。

根据以上所述的白平衡原理，给出一种基本的白平衡方法。具体步骤如下：

① 对有偏色的图像，按照下式计算该图像的亮度分量。

$$Y = 0.299 \cdot R + 0.587 \cdot G + 0.114 \cdot B \tag{5.3.3}$$

获得图像的亮度信息之后，因为环境光照等的影响，即使现实场景中白色的点，在图像中也可能不是理想状态下的白色，即平均亮度 $\overline{Y} \neq 255$。白色的亮度为图像中的最大亮度，需要求出图像中的最大亮度 $Y_{max}$ 和 $\overline{Y}$。

② 考虑到对环境光照的适应性，寻找出图像中所有亮度 $\leqslant 0.95 \cdot Y_{max}$ 的像素点，将这些点假设为原始场景中的白色点，即设这些点所构成的像素点集为白色点集 $\{f(i,j) \in \Omega_{white}\}$。

③ 计算白色点集 $\Omega_{white}$ 中所有像素的 $R$、$G$、$B$ 三个颜色分量的均值 $\overline{R}$、$\overline{G}$、$\overline{B}$。

④ 按照式(5.3.4)计算颜色均衡调整参数：

$$k_R = \frac{\overline{Y}}{\overline{R}}, \quad k_G = \frac{\overline{Y}}{\overline{G}}, \quad k_B = \frac{\overline{Y}}{\overline{B}} \tag{5.3.4}$$

⑤ 对整幅图像的 $R$、$G$、$B$ 三个颜色分量，按式(5.3.5)进行色彩平衡。

$$R^* = k_R \cdot R, \quad G^* = k_G \cdot G, \quad B^* = k_B \cdot B \tag{5.3.5}$$

**2. 最大颜色值平衡方法**

白平衡方法对画面中存在白色像素点的偏色图像有很好的彩色平衡效果。但是，如果图像中白色的点不存在，或者只占到画面总像素的很少比例，则白平衡方法的处理就不会很有效。为此提出了最大颜色值平衡法的原理。

最大颜色值平衡原理是：如果存在色偏，则 RGB 三个颜色通道中存在某个比较强的颜色通道，通过对该颜色通道的抑制，或者对另外颜色信息较弱的颜色通道信息的增强，就可以达到彩色平衡的目的。该方法的具体步骤如下：

① 对具有色偏的图像，计算其 $R$、$G$、$B$ 三个颜色通道的最大值 $R_{max}$、$G_{max}$、$B_{max}$，这样就获得了每个颜色通道的最大强度值；

② 求出上面三个最大值中最小值，即 $C_{max} = \min\{R_{max}, G_{max}, B_{max}\}$；

③ 分别统计 $R$、$G$、$B$ 三个颜色通道的像素值 $\geq C_{max}$ 的像素个数，设其分别为 $N_R$、$N_G$、$N_B$；

④ 求出 $N_R$、$N_G$、$N_B$ 中最大的值 $N_{max} = \max(N_R, N_G, N_B)$，则 $N_{max}$ 所对应的颜色通道为三个颜色分量中颜色信息最强。

⑤ 将颜色通道的像素值，从大到小进行统计其像素个数，以达到 $N_{max}$ 的像素值为止。这样，就获得了在三个颜色通道中像素个数基本相同的三个颜色通道的像素值，分别记作 $R_{Th}$、$G_{Th}$、$B_{Th}$。一般情况下，信息最弱的那个颜色通道值最小，以此作为彩色平衡的参数。

⑥ 按照式(5.3.6)计算色彩平衡的调整参数：

$$k_R = \frac{C_{max}}{R_{Th}}, \quad k_G = \frac{C_{max}}{G_{Th}}, \quad k_B = \frac{C_{max}}{B_{Th}} \tag{5.3.6}$$

⑦ 对整幅图像的 $R$、$G$、$B$ 三个颜色分量，按式(5.3.7)进行色彩平衡。

$$R^* = k_R \cdot R, \quad G^* = k_G \cdot G, \quad B^* = k_B \cdot B \tag{5.3.7}$$

## 5.3.4 色彩变换融合技术

多源遥感影像融合是采用某种算法将覆盖同一地区(或对象)的两幅或多幅空间配准的影像生成满足某种要求的影像的技术。HIS 变换是融合多源遥感数据最常用的方法之一，已成功地用于 MSS 和 HBV、MSS 和 HCMM、TM 和 SPOT PAN、SPOT XS 和 SPOT PAN、航空 SAR 与 TM、航空数字化影像与 TM 等影像的融合。采用 HIS 变换融合的一般流程如图 5.3.6 所示。

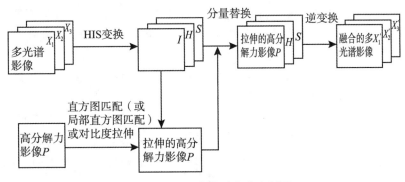

图 5.3.6 HIS 变换融合法流程图

具体步骤为:首先将空间分辨率低的 3 波段多光谱影像变换到 HIS 空间,得到色别 $H$、明度 $I$、饱和度 $S$ 三分量;然后将高空间分辨率影像进行直方图匹配(直方图规定化)或对比度拉伸,使之与 $I$ 分量有相同的均值和方差;最后用拉伸后的高空间分辨率影像代替 $I$ 分量,把它同 $H$、$S$ 进行 HIS 逆变换得到空间分辨率提高的融合影像。要保证融合的影像同原多光谱影像的光谱特征相似,其前提是经对比度拉伸的高分辨率影像不仅要同明度分量 $I$ 高度相关,而且要求其光谱响应范围同多光谱影像的响应范围接近一致。影像融合实例见附录彩图 5.3.7。

为了提高空间分辨率全色影像和明度影像的相关性,对于 SPOT 全色影像 PAN 和多光谱影像 XS 融合情况,Carper 建议不应直接用 PAN 代替明度 $I$,最好采用明度与红外波段的组合 $P'=(2*PAN+XS3)/3$ 代替 $I$。在此基础上,编者提出更通用的表达式

$$P' = \frac{1}{3}(3-k) \cdot P + \frac{1}{3}\sum_{i=1}^{k} X_i \tag{5.3.8}$$

式中,$k$ 为红外波段数,$X_i$ 为红外波段影像。由于 $P'$ 与明度分量相关性提高,采用 $P'$ 代替明度分量,融合的影像光谱特性保持较好。从而较好地解决了高分辨率影像与多光谱影像波谱范围不完全一致时的融合问题。

对于球体彩色变换、圆柱体彩色变换、三角形彩色变换和单六角锥彩色变换来说,采用球体变换融合法效果最佳。

## 5.4 色彩管理及其应用

**1. 色彩管理的基本概念**

一个特定色彩空间中所囊括的颜色范围称作该空间的"色域"。各种色彩空间都是由创建该空间所使用的设备决定的,有的色彩空间能比其他色彩空间再现出更多的颜色。但没有一个色彩空间能超越我们眼睛所感知的颜色。当一个特定的色彩空间无法定义某种特定的颜色时,称为"溢色"。例如,基于减色法的油墨或染料 CMYK 色彩空间溢色的颜色数目最大。正因为如此,任何打印或印刷出来的彩色图片都是显示在屏幕上的图像以及存在于现实世界的景物近似再现。与 RGB 色彩空间不同,CMYK 色彩空间不易被测定和控制。因此,CMYK 色彩空间被称为设备相关性,每一种印刷设备都有自成一体的色彩空间,印刷设备相互之间存在着或大或小的差别。

为了使打印出的彩色图像能实现准确的色彩还原,并能与显示器上所显示的图像一致,需要对图像处理设备进行色彩管理。

色彩管理是指运用软、硬件结合的方法,在生产系统中自动统一地管理和调整颜色,以保证在整个过程中颜色的一致性. 是以 CIE 色度空间为参考色彩空间,特征文件记录设备输入或输出的色彩特征,并利用应用软件及第三方色彩管理软件作为使用者的色彩控制工具。

色彩管理系统(CMS)是指对输入和输出设备的校准和描述,让使用者在不同的输入和输出设备上进行色彩匹配以达到精确地复制色彩。色彩管理系统包含的工作有三个步

骤：设备校准（Calibration）、特征化（Characterization）和色彩转换（Conversion），合称色彩管理系统的3C。

设备校准是将每个设备（显示器、扫描仪、印刷机）调整到定义的标准状态的方法，使设备能够从一特定的颜色输入值产生可预见的颜色。通常为了补偿设备的老化或其他因素的变化，都必须定期对设备进行定期校准。

设备特征化，是用以界定输入设备可辨识的色域范围与输出设备可复制的色域范围的工作，并建立设备色彩与CIE所制定的设备独立色彩间的色彩转换对映文件，这一文件称为设备特征文件。

色彩转换是指在不同设备之间进行色彩空间的数据转换。色彩转换不是提供百分之百相同的色彩，而是发挥设备所能提供最理想的色彩，同时让使用者预知结果。

色彩管理模块（CMM）是用于解释设备特征文件，依据特征文件所描述的设备特征进行不同设备的颜色数据转换。CMM采用色彩管理软件根据设备颜色数据表示图像颜色，从而完成色彩的转换。

不同的工作环境对CMS的选择也不尽一致，其系统的复杂程度因价格、便携性以及运行的复杂性等诸多因素而异。

**2. 色彩管理的方法**

色彩管理的目的在于使设备能准确再现另一台设备的色彩。创建一套切实可行、效果稳定的色彩管理工作流程，方法如下：

①设备的校准：该项工作需要定期进行，因为所有设备的性能都会随使用年限的延长而改变。设备校准可以确保所有设备遵从一个已建立起来的环境。

②设备特征化文件的创建：设备特征化文件即设备概貌，是描述设备色彩重现能力的一种"签名"。它使色彩管理程序软件能结合一个色彩管理模块在设备相关色彩空间和设备无关色彩空间之间进行颜色的转换。这一基于概貌的工作流程的运用，保证了输出效果的一致性，即使将图像文件从一个设备链转移到另一个设备链，只需新设备链应用基于ICC（International Color Consortium）的概貌即可。

当图像从一台设备转移到另一台设备上时，色彩管理系统通过与其相关的概貌对该图像作出相应的调整。因此，图像在这整个链环中的所有硬件上都能得到一致的显示结果。

创建一个兼容公认标准的工作流程需要使用ICC概貌。它使系统的色彩管理能达到预期的目的。不论在整个图像处理过程中使用何种设备，设置一个色彩管理系统需要许多步骤，每一个步骤都需要认真操作，而且一旦设置完成，就不得随意变动。

**3. 显示器的色彩管理**

任何打算应用色彩管理的环境，都首先需要对所用设备进行校准。就所有设备而言，对显示器的要求或许是最为严格的，因为对于图像的任何主观性判断都要依赖于显示器及其显示图像的性能。如果显示器完全未经校准，你在观看图像时就会像戴着一副有色眼镜一样，而且甚至你连有色眼镜的颜色是什么都搞不清楚。

虽然所有的显示器都在某个RGB色彩空间下工作，但由于机械和电子结构上的不同，它们的显色性能会有些许差异。此外，开机时间的长短对显示器的显色性能也有影响——短的是指从开机预热到稳定这么一段时间，长的则是指日久的老化。鉴于此，想要维持显色的准确性，应当经常校准显示器，但这种校准必须在开机半小时以后进行。进行校准工作之前，应当先按以下几个简单的步骤来检查和调整观看环境：

①减少来自附近窗户或墙壁的反光。

②用黑色卡纸制作一个遮光框罩，将这个遮光框罩戴在显示器屏幕上以消除屏幕表面的眩光。该遮光框罩的上部应超出上沿至少 30cm。

③减弱室内的灯光，不要让灯光的亮度"压倒"屏幕的亮度。

④室内的照明光线应保持稳定。照明光线尽可能接近自然日光。这一点对于查看输出打印件也是很重要的。

⑤拿掉铺在显示器桌面上的那些彩色的或有着复杂图案的桌布——它们会妨碍眼睛对颜色的判断。

显示器校准方法包括软件校准和硬件校准。

软件校准方法操作起来最简单，所涉及的软件有 Adobe Gamma 等，用户可以通过一个控制面板去访问 Adobe Gamma，该软件所校准的内容包括显示器的白场、对比度、亮度和 Gamma（即灰度系数）。最后得到的概貌自动被保存为标准的 ICC 文件。

硬件校准是指借助一个硬件设备（一种专门的色度计）来校准显示器的方法。色度计能通过一个吸盘吸附在显示器的荧光屏上，测量荧光屏发射出的红、绿、蓝三色的光线。随色度计附带的软件将根据测量数值的变动来建立一个针对这台显示器特性的概貌。这种硬件校准方法消除了依靠 Adobe Gamma 等软件进行主观判断校准时可能因个人对颜色的偏颇而造成的偏差。因此校准最精确。

基于 ICC 概貌色彩管理系统，这类概貌标记在图像文件中，当图像文件在不同设备之间传递时，色彩管理系统会对图像数据作出相应的调整，保证获得稳定和预期的色彩输出。一些复杂的显示器自身具备校准功能。这类特殊显示器的价格甚至比普通显示器贵得多，但在整个的寿命周期之中，它们都能自行进行校准，因而具有极为出色的显示性能。

## ◎ 习 题

1. 举例说明加色法和减色法成像原理。
2. 彩色变换用于彩色图像增强方法有哪些？
3. 伪彩色增强有哪些方法？各有何特点？举例说明应用 Photoshop 实现各种伪彩色增强的步骤。
4. 什么是假彩色增强？与伪彩色增强有何区别？举例说明应用 Photoshop 实现假彩色增强的步骤。
5. 试述基于彩色变换的影像融合步骤。
6. 举例说明彩色平衡的作用。
7. 色彩管理的目的是什么？

# 第6章 图像编码与压缩

## 6.1 概述

### 6.1.1 图像数据压缩的必要性与可能性

数据压缩最初是信息论研究中的一个重要课题,在信息论中数据压缩被称为信源编码。近年来,数据压缩不限于编码方法的研究与探讨,已逐步形成较为独立的体系。它主要研究数据的表示、传输、变换和编码方法,目的是减少存储数据所需的空间和传输所用的时间。

随着计算机与数字通信技术的迅速发展,特别是网络和多媒体技术的兴起,图像编码与压缩作为数据压缩的一个分支,已受到越来越多的关注。

从本质上来说,图像编码与压缩就是对图像数据按一定的规则进行变换和组合,从而达到以尽可能少的代码(符号)来表示尽可能多的信息。图像数据的特点之一是数据量大。例如,一张 A4(210mm×297mm)幅面的照片,若用中等分辨率(300dpi)的扫描仪按真彩色扫描时,共有 $(300×210/25.4)×(300×297/25.4)$ 个像素,每个像素占有 3 个字节,其数据量为 26M 字节。在多媒体中,海量图像数据的存储和处理是难点之一。如不进行编码压缩处理,一张存储 600M 字节的光盘仅能存放 20s 左右的 640×480 像素的图像画面。又如在 Internet 上,传统的基于字符界面的应用逐渐被能够浏览图像信息的 WWW(World Wide Web)方式所取代。由于图像信息的数据量太大了,本来就非常紧张的网络宽带变得不堪重负,使得 World Wide Web 会变成 World Wide Wait。

总之,大数据量的图像信息对存储器的存储容量、通信干线信道的带宽以及计算机的处理速度提出了更高的要求。单纯靠增加存储器容量,提高信道带宽以及计算机的处理速度等方法来解决这个问题是不现实的。很显然,在信道带宽、通信链路容量一定的前提下,采用编码压缩技术,减少传输数据量,是提高通信速度的重要手段。

可见,没有图像编码技术的发展,大容量图像信息的存储与传输是难以实现的,多媒体、信息高速公路等新技术在实际中的应用也会碰到很多困难。

一般图像存在编码、像素间相关、视觉心理三种冗余数据,所以图像数据的压缩是可能的。

①编码冗余。编码是用于表示信息主体或事件集合的符号(字母、数字、比特等)系

统。每条信息或事件被赋予一系列编码符号,我们称之为码字。如果对一幅图像编码所产生的码字数量多于实际需要的码字数量,则图像包含编码冗余。例如用 8bit 等长码表示灰度图像的每一个灰度级,就存在编码冗余。

②像素间冗余。像素空间内在相关性所导致的冗余称为空间冗余或几何冗余。这样像素灰度值能借助于相邻像素灰度值预测或估计出来。在视频序列中,像素还有时间上的相关性,这种像素间的冗余称为时间冗余或帧间冗余。

③心理视觉冗余。当人观察一幅图像时,有些信息在视觉系统中与其他信息相比重要程度小而被忽视。这些信息心理视觉上是冗余的,去除这些信息并不会明显降低图像视觉质量。

但到底能压缩多少,除了和图像本身存在的冗余度多少有关外,很大程度取决于对图像质量的要求。例如,广播电视要考虑艺术欣赏,对图像质量要求就很高,用目前的编码技术,即使压缩比达到 3∶1 都是很困难的。而对可视电话,因画面活动部分少,对图像质量要求也低,可采用高效编码技术,使压缩比高达 1500∶1 以上。目前高效图像编码技术已能用硬件实现实时处理,在广播电视、工业电视、电视会议、可视电话、传真和互联网、遥感等多方面得到应用。

## 6.1.2　图像编码压缩的分类

图像编码系统由两个功能不同的部分组成:一个编码器和一个解码器。如图 6.1.1 所示的编码器通过三个独立操作,去除冗余。映射器把 $f(x,\cdots)$ 变换为减少空间冗余和时间冗余。这一操作通常是可逆的,并且可能会也可能不会直接减少表示图像所需的数据量。量化器根据预先建立的保真度准则来降低映射器输出的精度,目的是减少心理视觉冗余。这一操作是由多到少的映射,因此这一操作是不可逆的。希望进行无误差压缩时,就要省去这个步骤。符号编码器生成一个定长编码或变长编码来表示量化器的输出,并根据这一编码来映射输出。这一操作是可逆的。完成这一操作后,就去除了输入图像中三种冗余。

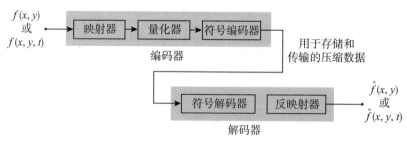

图 6.1.1　图像编码系统

解码器只包含两个部分:一个符号解码器和一个反映射器。它们反序执行编码器中的符号编码器和映射器的操作。因为量化会导致不可逆的信息损失,因此通用解码器模型中未包含反量化器模块。

目前图像编码压缩的方法有很多,其分类方法根据出发点不同而有差异。

根据解压重建后的图像和原始图像之间是否具有误差,图像编码压缩分为无误差(亦称无失真、无损、信息保持)编码和有误差(有失真或有损)编码两大类。无损编码中删除的仅仅是图像数据中冗余的数据,经解码重建的图像和原始图像没有任何失真,常用于复制、保存十分珍贵的历史、文物图像等场合;有损编码是指解码重建的图像与原图像相比有失真,不能精确地复原,但视觉效果上基本相同,是实现高压缩比的编码方法,数字电视、图像传输和多媒体等常用这类编码方法。

根据编码的作用域划分,图像编码分为空间域编码和变换域编码两大类。近年来,随着科学技术的飞速发展,许多新理论、新方法的不断涌现,特别是受通信、多媒体技术、信息高速公路建设等的刺激,一大批新的图像压缩编码方法应运而生,其中有些是基于新的理论和变换,有些是两种或两种以上方法的组合,有的既要在空间域也要在变换域进行处理,这里将这些方法归属于其他方法。图 6.1.2 为图像编码压缩技术的分类。

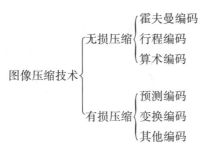

图 6.1.2　图像编码压缩技术的分类

本章首先介绍评价压缩图像质量的保真度准则,然后主要介绍几种常用的编码技术,最后简介图像压缩的标准。

## 6.2　图像保真度准则

在图像压缩编码中,解码图像与原始图像可能会产生差异,因此,需要评价压缩后图像的质量。描述解码图像相对原始图像偏离程度的测度一般称为保真度(逼真度)准则。常用的准则可分为两大类:客观保真度准则和主观保真度准则。

### 6.2.1　客观保真度准则

最常用的客观保真度准则是原图像和解码图像之间的均方根误差和均方根信噪比。令 $f(x,y)$ 为 $M \times N$ 的原图像,$\hat{f}(x,y)$ 为解码得到的图像,对任意 $x$ 和 $y$,$f(x,y)$ 和 $\hat{f}(x,y)$

之间的误差定义为:

$$e(x, y) = \hat{f}(x, y) - f(x, y) \quad (6.2.1)$$

则均方根误差 $e_{\text{rms}}$ 定义为:

$$e_{\text{rms}} = \left[\frac{1}{MN}\sum_{x=0}^{M-1}\sum_{y=0}^{N-1}[\hat{f}(x, y) - f(x, y)]^2\right]^{\frac{1}{2}} \quad (6.2.2)$$

如果将 $\hat{f}(x, y)$ 看作原始图 $f(x, y)$ 和噪声信号 $e(x, y)$ 的和,那么解压图像的均方信噪比 $\text{SNR}_{\text{ms}}$ 为:

$$\text{SNR}_{\text{ms}} = \frac{\sum_{x=0}^{M-1}\sum_{y=0}^{N-1}\hat{f}(x, y)^2}{\sum_{x=0}^{M-1}\sum_{y=0}^{N-1}[\hat{f}(x, y) - f(x, y)]^2} \quad (6.2.3)$$

实际使用中常将 $\text{SNR}_{\text{ms}}$ 归一化并用分贝(dB)表示。令

$$\bar{f} = \frac{1}{MN}\sum_{x=0}^{M-1}\sum_{y=0}^{N-1}f(x, y) \quad (6.2.4)$$

则有

$$\text{SNR} = 10\lg\left[\frac{\sum_{x=0}^{M-1}\sum_{y=0}^{N-1}[f(x, y) - \bar{f}]^2}{\sum_{x=0}^{M-1}\sum_{y=0}^{N-1}[\hat{f}(x, y) - f(x, y)]^2}\right] \quad (6.2.5)$$

如果令 $f_{\max} = \max f(x, y)$,$x = 0, 1, \cdots, M-1$,$y = 0, 1, \cdots, N-1$,则可得到峰值信噪比 PSNR:

$$\text{PSNR} = 10\lg\left[\frac{f_{\max}^2}{\sum_{x=0}^{M-1}\sum_{y=0}^{N-1}[\hat{f}(x, y) - f(x, y)]^2}\right] \quad (6.2.6)$$

### 6.2.2 主观保真度准则

尽管客观保真度准则提供了一种简单、方便的评估信息损失的方法,但很多解压图像最终是供人观看的。对具有相同客观保真度的不同图像,在人的视觉中可能产生不同的视觉效果。这是因为客观保真度是一种统计平均意义下的度量准则,对于图像中的细节差异无法反映出来,而人的视觉能够觉察出来。这种情况下,用目视的方法来测量图像的质量更为合适。一种常用的方法是让一组(不少于20人)观察者观看图像并打分,将他们对该图像的评分取平均,用来评价一幅图像的主观质量。

主观评价可对照某种绝对尺度进行。表6.1给出一种对电视图像质量进行绝对评价的尺度,据此可对图像的质量进行判断打分。

表6.1　　　　　　　　　　　电视图像质量评价尺度

| 评分 | 评价 | 说　明 |
|---|---|---|
| 1 | 优秀 | 图像质量非常好，如同人能想象出的最好质量 |
| 2 | 良好 | 图像质量高，观看舒服，有干扰但不影响观看 |
| 3 | 可用 | 图像质量可接受，有干扰但不太影响观看 |
| 4 | 刚可看 | 图像质量差，干扰有些妨碍观看，观察者希望改进 |
| 5 | 差 | 图像质量很差，妨碍观看的干扰始终存在，几乎无法观看 |
| 6 | 不能用 | 图像质量极差，不能使用 |

还可通过比较 $\hat{f}(x, y)$ 和 $f(x, y)$，按照某种相对的尺度进行评价。如果观察者将 $\hat{f}(x, y)$ 和 $f(x, y)$ 逐个进行对照，则可以得到相对的评分。例如，可用 {-3, -2, -1, 0, 1, 2, 3} 来代表主观评价{很差, 较差, 稍差, 相同, 稍好, 较好, 很好}。

## 6.3　统计编码方法

根据信源的概率分布改变码长，使平均码长非常接近于熵。这种压缩编码称为统计编码。

为了衡量一种编码方法的优劣，本节首先讨论冗余度和编码效率，然后介绍统计编码方法中霍夫曼编码、费诺-香农编码和算术编码方法。

### 6.3.1　图像冗余度和编码效率

从信息论观点看，图像数据由有用数据和冗余数据两部分组成。冗余数据有：编码冗余、像素间冗余、心理视觉冗余三种。如果能减少或消除其中的一种或多种冗余，就能获得图像数据压缩的结果。

根据 Shannon 无干扰信息保持编码定理，若对原始图像数据进行无失真图像编码，压缩后平均码率 $\overline{B}$ 存在一个下限，这个下限是信源信息熵 $H$。理论上最佳信息保持编码的平均码长可以无限接近信源信息熵 $H$。若原始图像平均码长为 $\overline{B}$，则

$$\overline{B} = \sum_{i=0}^{L-1} \beta_i p_i \tag{6.3.1}$$

$\beta_i$ 为灰度级 $i$ 对应的码长，$p_i$ 为灰度级 $i$ 出现的概率。那么 $\overline{B}$ 总是大于或等于图像的熵 $H$。

因此，可定义冗余度

$$r = \frac{\overline{B}}{H} - 1 \tag{6.3.2}$$

编码效率 $\eta$ 定义为：

$$\eta = \frac{H}{\overline{B}} = \frac{1}{1+r} \tag{6.3.3}$$

若编码压缩后图像信息的冗余度 $r$ 已接近于零,或编码效率已接近于 1 时,那么平均码长已接近其下限,这类编码方法称为高效编码。

### 6.3.2 霍夫曼编码

霍夫曼编码是 1952 年由 Huffman 提出的一种编码方法。这种编码方法根据信源数据符号发生的概率进行编码。在信源数据中出现概率越大的符号,分配的码字越短;出现概率越小的信号,其码长越长,从而达到用尽可能少的码表示信源数据。它在变长编码方法中是最佳的。下面通过实例来说明这种编码方法。

设有编码输入 $X = \{x_1, x_2, x_3, x_4, x_5, x_6\}$。其频率分布分别为 $P(x_1) = 0.4$,$P(x_2) = 0.3$,$P(x_3) = 0.1$,$P(x_4) = 0.1$,$P(x_5) = 0.06$,$P(x_6) = 0.04$。现求其最佳霍夫曼编码 $W = \{w_1, w_2, w_3, w_4, w_5, w_6\}$。

具体编码方法是:①把输入元素按其出现的概率由大到小的顺序排列起来,然后把最后两个具有最小概率的元素的概率加起来;②把该概率之和同其余元素概率由大到小排队,然后再把两个最小概率加起来,再重新排队;③重复步骤②,直到最后只剩下两个概率为止。

在上述工作结束之后,从最后两个概率开始从右向左进行编码。对于概率大的赋予 0,小的赋予 1。本例中对 0.6 赋予 0,对 0.4 赋予 1。0.4 传递到 $x_1$,所以 $x_1$ 的编码便是 1。而 0.6 传递到前一级是两个 0.3 相加,大值是单独一个元素 $x_2$ 的概率,则 $x_2$ 的编码是 00,而剩余元素编码的前两位码应为 01。对 0.2 赋予 0,0.1 赋予 1。依次类推,最后得到诸元素的编码如下:

| 元素 $x_i$ | $x_1$ | $x_2$ | $x_3$ | $x_4$ | $x_5$ | $x_6$ |
|---|---|---|---|---|---|---|
| 概率 $P(x_i)$ | 0.4 | 0.3 | 0.1 | 0.1 | 0.06 | 0.04 |
| 编码 $w_i$ | 1 | 00 | 011 | 0100 | 01010 | 01011 |

其编码过程如图 6.3.1 所示。

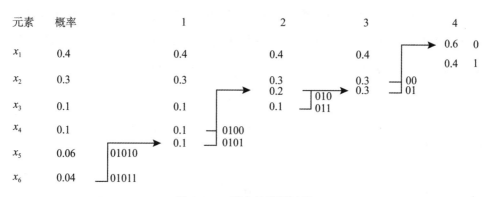

图 6.3.1 霍夫曼编码过程

经霍夫曼编码后,平均码长为:

$$\overline{B} = \sum_{i=1}^{6} P(w_i) n_i$$
$$= 0.4 \times 1 + 0.30 \times 2 + 0.1 \times 3 + 0.1 \times 4 + 0.06 \times 5 + 0.04 \times 5$$
$$= 2.20 (\text{bit})$$

该信源的熵为 $H=2.14\text{bit}$，编码后计算的平均码长为 $2.2\text{bit}$，非常接近于熵。可见霍夫曼编码是一种较好的编码方法。

也可按二叉树进行霍夫曼编码。算法步骤为：

①统计出每个元素出现的频率；

②从左到右把上述频率按从大到小的顺序排列。

③选出频率最小的两个值，作为二叉树的两个叶子节点，将其和作为它们的根节点，这两个叶子节点不再参与比较，将新的根节点同其余元素出现的频率排序。

④重复步骤③，直到最后得到和为1的根节点。

⑤将形成的二叉树的子节点概率大的为0，概率小的为1。把最上面的根节点到最下面的叶子节点途中遇到的0、1序列串起来，就得到了各个元素的编码。

以上过程如图 6.3.2 所示，其中圆圈中的数字是新节点产生的顺序。可见，与前面给出的编码结果是不一样的。这是因为霍夫曼具有以下特点：

①霍夫曼编码构造出来的编码值不是唯一的。原因是在给两个最小概率的图像的灰度值进行编码时，可以是大概率为"0"，小概率为"1"，但也可相反。而当两个灰度值的概率相等时，"0""1"的分配也是人为定义的，这就造成了编码的不唯一性，但不影响解码的正确性。

②当图像灰度值分布很不均匀时，霍夫曼编码的效率就高。当信源概率是2的负幂次方时，编码效率为100%。而在图像灰度值的概率分布比较均匀时，霍夫曼编码的效率就很低。

③霍夫曼编码必须先计算出图像数据的概率特性形成编码表后，才能对图像数据编码，因此，霍夫曼编码缺乏构造性，即不能使用某种数学模型建立信源符号与编码之间的对应关系，而必须通过查表方法，建立起它们之间的对应关系。如果信源符号很多，那么码表就会很大，这必将影响到存储、编码与传输。

可见，利用霍夫曼编码需要对图像扫描两遍。第一遍扫描要精确地统计出原图像中每一灰度级出现的频率，建立霍夫曼树并进行编码，形成编码表；第二遍扫描原图像是利用编码表对原图像各像素编码生成图像压缩文件。由于需要建立二叉树并遍历二叉树生成编码，因此数据压缩和还原速度都较慢，但简单有效，因而得到广泛的应用。

应该指出，从编码最终结果可看出上述方法有其规律：短的码不会作为更长码的起始部分，否则在码流中区分码字时会引起混乱。另外，这种码和计算机常用的数据结构（以字节和半字节为基础的字长）不匹配，因而数据压缩的效果不甚理想。因此，有时用半字节为基础的近似霍夫曼方式加以折中解决，是这种编码方法的一种扩展。

### 6.3.3 费诺-香农编码

由于霍夫曼编码法需要多次排序，当元素 $x_i$ 很多时十分不便，为此费诺（Fano）和香

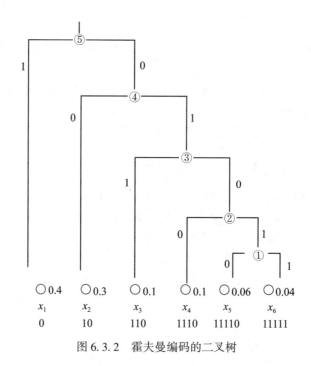

图 6.3.2 霍夫曼编码的二叉树

农(Shannon)分别单独提出类似的方法,使编码更简单。具体编码方法如下:

① 把 $x_1 \sim x_n$ 按概率由大到小从上到下排成一列,然后把 $x_1 \sim x_n$ 分成两组 $x_1 \sim x_k$,$x_{k+1} \sim x_n$,并使得 $\sum_{i=1}^{k} p(x_i) \approx \sum_{i=k+1}^{n} p(x_i)$。

② 把两组的 $x_i$ 赋值,将概率大的一组赋 0,概率小的赋 1。这是该方法的赋值原则。

③ 把两组分别按①②分组、赋值,不断重复,直到每组只有一种输入元素为止。将每个 $x_i$ 所赋的值依次排列起来就是费诺-香农码。以前面的数据为例,其费诺-香农编码如图 6.3.3 所示。

| 输入 | 概率 | | | | | |
|---|---|---|---|---|---|---|
| $x_1$ | 0.4 | 1 | | | | 1 |
| $x_2$ | 0.3 | | 0 | | | 00 |
| $x_3$ | 0.1 | | | 0 | | 0100 |
| $x_4$ | 0.1 | 0 | 1 | | 1 | 0101 |
| $x_5$ | 0.06 | | | 1 | 0 | 0110 |
| $x_6$ | 0.04 | | | | 1 | 0111 |

图 6.3.3 费诺-香农编码

## 6.3.4 算术编码

理论上，用霍夫曼方法对信源数据流进行编码可达到最佳编码效果。但由于计算机中存储、处理的最小单位是"位"。因此，在一些情况下，实际压缩比与理论压缩比的极限相去甚远。例如，信源数据流由 $X$ 和 $Y$ 两个符号构成，它们出现的概率分别是 2/3 和 1/3。理论上，根据字符 $X$ 的熵确定的最优码长为：

$$H(X) = -\log_2(2/3) = 0.585 \text{bit}$$

字符 $Y$ 的最优码长为：

$$H(Y) = -\log_2(1/3) = 1.58 \text{bit}$$

若要达到最佳编码效果，相应于字符 $X$ 的码长为 0.585 位；字符 $Y$ 的码长为 1.58 位。计算机中不可能有非整数位出现。硬件的限制使得编码只能按"位"进行。用 Huffman 方法对这两个字符进行编码，得到 $X$、$Y$ 的代码分别为 0 和 1。显然，对于概率较大的字符 $X$ 不能给予较短的代码。这就是实际编码效果不能达到理论压缩比的原因所在。

算术编码没有沿用数据编码技术中用一个特定的代码代替一个输入符号的一般做法，它把要压缩处理的整段数据映射到 [0, 1) 内的某一区间，构造出位该区间的数值。这个数值是输入数据流的唯一可译代码。

下面通过一个例子来说明算术编码的方法。

例如，对一个 5 符号信源 $A=\{a_1\ a_2\ a_3\ a_2\ a_4\}$，各字符出现的概率和设定的取值范围如下：

| 字符 | 概率 | 范围 |
|---|---|---|
| $a_3$ | 0.2 | [0.0, 0.2) |
| $a_1$ | 0.2 | [0.2, 0.4) |
| $a_2$ | 0.4 | [0.4, 0.8) |
| $a_4$ | 0.2 | [0.8, 1.0) |

"范围"给出了符号的赋值区间。这个区间是根据符号的发生概率划分的。具体把 $a_1 a_2 a_3 a_4$ 分配在哪个区间范围，对编码本身没有影响，只要保证编码器和解码器对符号的概率区间有相同的定义即可。为讨论方便起见，假定有

$$N_s = F_s + C_1 * L \tag{6.3.4}$$

$$N_e = F_e + C_r * L \tag{6.3.5}$$

式中，$N_s$ 为新子区间的起始位置；$F_s$ 为前子区间的起始位置；$C_1$ 为当前符号的区间左端；$N_e$ 为新子区间的结束位置；$C_r$ 为当前符号的区间右端；$L$ 为前子区间的长度。

按上述区间的定义，若数据流的第一个符号为 $a_1$，由符号概率取值区间的定义可知，代码的实际取值范围在 [0.2, 0.4) 之间，即输入数据流的第一个符号决定了代码最高有效位取值的范围。然后继续对源数据流中的后续符号进行编码。每读入一个新的符号，输出数值范围就将进一步缩小。读入第二个符号 $a_3$ 取值范围在区间 [0.4, 0.8) 内。但需要说明的是由于第一个符号 $a_2$ 已将取值区间限制在 [0.2, 0.4) 的范围中，因此，$a_3$ 的实际取值是在前符号范围 [0.2, 0.4) 的 [0.4, 0.8) 处，根据式 (6.3.4) 和式 (6.3.5) 计算，符号 $a_3$ 的编码取值范围为 [0.28, 0.36)。也就是说，每输入一个符号，都将按事先对概率

范围的定义，在逐步缩小的当前取值区间上按式(6.3.4)和式(6.3.5)确定新的范围上、下限。继续读入第三个符号 $a_1$，受到前面已编码的两个字符的限制，它的编码取值应在 $[0.28, 0.36)$ 中的 $[0.0, 0.2)$ 内，即 $[0.28, 0.296)$。重复上述编码过程，直到输入数据流结束。最终结果如下：

| 输入字符 | 区间长度 | 范围 |
|---|---|---|
| $a_1$ | 0.2 | $[0.2, 0.4)$ |
| $a_2$ | 0.08 | $[0.28, 0.36)$ |
| $a_3$ | 0.016 | $[0.28, 0.296)$ |
| $a_2$ | 0.0064 | $[0.2864, 0.2928)$ |
| $a_4$ | 0.00128 | $[0.2915, 0.2928]$ |

由此可见，随着符号的输入，代码的取值范围越来越小。当字符串 $A = \{a_1 a_2 a_3 a_2 a_4\}$ 被全部编码后，其范围在 $[0.2915, 0.2928]$ 内。换句话说，在此范围内的数值代码都唯一对应于字符串"$a_1 a_2 a_3 a_2 a_4$"。我们可取这个区间的下限 0.2915 作为对源数据流"$a_1 a_2 a_3 a_2 a_4$"进行压缩编码后的输出代码，这样，就可以用一个浮点数表示一个字符串，达到减少所需存储空间的目的。

按这种编码方案得到的代码，其解码过程的实现比较简单。根据编码时所使用的字符概率区间分配表和压缩后的数值代码所在的范围，可以很容易确定代码所对应的第一个字符。在完成对第一个符号的解码后，设法去掉第一个字符对区间的影响，再使用相同的方法找到下一个符号。重复以上的操作，直到完成解码过程。

### 6.3.5 行程编码

行程编码又称 RLE(Run Length Encoding)压缩方法，这种压缩方法广泛地应用于各种图像格式的数据压缩处理中，是最简单的图像压缩方法之一。

行程编码技术是在给定的图像数据中将连续重复的数值，用一个计数值和颜色值代替。例如，有一串用字母表示的数据为"aaabbccccdddedddaa"，经过行程编码处理可表示为"3a4b4c3dle3d2a"。这种方法在处理包含大量重复信息时可以获得很好的压缩效率。但是如果连续重复的数据很少，则难以获得较好的压缩比，而且甚至可能会导致压缩后的字节数大于处理前的图像字节数。所以行程编码压缩效率与图像数据的分布情况密切相关。

现在单纯采用行程编码压缩算法的并不多，往往与其他的压缩编码技术联合应用。

## 6.4 预测编码

预测就是根据过去时刻的样本序列，采用一种模型预测当前的样本值。

预测编码不是直接对信号编码，而是对图像预测的误差编码。实质上是只对新的信息进行编码，以去除相邻像素之间的相关性和冗余性。因为像素的灰度是连续变化的，所以在一个区域中，相邻像素之间灰度值的差别可能很小。如果只记录第一个像素的灰度，其他像素的灰度都用它与前一个像素灰度之差来表示，就能起到压缩的目的。如 238，2，

0，1，1，3，实际上这6个像素的灰度是238，240，240，241，242，245。表示238需要8个比特，而表示2只需要2个比特，这样就实现了压缩。常用的预测编码有Δ调制(Delta Modulation，DM)和差分预测编码(Differential Pulse Code Modulation，DPCM)。在此只介绍后一种编码方法。

图6.4.1是预测编码的原理框图。在该图中，$x_N$为$t_N$时刻的亮度取样值。预测器根据$t_N$时刻之前的样本$x_1$，$x_2$，…，$x_{N-1}$对$x_N$作预测，得到预测值$x'_N$。$x_N$与$x'_N$之间的误差为

$$e_N = x_N - x'_N \tag{6.4.1}$$

量化器对$e_N$进行量化得到$e'_N$。编码器对$e'_N$进行编码发送。接收端解码时的预测过程与发送端相同，所用预测器亦相同。接收端恢复的输出信号$x''_N$是$x_N$的近似值，两者的误差是

$$\Delta x_N = x_N - (x'_N - e'_N) = x_N - x''_N = e_N - e'_N \tag{6.4.2}$$

当$\Delta x_N$足够小时，输入信号$x_N$和DPCM系统的输出信号$x''_N$几乎一致。预测编码分为线性预测和非线性预测两类，这里主要介绍线性预测编码。

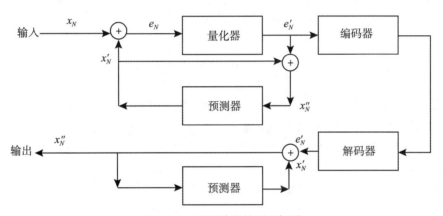

图6.4.1 预测编码的原理框图

## 6.4.1 线性预测编码

在排序后的图像序列$\{x_i\}$($i=1$，2，…，$N-1$)中，根据$x_1$，$x_2$，…，$x_{N-1}$对$x_N$作预测。令$x_N$的预测估计值为$x'_N$，假如$x'_N$是$x_1$，$x_2$，…，$x_{N-1}$的线性组合，则称对$x_N$的预测为线性预测。

假定二维图像信号$x(t)$是一个均值为零、方差为$\sigma^2$的平稳随机过程，$x(t)$在$t_1$，$t_2$，…，$t_{N-1}$时刻的抽样集合为

$$\{x\} = x_1, x_2, \cdots, x_{N-1} \tag{6.4.3}$$

则$t_N$时刻抽样值的预测值为

$$x'_N = \sum_{i=1}^{N-1} a_i x_i = a_1 x_1 + a_2 x_2 + \cdots + a_{N-1} x_{N-1} \tag{6.4.4}$$

式中$a_i$为预测系数。

显然，$x'_N$必须十分逼近$x_N$，这就要求$a_1$，$a_2$，…，$a_{N-1}$为最佳系数。采用均方误差最

小的准则，可得到 $a_i$ 的最佳估计。

设 $x_N$ 的均方误差为：

$$E[e_N^2] = E[(x_N - x'_N)^2] = E\{[x_N - (a_1 x_1 + a_2 x_2 + \cdots + a_{N-1} x_{N-1})]^2\} \quad (6.4.5)$$

为使 $E[e_N^2]$ 最小，在式(6.4.5)中对 $a_i$ 求微分

$$\begin{aligned}\frac{\partial}{\partial a_i} E[e_N^2] &= \frac{\partial}{\partial a_i} E\{[x_N - (a_1 x_1 + a_2 x_2 + \cdots + a_{N-1} x_{N-1})]^2\} \\ &= -2E\{[x_N - (a_1 x_1 + a_2 x_2 + \cdots + a_{N-1} x_{N-1})] x_i\} \\ & \quad i = 1, 2, \cdots, N-1 \end{aligned} \quad (6.4.6)$$

令 $\dfrac{\partial}{\partial a_i}[e_N^2] = 0$，则

$$\begin{aligned} E\{[x_N - (a_1 x_1 + a_2 x_2 + \cdots + a_{N-1} x_{N-1})] x_i\} &= 0 \\ i = 1, 2, \cdots, N-1 \end{aligned} \quad (6.4.7)$$

假设 $x_i$ 和 $x_j$ 的协方差为

$$R_{ij} = E[x_i x_j] \quad i, j = 1, 2, \cdots, N-1 \quad (6.4.8)$$

则式(6.4.7)可表示成

$$\begin{aligned} R_{Ni} &= a_1 R_{1i} + a_2 R_{2i} + \cdots + a_{N-1} R_{(N-1)i} \\ i &= 1, 2, \cdots, N-1 \end{aligned} \quad (6.4.9)$$

若所有的协方差 $R_{ij}$ 已知，则可利用递推算法求解($N-1$)个预测系数 $a_i$。

在线性预测编码中，若只采用 $x_{N-1}$ 对 $x_N$ 进行预测，称为前值预测。若采用同一行中 $x_N$ 前的若干抽样值来对 $x_N$ 预测，称为一维预测。若采用几行内的抽样值来预测 $x_N$，称为二维预测。

根据前面的定义，假定图像是平稳的随机过程，因此可以用自相关系数代替 $R_{ij}$，以求得预测系数。

DPCM 预测是一种近似处理系统，因为不同图像的自相关系数是不尽相同的，这一幅图像适用的模型和系数，对另一幅图像不一定适用。在实际工作中，针对不同情况，常采用相对固定系数 $a_i$ 的方法。

### 6.4.2 非线性预测编码法

线性预测编码的基础是假设图像全域为平稳的随机过程，自相关系数与像素在域中的位置无关。实际上，图像的起伏始终是存在的，被描述像素和周围像素之间，含有多种多样的关系。线性预测系数 $a_i$ 是一种近似条件下的常数，忽略了像素的个性，存在以下缺点，影响图像质量。

①对灰度有突变的地方，会有较大的预测误差，致使重建图像的边缘模糊，分辨率降低。

②对灰度变化缓慢区域，其差值信号接近于零，但因其预测值偏大而使重构图像有颗粒噪声。

为了改善图像质量，克服上述预测编码带来的缺点，非线性预测充分考虑了图像的统计特性和个别变化，尽量使预测系数与图像所处的局部特性相匹配，即预测系数随预测环

境而变,故称为自适应预测编码。

将式(6.4.4)改写成

$$x'_N = k\sum_{i=1}^{N-1} a_i x_i = k(a_1 x_1 + a_2 x_2 + \cdots + a_{N-1} x_{N-1}) \qquad (6.4.10)$$

这里 $k$ 为自适应系数。一般情况下,令 $k=1$,但对灰度变化大的局部,由于预测值偏小,这时可令 $k=1.125$,以避免局部边缘被平滑;对灰度变化缓慢区,预测值可能偏大,这时可令 $k=0.875$,以消除颗粒噪声的影响。

## 6.5 正交变换编码

从理论上讲,采用正交变换不能直接对图像数据进行有效的压缩,但正交变换改变了图像数据的表现形式,为编码压缩提供了可能。

### 6.5.1 变换编码原理

变换编码的基本原理是通过正交变换把图像从空间域转换为能量比较集中的变换域系数,然后对变换系数进行编码,从而达到压缩数据的目的。

图 6.5.1 给出了一个典型的变换编码系统框图。编码部分由 4 个操作模块构成:分解(构造)子图像、变换、量化和编码。1 幅 $N×N$ 图像先被分割为 $n×n$ 的子图像,通过变换这些子图像得到 $(N/n)^2$ 个 $n×n$ 的子图像变换数组。变换的目的是解除每个子图像内部像素之间的相关性或将尽可能多的信息集中到尽可能少的变换系数上。量化时有选择性地消除或较粗糙地量化携带信息最少的系数,因为它们对重建子图像的质量影响最小。最后是符号编码,即对量化了的系数进行编码(常利用变长编码)。解码部分由与编码部分相反排列的一系列逆操作模块构成。由于量化是不可逆的,所以解码部分没有对应的模块。

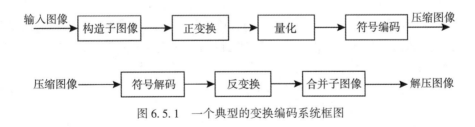

图 6.5.1 一个典型的变换编码系统框图

### 6.5.2 正交变换的性质

正交变换之所以能用于图像压缩,主要是因为正交变换具有如下性质:
① 正交变换是熵保持的,说明正交变换前后不丢失信息。因此传输图像时,直接传送各像素灰度和传送变换系数可以得到相同的信息。正交变换是能量保持的。
② 正交变换重新分配能量。常用的正交变换如傅里叶变换,能量集中于低频区,在低

频区变换系数能量大，而高频区系数能量小得多。这样可用熵编码中的不等长码来分配码长，能量大的系数分配较少的比特，从而达到压缩的目的，同理也可用零替代能量较小的系数的方法压缩。

③去相关性质。正交变换把空间域中高度相关的像素灰度值变为相关很弱或不相关的频率域系数。显然，这样能去掉存在于相关性中的冗余度。

总之，正交变换可把空间域相关的图像像素变为能量保持，而且能量集中于弱相关或不相关的变换域系数。

### 6.5.3 变换压缩的数学分析

正交变换常采用傅里叶变换、沃尔什变换、离散余弦变换和 $K-L$ 变换等。设一幅图像可看成一个随机的向量，通常用 $n$ 维向量表示：

$$X = \begin{bmatrix} x_0 & x_1 & x_2 & \cdots & x_{n-1} \end{bmatrix}^T \tag{6.5.1}$$

经正交变换后，输出为 $n$ 维向量 $Y$（即 $F(u, v)$）

$$Y = \begin{bmatrix} y_0 & y_1 & y_2 & \cdots & y_{n-1} \end{bmatrix}^T \tag{6.5.2}$$

设 $A$ 为正交变换矩阵，则有

$$Y = AX \tag{6.5.3}$$

由于 $A$ 为正交阵，有

$$AA^T = AA^{-1} = E \tag{6.5.4}$$

传输或存储利用变换得到的 $Y$，在接收端，经逆变换可恢复 $X$

$$X = A^{-1}Y = A^T Y \tag{6.5.5}$$

在允许失真的情况下，传输和存储只用 $Y$ 的前 $M$（$M<N$）个分量，这样得到 $Y$ 的近似值 $\hat{Y}$

$$\hat{Y} = \begin{bmatrix} y_0 & y_1 & y_2 & \cdots & y_{M-1} \end{bmatrix}^T \tag{6.5.6}$$

利用 $Y$ 的近似值 $\hat{Y}$ 来重建 $X$，得到 $X$ 的近似值 $\hat{X}$

$$\hat{X} = A_1^T \hat{Y} \tag{6.5.7}$$

式中 $A_1$ 为 $M×M$ 矩阵。只要 $A_1$ 选择恰当就可以保证重建图像的失真在一定允许限度内。关键的问题是如何选择 $A$ 和 $A_1$，使之既能得到最大压缩又不造成严重失真。因此要研究 $X$ 的统计性质。对于

$$X = \begin{bmatrix} x_0 & x_1 & v_2 & \cdots & x_{n-1} \end{bmatrix}^T \tag{6.5.8}$$

其均值为

$$\overline{X} = E[X] \tag{6.5.9}$$

$X$ 的协方差矩阵为

$$\Sigma_X = E[(X - \overline{X})(X - \overline{X})^T] \tag{6.5.10}$$

同理，对于

$$Y = \begin{bmatrix} y_0 & y_1 & y_2 & \cdots & y_{n-1} \end{bmatrix}^T \tag{6.5.11}$$

$Y$ 的均值为

$$\overline{Y} = E[Y] \tag{6.5.12}$$

$Y$ 的协方差为

$$\pmb{\Sigma}_Y = E[(\pmb{Y} - \overline{\pmb{Y}})(\pmb{Y} - \overline{\pmb{Y}})^{\mathrm{T}}] \tag{6.5.13}$$

根据式(6.5.3),得

$$\begin{aligned}\pmb{\Sigma}_Y &= E[(\pmb{AX} - \pmb{A}\overline{\pmb{X}})(\pmb{AX} - \pmb{A}\overline{\pmb{X}})^{\mathrm{T}}] \\ &= \pmb{A}E[(\pmb{X} - \overline{\pmb{X}})(\pmb{X} - \overline{\pmb{X}})^{\mathrm{T}}]\pmb{A}^{\mathrm{T}} \\ &= \pmb{A}\pmb{\Sigma}_X\pmb{A}^{\mathrm{T}}\end{aligned} \tag{6.5.14}$$

可见,$Y$ 的协方差 $\pmb{\Sigma}_Y$ 可由 $\pmb{\Sigma}_X$ 作二维正交变换 $\pmb{A}\pmb{\Sigma}_X\pmb{A}^{\mathrm{T}}$ 得到。$\pmb{\Sigma}_X$ 是图像固有的,因此关键是要选择合适的 $\pmb{A}$,使变换系数 $\pmb{Y}$ 之间有更小的相关性。另外,去掉了一些系数使得 $\hat{\pmb{Y}}$ 误差不大。总之,选择合适的 $\pmb{A}$ 和相应的 $\pmb{A}_1$,使变换系数之间的相关性全部解除和使 $\pmb{Y}$ 的方差高度集中,就称为最佳变换。

### 6.5.4 最佳变换与准最佳变换

若选择变换矩阵 $\pmb{A}$ 使 $\pmb{\Sigma}_Y$ 为对角阵,那么变换系数之间的相关性可完全消除。接着选择集中主要能量的 $\pmb{Y}$ 系数前 $M$ 项,则得到的 $\hat{\pmb{Y}}$ 将引起小的误差,使 $\pmb{Y}$ 的截尾误差小,这就是最佳变换 $\pmb{A}$ 选择的准则。能满足均方误差准则下的最佳变换,通常称为 $\pmb{K} - \pmb{L}$ 变换。

设误差 $e$ 定义为

$$e = \hat{\pmb{X}} - \pmb{X} = \sum_{i=0}^{N-1} (\hat{\pmb{x}}_i - \pmb{x}_i) \tag{6.5.15}$$

则均方误差为

$$\overline{e^2} = \frac{1}{N^2}\sum_{i=0}^{N-1}(\pmb{x}_i - \hat{\pmb{x}}_i)^2 \tag{6.5.16}$$

将 $\pmb{A}$ 写成列分块矩阵形式,则有

$$\pmb{A} = \begin{bmatrix} \pmb{\varphi}_0^{\mathrm{T}} \\ \pmb{\varphi}_1^{\mathrm{T}} \\ \vdots \\ \pmb{\varphi}_{N-1}^{\mathrm{T}} \end{bmatrix}, \quad \pmb{A}^{\mathrm{T}} = [\pmb{\varphi}_0 \quad \pmb{\varphi}_1 \quad \cdots \quad \pmb{\varphi}_{N-1}] \tag{6.5.17}$$

由正交性,得

$$\pmb{\varphi}_i^{\mathrm{T}}\pmb{\varphi}_j = \begin{cases} 1, & \text{当 } i = j \text{ 时} \\ 0, & \text{当 } i \neq j \text{ 时} \end{cases} \tag{6.5.18}$$

由 $\pmb{Y} = \pmb{A}\pmb{X}$,得

$$Y_i = \pmb{\varphi}_i^{\mathrm{T}}\pmb{X} \tag{6.5.19}$$

$$\begin{aligned}\pmb{X} = \pmb{A}^{\mathrm{T}}\pmb{Y} &= [\pmb{\varphi}_0 \quad \pmb{\varphi}_1 \quad \cdots \quad \pmb{\varphi}_{N-1}]\pmb{Y} \\ &= \sum_{i=0}^{N-1} y_i \pmb{\varphi}_i\end{aligned} \tag{6.5.20}$$

为了压缩数据,在重建 $\pmb{X}$ 时只能取 $\pmb{Y}$ 的 $M$ 个分量($M < N$),从 $\pmb{Y}$ 中选择 $M$ 个分量构

成一个子集 $\hat{Y}$, 即

$$\hat{Y} = [y_0 \quad y_1 \quad \cdots \quad y_{M-1}] \tag{6.5.21}$$

而把 $Y$ 的 $M$ 到 $N-1$ 分量用一常数 $b_i$ 来代替, 即

$$\hat{X} = \sum_{i=0}^{M-1} y_i \boldsymbol{\varphi}_i + \sum_{i=M}^{N-1} b_i \boldsymbol{\varphi}_i \tag{6.5.22}$$

此处 $\hat{X}$ 可作为 $X$ 的估计, 其误差为:

$$\Delta X = X - \hat{X} = \sum_{i=M}^{N-1} (y_i - b_i) \boldsymbol{\varphi}_i \tag{6.5.23}$$

$\Delta X$ 的均方误差 $\varepsilon$ 为:

$$\begin{aligned}
\varepsilon &= E\{\|\Delta\|^2\} = E\{(\Delta X)^{\mathrm{T}}(\Delta X)\} \\
&= E\left\{\sum_{i=M}^{N-1} [(y_i - b_i)\boldsymbol{\varphi}_i]^{\mathrm{T}}[(y_i - b_i)\boldsymbol{\varphi}_i]\right\} \\
&= \sum_{i=M}^{N-1} (y_i - b_i)^2 \boldsymbol{\varphi}_i^{\mathrm{T}} \boldsymbol{\varphi}_i \\
&= \sum_{i=M}^{N-1} E\{(y_i - b_i)^2\}
\end{aligned} \tag{6.5.24}$$

为了选择 $b_i$ 和 $\boldsymbol{\varphi}_i$ 使 $\varepsilon$ 最小, 可使 $\varepsilon$ 分别对 $b_i$ 及 $\boldsymbol{\varphi}_i$ 求导, 并令导数等于零, 即

$$\begin{aligned}
\frac{\partial \varepsilon}{\partial b_i} &= \frac{\partial}{\partial b_i} E\{(y_i - b_i)^2\} \\
&= -2\{E\{y_i\} - b_i\} = 0
\end{aligned} \tag{6.5.25}$$

$$b_i = E\{y_i\} \tag{6.5.26}$$

将式(6.5.19) 代入式(6.5.26), 得

$$b_i = \{\boldsymbol{\varphi}_i^{\mathrm{T}} X\} = \boldsymbol{\varphi}_i^{\mathrm{T}} \overline{X} \tag{6.5.27}$$

将式(6.5.19) 和式(6.5.27) 代入式(6.5.24), 得

$$\begin{aligned}
\varepsilon &= \sum_{i=M}^{N-1} E\{(y_i - b_i)(y_i - b_i)^{\mathrm{T}}\} \\
&= \sum_{i=M}^{N-1} \boldsymbol{\varphi}_i^{\mathrm{T}} \Sigma_X \boldsymbol{\varphi}_i
\end{aligned} \tag{6.5.28}$$

若还要满足 $\boldsymbol{\varphi}_i^{\mathrm{T}} \boldsymbol{\varphi}_i = 1$ 的正交条件, 使 $\varepsilon$ 为最小, 那么可建立拉格朗日方程

$$\begin{aligned}
J &= \varepsilon - \sum_{i=M}^{N-1} \lambda_i (\boldsymbol{\varphi}_i^{\mathrm{T}} \boldsymbol{\varphi}_i - 1) \\
&= \sum_{i=M}^{N-1} \boldsymbol{\varphi}_i^{\mathrm{T}} \Sigma_X \boldsymbol{\varphi}_i - \sum_{i=M}^{N-1} \lambda_i [\boldsymbol{\varphi}_i^{\mathrm{T}} \boldsymbol{\varphi}_i - 1]
\end{aligned} \tag{6.5.29}$$

令 $\dfrac{\partial J}{\partial \boldsymbol{\varphi}_i} = 0$, 则有

$$\sum_{i=M}^{N-1} [2\Sigma_X \boldsymbol{\varphi}_i - 2\lambda_i \boldsymbol{\varphi}_i] = 0$$

$$\Sigma_X \varphi_i = \lambda_i \varphi_i \tag{6.5.30}$$

由线性代数理论可知，$\lambda_i$，$\varphi_i$ 就是 $\Sigma_X$ 的特征值和特征向量。

若已知 $\Sigma_X$ 的 $\lambda_i$ 和 $\varphi_i$，可找到一矩阵 $A$，使 $Y = AX$，则 $Y$ 的协方差阵 $\Sigma_Y$ 为对角阵，且对角线元素恰为特征值 $\lambda_i$。若把求出的 $\lambda_i$ 从大到小排列起来，使得 $\lambda_1 > \lambda_2 > \cdots > \lambda_n$，那么由其相应 $\varphi_i$ 组成 $A$ 阵的每一行，就能使 $\Sigma_Y$ 恰为对角阵。

从以上讨论可知，最佳正交变换阵 $A$ 是从 $X$ 的统计协方差中得到的，不同图像要有不同的 $\Sigma_X$。因此 K-L 变换中的变换矩阵不是一个固定的矩阵，它由图像而定。欲求图像的 K-L 变换，一般要经过以下四步骤：①由图像求 $\Sigma_X$，从 $\Sigma_X$ 求 $\lambda_i$；②对 $\lambda_i$ 按大小排列然后求 $\varphi_i$；③再从 $\varphi_i$ 得到 $A$；④最后用 $A$ 对图像进行变换，求得 $Y = AX$。

理论上说，K-L 变换是所有变换中信息集中能力最优的变换。对任意的输入图像和保留任意个系数，K-L 变换都能使均方误差最小。但 K-L 与图像数据有关，由于运算复杂，没有快速算法，因而 K-L 变换的实用性受到很大限制。研究快速 K-L 算法是一个很具有吸引力的课题。

最佳变换的核心在于经变换后能使 $\Sigma_Y$ 为对角阵。若采用某种变换矩阵 $A$，使变换后的 $\Sigma_Y$ 接近于对角阵，则这种变换称为准最佳变换。

由线性代数理论可知，任何矩阵都可以相似于一个约旦矩阵，这个约旦矩阵就是准对角矩阵，其形式如下：

$$\begin{bmatrix} \lambda_0 & & & & & & \\ 0 & \lambda_1 & & & & & \\ & 1 & \lambda_2 & & 0 & & \\ & & 0 & \ddots & & & \\ & & & \ddots & \lambda_{N-2} & \\ 0 & & & & 1 & \lambda_{N-1} \end{bmatrix}$$

根据相似变换理论可知，总可以找到一个非奇异矩阵 $A$，使得 $A^T \Sigma_X A$ 为准对角阵，而且这个 $A$ 并不是唯一的。

在第 3 章介绍的变换中，变换矩阵都具有 $A$ 的性质，它们是常用的准最佳变换。尽管它们的性能比 K-L 变换稍差，但由于它们的变换矩阵是固定的，因此，实际中常用的是这些准最佳变换。

不同变换的信息集中能力不同。离散余弦变换比离散傅里叶变换、沃尔什变换有更强的信息集中能力。在这些变换中，非正弦类变换（如沃尔什变换）实现起来相对简单，但正弦类变换（如离散傅里叶变换、离散余弦变换）更接近 K-L 变换的信息集中能力。

近年来，由于离散余弦变换的信息集中能力和计算复杂性综合得比较好而得到了较多的应用，离散余弦变换已被设计在单个集成块上。对大多数自然图像，离散余弦变换能将最多的信息用最少的系数表示。

### 6.5.5 各种准最佳变换的性能比较

从运算量大小和压缩效果这两个方面来比较各种正交变换，其性能比较见表 6.2。

表6.2　　　　　　　　　　各种正交变换性能比较

| 正交变换类型 | 运算量 | 对视频图像实时处理的难易度 |
|---|---|---|
| K-L | 求$[C_X]$及其特征值，特征矢量，矩阵运算要$N^2$次实数加法和$N^2$次实数乘法 | 极难做到 |
| DFT | $N\log_2 N$次复数乘法和$N\log_2 N$次复数加法 | 较复杂 |
| DCT | $\frac{3N}{2}\log_2(N-1)+2$次实数加法以及$N\log_2 N-\frac{3N}{2}+4$次数乘法 | 采用高速CMOS/SOS大规模集成电路，能做到实时处理 |
| DWHT | $N\log_2 N$次实数加或减 | 可利用一般高速TTL,ECL数字集成电路做到实时 |
| HT | $2(N-1)$次实数加或减 | 与DWHT相同 |

表中列举一维$N$点各种正交变换所需的运算次数。从下至上的顺序代表了从运算量大小或硬件设备量的角度来看的优劣次序。而其压缩效果与表中的排列顺序一致。从表中可见，K-L变换的运算量大，极难做到用硬件来实现。而沃尔什-哈达玛变换运算量最小，用一般数字集成电路就可以做到实时变换，但是其压缩效果则较差。

假如图像信号为马尔可夫模型，那么各种正交变换在变换域能量集中由优到劣的顺序为：

$$K\text{-}L \rightarrow DCT \rightarrow DFT \rightarrow \begin{matrix} DWHT \\ HT \end{matrix}$$

### 6.5.6　编码

变换为压缩数据创造了条件，压缩数据还要通过编码来实现。通常所用的编码方法有两种：一种是区域编码法，另一种是门限编码法。

**1. 区域编码法**

区域编码法的关键在于选出能量集中的区域。例如，正交变换后变换域中的能量多半集中在低频率空间上，在编码过程中就可以选取这一区域的系数进行编码传送，而其他区域的系数可以舍弃不用。在解码端可以舍弃系数进行补零处理。这样由于保持了大部分图像能量，在恢复图像中带来的质量劣化并不显著。

在区域编码中，区域抽样和区域编码的均方误差都与方块大小有关。图6.5.2给出了图像变换区域抽样的均方误差与方块尺寸的关系。图6.5.3给出了图像区域编码均方误差和方块尺寸的关系。区域编码的显著缺点是一旦选定某个区域就固定不变了，有时图像中的能量也会在其他区域集中较大的数值，舍弃它们会造成图像质量较大的损失。

**2. 门限编码法**

门限编码法的采样方法不同于区域编码法，它不是选择固定的区域，而是事先设定一

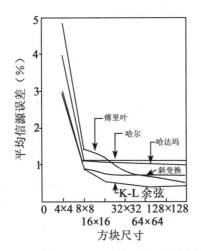

图 6.5.2　区域抽样的均方误差与方块尺寸的关系

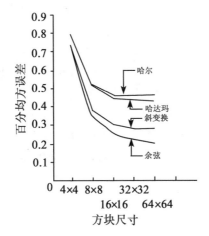

图 6.5.3　区域编码均方误差和方块尺寸的关系

个门限值 $T$。如果系数超过 $T$ 值，就保留下来并且进行编码传送。如果系数值小于 $T$ 值就舍弃不用。这种方法有一定的自适应能力。它可以得到比区域编码效果好的图像质量。但是，这种方法也有缺点，那就是超过门限值的系数的位置是随机的。因此，在编码中除了要对系数值编码外，还要有位置码。这两种码同时传送才能在接收端正确恢复图像。所以，其压缩比有时会有所下降。

## 6.6　图像编码的国际标准简介

图像编码的国际标准主要是由国际标准化组织(International Standardization Organization，ISO)和国际电信联盟(International Telecommunication Union，ITU)制定的。国际电信

联盟的前身是国际电话电报咨询委员会(Consultative Committee of the International Telephone and Telegraph, CCITT)。由这两个组织制定的国际标准可分成三个部分：静态灰度(或彩色)图像压缩标准、运动图像压缩标准和二值图像压缩标准。

## 6.6.1 静态灰度(或彩色)图像压缩标准

上述两个组织的灰度图像联合专家组 JPEG(Joint Picture Expert Group)，建立了静态灰度(或彩色)图像压缩的公开算法，并于 1991 年开始使用。它定义了三种编码系统：①DCT有损编码系统；②扩展编码系统；③无失真编码系统。JPEG 压缩技术十分先进，它用有损压缩方式去除冗余的图像数据，在获得极高的压缩率的同时能展现十分丰富生动的图像。在视觉效果不受到严重损失的前提下，对灰度图像压缩算法可以达到 15 到 20 的压缩比。如果在图像质量上稍微牺牲一点的话，可以达到 40∶1 或更高的压缩比。和相同图像质量的其他常用文件格式(如 GIF、TIFF、PCX)相比，JPEG 是目前静态图像中压缩比最高的。它可以把文件压缩到最小的格式，在 Photoshop 软件中以 JPEG 格式储存时，提供 11 级压缩级别，以 0~10 级表示。其中 0 级压缩比最高，图像品质最差。即使采用细节几乎无损的 10 级质量保存时，压缩比也可达 5∶1。正是由于 JPEG 的高压缩比，使得它广泛地应用于多媒体和网络程序中。

JPEG2000 作为一种图像压缩格式，相对于现在的 JPEG 标准有了很大的技术飞跃。主要是因为它放弃了 JPEG 所采用的以离散余弦变换算法为主的区块编码方式，而利用离散子波变换、位平面编码和基于上下文的算法编码等一系列新技术，将图像编码的效率提高了 30%左右，提供无损和有损两种压缩方式，支持渐进传输等功能。

此外，JPEG2000 还将彩色静态画面采用的 JPEG 编码方式、二值图像采用的 JBIG 编码方式及低压缩率采用 JPEGLS 统一起来，成为对应各种图像的通用编码方式。

JPEG2000 和 JPEG 相比优势明显，且向下兼容，因此可取代传统的 JPEG 格式。JPEG2000 即可应用于传统的 JPEG 市场，如扫描仪、数码相机等，又可应用于新兴领域，如网路传输、无线通信等。

## 6.6.2 运动图像压缩标准

MPEG 是运动图像专家组 Moving Picture Expert Group 的简称，他们的任务是制定用于数字存储媒介中活动图像及伴音的编码标准。MPEG 与 JPEG 算法在概念上类似，只不过它还利用了相继图像之间的冗余信息。由于可达到 100∶1 的压缩比，所以 MPEG 算法非常实用，如用于在每秒一兆位的信道中传送带声音的彩色电视图像，以及在磁盘驱动器中存储较长一段时间的数字电视图像片段等。最初的 MPEG 标准，即 MPEG1，是 1991 年 11 月提出来用于 VCD 的，它针对音频压缩格式，就是大家熟悉的 MP3 格式。后来针对不同的应用，又提出了 MPEG2、MPEG4、MPEG7 等多种标准。

## 6.6.3 二值图像压缩标准

JBIG 是二值图像联合专家组 Joint Bilevel Imaging Group 的简称，他们的任务是研究制定用于二值图像的编码标准。该标准主要是为二值传真图像应用而设计的。

受篇幅限制,关于二值图像压缩标准此处不展开讲述,有兴趣的读者请参阅有关书籍。

## ◎ 习 题

1. 图像数据压缩的目的是什么?
2. 最常用的客观保真度准则包括哪两种? 各有什么特点?
3. 有如下之信源 $X$：

$$X = \begin{Bmatrix} u_1 & u_2 & u_3 & u_4 & u_5 & u_6 & u_7 & u_8 \\ P_1 & P_2 & P_3 & P_4 & P_5 & P_6 & P_7 & P_8 \end{Bmatrix}$$

其中：$P_1=0.20$，$P_2=0.09$，$P_3=0.11$，$P_4=0.13$，$P_5=0.07$，$P_6=0.12$，$P_7=0.08$，$P_8=0.20$。试将该信源进行霍夫曼编码,并计算信源的熵、平均码长、编码效率及冗余度。若要求采用二叉树编码,绘出二叉树。

4. 正交变换有哪些性质有利于图像压缩?
5. 何为最佳变换? 最佳的准则是什么? 最佳变换的实用难点在哪里?
6. 何为区域编码? 何为门限编码?

# 第7章 图像目标识别技术

数字图像处理的最终目的是用计算机代替人去认识图像和找出图像中感兴趣的目标。这是计算机模式识别所要解决的问题。计算机模式识别可分为统计模式识别、结构模式识别、模糊模式识别与智能模式识别四类。前两类方法有久远的历史,发展得较成熟,对解决相应领域中的模式识别问题均有明显的效果,是模式分类的经典性与基础性技术。引入模糊数学,形成的模糊模式识别能有效改善分类的效果。20世纪80年代再度活跃起来的人工神经网络,作为一种广义智能模式识别法,在模式识别领域中取得了许多用传统方法所难达到的、令人瞩目的成果。本章首先介绍模式识别最基本的方法——模板匹配技术;其次介绍了统计模式识别、结构模式识别和人工神经网络分类的基本概念、原理及应用;最后介绍了两个图像目标识别的实例。

## 7.1 模板匹配

模板匹配是一种最原始、最基本的模式识别方法。研究某一特定对象物的图案位于图像的什么地方,进而识别该对象物,这就是一个匹配的问题。例如,在图7.1.1(a)中寻找有无图7.1.1(b)的三角形存在。当对象物的图案以图像的形式表现时,根据该图案与一幅图像的各部分的相似度判断其是否存在,并求得对象物在图像中位置的操作叫做模板匹配。它是图像处理中的最基本、最常用的匹配方法。匹配的用途很多,如:①在几何变换中,检测图像和地图之间的对应点;②不同的光谱或不同的摄影时间所得的图像之间位置的配准(图像配准);③在立体影像分析中提取左右影像间的对应关系;④运动物体的

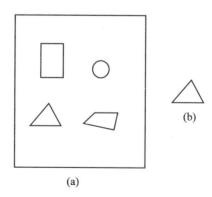

图 7.1.1 模板匹配例子

跟踪；⑤图像中对象物位置的检测等。

### 7.1.1 模板匹配方法

如图 7.1.2 所示，设检测对象的模板为 $t(x, y)$，令其中心与图像 $f(x, y)$ 中的一像素 $(u, v)$ 重合，检测 $t(x, y)$ 和图像重合部分之间的相似度，对图像中所有的像素都进行这样的操作，根据相似度为最大或者超过某一阈值来确定对象物是否存在，并求得对象物所在的位置。这一过程就是模板匹配。匹配的相似度，应具有位移不变、尺度不变、旋转不变等性质，同时对噪声不敏感。式(7.1.1)计算的是模板与图像重合部分的相似度，该值越大，表示匹配程度好。式中 $S$ 表示 $t(x, y)$ 的定义域，$\bar{f}$，$\bar{t}$ 分别表示 $f(x+u, y+v)$，$t(x, y)$ 在 $S$ 内的均值。

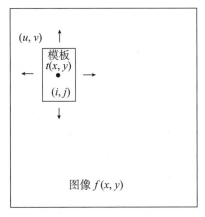

图 7.1.2　模板匹配

$$\begin{cases} m(u, v) = \iint\limits_{S} t(x, y) f(x+u, y+v) \mathrm{d}x\mathrm{d}y \\ m^*(u, v) = \dfrac{m(u, v)}{\sqrt{\iint\limits_{S} (f(x+u, y+v))^2 \mathrm{d}x\mathrm{d}y}} \\ m^*(u, v) = \dfrac{\iint\limits_{S} f(x+u, y+v) - \bar{f})(t(x, y) - \bar{t}) \mathrm{d}x\mathrm{d}y}{\sqrt{\iint\limits_{S} (f(x+u, y+v) - \bar{f})^2 \mathrm{d}x\mathrm{d}y \iint\limits_{S} (t(x, y) - \bar{t})^2 \mathrm{d}x\mathrm{d}y}} \end{cases} \quad (7.1.1)$$

$$\begin{cases} \max\limits_{S} |f - t| \\ \iint\limits_{S} |f - t| \mathrm{d}x\mathrm{d}y \\ \iint\limits_{S} (f - t)^2 \mathrm{d}x\mathrm{d}y \end{cases} \quad (7.1.2)$$

式(7.1.2)计算的是模板和图像重合部分的非相似度。该值越小,表示匹配程度越好。

## 7.1.2 模板匹配方法的改进

**1. 高速模板匹配法**

由于模板匹配中使用的模板较大($8\times8\sim32\times32$),从大幅面图像中寻找与模板相近的对象,计算量大,花费时间长。为使模板匹配高速化,Barnea 等人提出了序贯相似性检测法 SSDA(sequential similiarity detection algorithm)。

SSDA 法用式(7.1.3)计算图像 $f(x, y)$ 在像素 $(u, v)$ 的非相似度 $m(u, v)$ 作为匹配尺度。式中 $(u, v)$ 表示的不是模板与图像重合部分的中心坐标,而是重合部分左上角像素坐标,模板的大小为 $n\times m$。

$$m(u, v) = \sum_{k=1}^{n}\sum_{i=1}^{m}|f(k+u-1, l+v-1) - t(k, l)| \tag{7.1.3}$$

如果在图像 $(u, v)$ 处有和模板一致的图案时,则 $m(u, v)$ 值很小,相反则较大。特别是在模板和图像重叠部分完全不一致的场合下,如果在模板内的各像素与图像重合部分对应像素的差的绝对值依次增加下去,其和就会急剧地增大。因此,在做加法的过程中,如果差的绝对值部分和超过了某一阈值时,就认为这位置上不存在和模板一致的图案,从而转移到下一个位置上计算 $m(u, v)$。由于计算 $m(u, v)$ 只是加减运算,而且这一计算在大多数位置上中途便停止了,因此能较大幅度地缩短计算时间,提高匹配速度。

还有一种把在图像上的模板移动分为粗检索和细检索两个阶段进行的匹配方法。首先进行粗检索,它不是让模板每次移动一个像素,而是每隔若干个像素把模板和图像重叠,并计算匹配的相似度,从而求出对象物大致存在的范围。然后,在这个大致范围内,让模板每隔一个像素移动一次,根据求出的匹配度确定对象物所在的位置。这样,整体上计算模板匹配的次数减少,计算时间缩短,匹配速度就提高了。但是这种方法有漏掉图像中最适当位置的风险。

**2. 高精度定位的模板匹配**

图像一般有较强自相关性,因此,进行模板匹配计算的相似度就在以对象物存在的地方为中心形成平缓的峰。这样,即使模板匹配时从图像对象物的真实位置稍微离开一点,也表现出相当高的相似度。上面介绍的粗精检索高速化法恰好利用了这一点。但为了求得对象物在图像中的精确位置,总希望相似度分布尽可能尖锐一些。

为了达到这一目的,提出了基于图案轮廓的特征匹配方法。图案轮廓的匹配与一般的匹配法相比,相似度表现出更尖锐的分布,从而有利于精确定位。

一般来说,在检测对象的大小和方向未知的情况下进行模板匹配,必须具备各式各样大小和方向的模板,用各种模板进行匹配,从而求出最一致的对象及其位置。

另外,在对象的形状复杂时,最好不要把整个对象作为一个模板,而是把对象分割成几个图案,把各个分图案作为模板进行匹配,然后研究分图案之间的位置关系,从而求图像中对象的位置。这样即使对象物的形状稍微变动,也能很好地确定位置。

## 7.2 统计模式识别

统计模式识别是研究每一个模式的各种测量数据的统计特性，按照统计决策理论来进行分类。统计模式识别包括监督分类和非监督分类。监督分类大致过程如图 7.2.1 所示。图中的上半部分是识别部分，即对未知类别的图像进行分类；下半部分是分析部分，即由已知类别的训练样本求出判别函数及判别规则，进而用来对未知类别的图像进行分类。框图右下角部分是自适应处理(学习)部分，当用训练样本根据某些规则求出一些判别规则后，再对这些训练样本逐个进行检测，观察是否有误差。这样不断改进判别规则，直到满足要求为止。

非监督分类只包括图 7.2.1 中的上半部分。从图 7.2.1 中不难看出，对量化误差和图像模糊等所采用的预处理部分已在前面做了介绍，统计模式识别部分主要由特征处理和分类两部分组成。

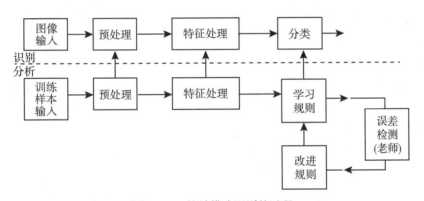

图 7.2.1 统计模式识别的过程

### 7.2.1 特征处理

特征处理包括特征提取和特征选择。

(1) 特征提取

设计一个模式识别系统，首先需要用各种可能的手段对识别目标的性质进行测量，然后对这些测量值进行特征提取。目标特征是图像目标检测和识别的重要依据。提取的目标特征主要包括：

①光谱特征：目标光谱特征是指在各个波段反射、辐射或透射的量测特性，是识别目标的主要依据；

②颜色特征：主要目标对可见光中的红、绿、蓝反射、辐射或透射的量测特性，也可以是视觉感知的明度、饱和度和色别三特性；

③几何特征：几何特征主要表现为目标结构的形状、大小、位置、方向以及分布特征；

④纹理结构是指目标的局部不规则而宏观又有规律的特性，可以从统计分析或结构分析方面提取其特征。

如果将大量原始的测量数据和提取的特征不作分析，直接作为分类特征，不仅数据量太大，计算复杂，浪费计算机处理时间，而且分类的效果也不一定好。

在具体对某目标的识别过程中，这种由于分类特征多带来的分类效果下降现象，有人称为"特征维数灾难"。因此为了设计效果好的分类器，一般需要对原始的测量值和提取的特征进行分析处理，经过选择和变换组成具有区分性、可靠性、独立性好的识别特征，在保证一定精度的前提下，减少特征维数，提高分类效率。

（2）特征选择

所谓特征选择指的是从原有的 $m$ 个特征值集合中，按某一准则选择出一个 $n$ 维（$n<m$）的子集作为分类特征。究竟选择哪些特征值作为分类特征进行分类，可使分类误差最小呢？显然应该选取具有区分性、可靠性、独立性好的少量特征。下面介绍两种选择法。

①穷举法。从 $m$ 个特征值中选出 $n$ 个特征，一共有 $C_n^m$ 种可能的选择。对每一种选法用已知类别属性的样本进行试分类，测出其正确分类率，分类误差最小的一组特征便是最好的选择。穷举法的优点是不仅能提供最优的特征子集，而且可以全面了解所有特征对各类别之间的可分性。但是，计算量太大，特别在特征维数高时，计算更繁。

②最大最小类对距离法。最大最小类对距离法的基本思想是：首先在 $K$ 个类别中选出最难分离的一对类别，然后选择不同的特征子集，计算这一对类别的可分性，具有最大可分性的特征子集就是该方法所选择的最佳特征子集。

特征选择方法不改变特征值的物理意义，因此它不会影响分类器设计者对所用特征的认识，有利于分类器的设计，便于分类结果的进一步分析。

③特征变换。特征变换是将原有的 $m$ 特征值集合通过某种变换，然后产生 $n$ 个（$n<m$）特征用于分类。特征变换又分为两种情况，一种是从减少特征之间相关性和浓缩信息量的角度出发，根据特征的统计特性，用数学的处理方法使得用尽量少的特征来最大限度地包含所有特征的信息。这种方法不涉及具体模式类别的分布，因此，对于没有类别分布先验知识的情况，特征变换是一种有效的方式。主分量变换常用于这种情况。另一种方法是根据对特征值所反映的物理现象与待分类别之间关系的认识，通过数学运算来产生一组新的特征，使得待分类别之间的差异在这组特征中更明显，从而有利于改善分类效果。

### 7.2.2 统计分类法

统计分类方法可分为监督分类法和非监督分类法。

**1. 监督分类法**

如图 7.2.2 所示，所谓监督分类方法就是根据预先已知类别名的训练样本，求出各类在特征空间的分布，然后利用它对未知数据进行分类的方法。分类方法如下：

①根据类别名选定的训练样本，求各类特征矢量分布的判别函数 $g_1 \sim g_c$（$c$ 为类别数），

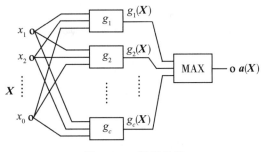

图 7.2.2 监督分类

这一过程称为学习。

②对于待分类的特征矢量(或称模式)$X=(x_1, x_2, \cdots, x_n)$,计算各判别函数的值$g_1(X) \sim g_c(X)$。

③在$g_1(X) \sim g_c(X)$中选择最大者,把模式$X$分到这一类中。

换句话说,监督分类法就是根据训练样本把特征空间分割成对应于各类的区域,如图 7.2.3 所示,输入未知模式,研究这一特征矢量进到哪一个区域,就将区域的类别名赋予该模式。一般类别$i$和$j$的区域间的边界以$g_i(X)=g_j(X)$表示。在类别$i$的区域内$g_i(X)>g_j(X)$;在类别$j$的区域内$g_i(x)<g_j(X)$。

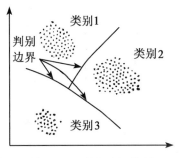

图 7.2.3 特征空间分割

常用的判别函数有:

(1)距离函数

使用的距离判别函数有:

欧几里得距离: $\left| \sum_{i=1}^{n} (x_i - y_i)^2 \right|^{1/2}$ (7.2.1)

$L$ 距离: $\sum_{i=1}^{n} |x_i - y_i|$ (7.2.2)

相似度: $X \cdot Y / \|X\| \cdot \|Y\|$ (7.2.3)

采用距离作为判别函数的分类法是一类简单的分类法,常用的有最小距离分类法和最近邻域分类法。最小距离分类法用一个标准模式代表一类,所求距离是两个模式之间的距离。而最近邻域分类法用一组标准模式代表一类,所求距离是一个模式同一组模式间的距离。如图 7.2.4 所示,求出与模式 $X$ 最近的训练样本或者各类的平均值,并把 $X$ 分到这一类中。

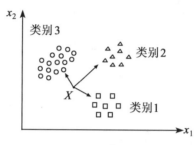

图 7.2.4　最近邻域分类

图 7.2.5(a)、(b)分别表示使用与类别的平均值和与逐个训练样本的距离的场合,可见二者判别边界的不同之处在于前者判别边界为直线,而后者则为复杂的曲线。

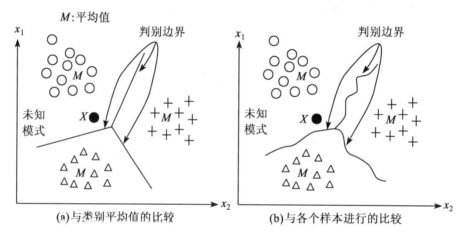

图 7.2.5　最近邻域分类

(2) 线性判别函数

线性判别函数是应用较广的一种判别函数,它是图像所有特征量的线性组合。即

$$g(X) = a \cdot X + b \quad (7.2.4)$$

采用线性判别函数进行分类时,一般将 $m$ 类问题分解成 $(m-1)$ 个 2 类识别问题。方法是先把特征空间分为 1 类和其他类,如此进行下去即可。而 2 类线性分类是最简单、最基本的。其中,线性判别函数的系数可通过样本试验来确定。

(3) 统计决策理论

统计决策理论是遥感中土地利用分类等方面最常用的方法。设 $p(X|\omega_i)$ 为在某一类

别 $\omega_i$ 的特征矢量分布的函数,它是把模式 $X$ 分类到

$$g_i(X) = p(\omega_i | X) = p(X | \omega_i) P(\omega_i) \tag{7.2.5}$$

为最大的类别中的分类方法。式中 $P(\omega_i)$ 表示类别 $\omega_i$ 的模式以多大的概率被观测到的情况,称为先验概率。$p(X | \omega_i)$ 表示条件概率密度函数,$p(\omega_i | X)$ 表示在观测模式 $X$ 的时候,这个模式属于类别 $\omega_i$ 的确定度(似然度)。这一方法叫作最大似然法。理论上为误差最小的分类法。例如,在一维特征空间的场合,如图 7.2.6 所示,用某一值 $T$ 把特征空间分割成两个区域(类别)的时候,产生的误分类概率可由图 7.2.6(b)中画有斜线的部分的面积来表示。即

$$P_E = E_{12} + E_{21} = \int_{-\infty}^{T} P(\omega_2) p(X | \omega_2) dx + \int_{T}^{+\infty} P(\omega_1) p(X | \omega_1) dx \tag{7.2.6}$$

这里,$E_{12}$ 表示类别 $\omega_2$ 的模式误分类到类别 $\omega_1$ 的概率。$E_{21}$ 则表示类别 $\omega_1$ 的模式误分类到类别 $\omega_2$ 的概率。

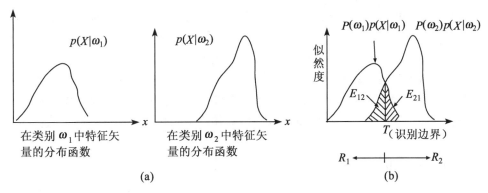

图 7.2.6  最大似然法分类

这一误分类概率随 $T$ 的位置而发生变化,在 $P(\omega_1) p(X | \omega_1) = P(\omega_2) p(X | \omega_2)$ 的位置上确定 $T$ 时,$P_E$ 为最小。也就是,若 $P(\omega_1) p(X | \omega_1) > P(\omega_2) p(X | \omega_2)$,则把 $X$ 分类到类别 $\omega_1$ 中,否则分类到 $\omega_2$ 中,误分率为最小。

为了使用最大似然法,一方面必须预先求出 $P(\omega_i)$ 和 $p(X | \omega_i)$。$P(\omega_i)$ 是类别 $\omega_i$ 被观测的概率,所以是可以预测的。另一方面,$p(X | \omega_i)$ 是表示在类别 $\omega_i$ 的特征矢量分布的函数,是不易求得的。因此,通常假定它为如下正态分布:

$$p(X | \omega_i) = (2\pi)^{-n/2} \left| \sum_i \right|^{-1/2} \exp\left[ -\frac{1}{2} (X - U_i)^T \sum_i^{-1} (X - U_i) \right] \tag{7.2.7}$$

式中,平均值 $U_i$ 和协方差矩阵 $\Sigma_i$ 可从训练样本计算得到。从 $n$ 个训练样本 $\{X_1, X_2, \cdots, X_n\}$ 计算平均值 $U$ 和协方差矩阵 $\Sigma$ 的表达式为:

$$U = \frac{1}{n} \sum_{i=1}^{n} X_i = [\mu_1, \mu_2, \cdots, \mu_n]^T \tag{7.2.8}$$

$$\Sigma = \begin{bmatrix} \sigma_{11} & \sigma_{12} & \cdots & \sigma_{1m} \\ \sigma_{21} & \sigma_{22} & \cdots & \sigma_{21m} \\ \vdots & \vdots & & \vdots \\ \sigma_{m1} & \sigma_{m2} & \cdots & \sigma_{mm1} \end{bmatrix} \quad (7.2.9)$$

$$\sigma_{ij} = \frac{1}{n-1} \sum_{k=1}^{n} (x_{ki} - \mu_i)(x_{kj} - \mu_j) \quad i,j = 1, 2, \cdots, m \quad (7.2.10)$$

在假设特征矢量为正态分布的前提下,为了使最大似然法计算简化,常把似然度函数 $P(\omega_i)p(X|\omega_i)$ 用其对数 $\log P(\omega_i) + \log p(X|\omega_i)$ 来代替。因为对数函数是单调函数,所以采用对数似然函数分类并不影响分类结果。使用最大似然法分类,在特征空间的判别边界为二次曲面。但如果不对各种类别的特征矢量是否形成正态分布进行检查,最大似然分类法多半会产生误分类,甚至出现不能使用的情况。

**2. 非监督分类法**

在监督分类法中,类别名已知的训练样本是预先给定的。而非监督分类方法是在无法获得类别先验知识的情况下,根据模式之间的相似度进行分类,将相似性强的模式归为同一类别。正因为利用这种"物以类聚"的思想,非监督分类方法又称为聚类分析。由于这种方法完全按模式本身的统计规律分类,因此显得格外有用。此外,聚类分析还有可能揭示一些尚未察觉的模式类别及其内在规律。对于模式不服从多维正态分布或者概率密度函数具有多重模态(即不止一个最大值的情况)时,聚类分析也表现出独到的价值。

## 7.3 结构模式识别法

统计模式识别方法现已得到广泛应用,它的缺点是要求太多已知条件,如需已知类别的先验概率、条件概率等。当图像非常复杂、类别很多时,用统计识别方法对图像进行分类将十分困难,甚至难以实现。结构(句法)模式识别注重模式结构,采用形式语言理论来分析和理解,对复杂图像的识别有独到之处。这里先简介结构模式识别的概念和基本原理,然后介绍树分类法。

### 7.3.1 结构模式识别原理

结构模式识别亦称句法模式识别。所谓句法,是描述语言规则的一种法则。一个完整的句子一定是主语+谓语或主语+谓语+宾语(或表语)的基本结构构成;一种特定的语言,一定类型的句子,应有一定的结构顺序。无规则的任意组合,必然达不到正确的思想交流。形容词、副词、冠词等可以与名词、动词构成"短语",丰富句子要表达的思想内容,而这短语的构成也是有特定规律的。如果用一个树状结构来描述一个句子,则如图7.3.1所示。

只有按照上述层状结构规则(或称为写作规则)才能组合成一定规则的句子,读者或听众才能正确理解你所表达的思想。

自然句法规则的思想怎样用于模式识别呢?自然界的景物组合是千变万化的,但仔细

7.3 结构模式识别法

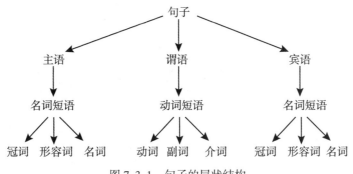

图 7.3.1 句子的层状结构

分析某一对象的结构，也存在一些不变的规则。分析图 7.3.2(a)所示的一座房子。它一定是由屋顶和墙面构成，组成屋顶的几何图像，可以是三角形、梯形、四边形、圆形等，组成墙平面的几何图像也是由矩形、平行四边形(透视效果)等构成；至少有一个墙面应该有门。而窗在高度上不低于门，等等。你还可以进一步提出一些用来刻画构成一栋房子的规则，如屋顶一定在墙面之上，且由墙面支承等。一栋房子的这些规则就像构成一个句子的句法规则一样，是不能改变的。如果将描述房子的规则(构成一栋房子的模式)存于计算机，若要识别图像中有无房子，那么所有景物的外形匹配是否符合房子的模式(房子构成规则)。符合房子模式的就输出为"有房子"，否则，输出"无房子"。如果图像上有一棵树，如图 7.3.2(b)所示，尽管顶部有三角形存在，也能寻找到一个支撑的矩形，但却找不到有"门"存在，这不符合一栋房子的结构规则，因而不会把它当成是一栋房子。

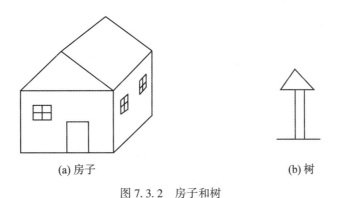

图 7.3.2 房子和树

可见，结构模式识别是以形式语言为理论基础，将一个复杂的模式分解成一系列更简单的模式(子模式)，对子模式继续分解，最后分解成最简单的子模式(或称基元)，借助于一种形式语言对模式的结构进行描述，从而识别图像。模式、子模式、基元类似于英文句子的短语、单词、字母，这种识别方法类似语言的句法结构分析，因此称为句法模式识别。

句法模式识别系统框图如图 7.3.3 所示，它包括监督句法结构识别和非监督句法结构

145

识别，监督句法结构识别由识别和分析两部分组成。

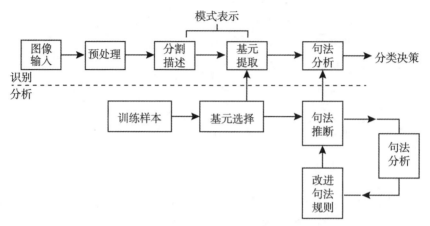

图 7.3.3　结构模式识别系统框图

分析部分包括基元的选择和句法推断。分析部分是用一些已知结构信息的图像作为训练样本，构造出一些句法规则。它类似于统计分类法中的"学习"过程。

识别部分包括预处理、分割描述、基元提取和结构分析。预处理主要包括编码、增强等系列操作。结构分析是用学习所得的句法规则，对未知结构信息的图像所表示的句子进行句法分析。如果能够被已知结构信息的句法分析出来，那么这个未知图像就有这种结构信息，否则，就是不具有这种结构。非监督句法识别只包括图 7.3.3 中识别部分。

以上是对句法模式识别的概念性描述，详细内容请参看模式识别有关书籍。

### 7.3.2　树分类法

所谓树分类法，就是根据树型分层理论，将未知数据归属于某一类的分类方法，图 7.3.4 所示是一个 $n$ 类问题的树分类器。

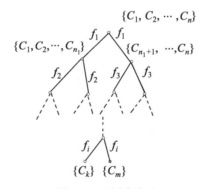

图 7.3.4　树分类法

首先，把集合 $\{C_1, C_2, \cdots, C_n\}$ 用特征 $f_1$ 将其分成两组 $\{C_1, C_2, \cdots, C_{n_1}\}$ 和 $\{C_{n_1+1}, C_{n_1+2}, \cdots, C_n\}$。然后，用特征 $f_2$ 进一步将 $\{C_1, C_2, \cdots, C_{n_1}\}$ 分成两组，用特征 $f_3$ 将 $\{C_{n_1+1}, C_{n_1+2}, \cdots, C_n\}$ 分成两组，如此不断地进行二分法处理，最终分别达到唯一的种类为止。这是基于二叉树的分类法。

树分类器对识别多类、多特征的图像的优点更为明显。其一，在识别多类、多特征图像时，总是希望用多特征来提高正确分类率。这样导致维数高，运算量大，处理困难，甚至不可能实现。但是，若用树分类器，每次判定只选用少量的特征，而不同的特征又可在不同的判定中发挥作用，维数的问题就显得不突出了。其二，树分类器每次判定比较简单。尽管判定次数增多，但判定一个样本所属类别的总计算量并不一定增加。因为有以上的优点，所以，近些年对树分类器的研究越来越多。

设计分类器时，必须考虑树的结构，使之用最少的特征，以尽可能少的判定次数达到最终的判决。对出现非常多的类别，尽可能缩短判决次数，而对于出现得很少的类别，判决段数长些。但平均起来，要求判决次数最小。可是，问题的关键在于能否找到一个特征 $f_n$ 作为分类树最终阶段区别 $C_n$ 和 $C_{n-1}$ 的特征。在整个分类树中能否发现这样的特征，只有根据所给定的情况通过试验决定。

树分类器虽然判决简单，容易用机器实现，但是如果从"树根"就产生判决错误，以后将无法纠正这个错误判决。它不能像统计决策理论那样，平等地使用全部特征进行最佳判断。所以，在靠近树根处必须选择抗噪声的、稳定可靠的特征。

分类树被做出之后，便可以在序贯决策的图像识别上使用。这就是沃尔德(Wald)序贯概率比检定法 (sequential probability ratio test)。

沃尔德序贯概率比检定法是图像识别中一种很有用的方法。它对图像的特征不是一次全部使用完，而是逐步地使用。每用一些特征时，就判断某一图像属于哪一类。当判断出它属于哪一类时，判断就停止。如果在此阶段用这些特征不能做出判断，即不能判断它属于哪一类，则必须增加一些特征再进行判断。这样不断地重复下去，一直到能做出判决为止。

使用这种方法能尽量减少使用特征的个数，从而减少计算量而加快速度。这在医疗诊断等实际问题中特别有用。例如，对患者的检查应该是必要的且是最小限度的，检查完一项之后，是否应该进行后续的检查，必须进行充分的判断。否则，每项检查都做不但费时、费钱，而且有的检查常给患者带来很大的痛苦。

## 7.4 智能模式识别

近年来人工智能技术在图像处理领域取得极大的成功。人工智能是以机器学习为主导的技术，人工神经网络是机器学习算法之一，深度学习(Deep Learning, DL)是机器学习(Machine Learning, ML)领域中一个新的研究方向，深度学习尤其是卷积神经网络发展迅猛，给图像识别带来极大的动力。本节简要介绍机器学习、人工神经网络的结构、深度学习与卷积神经网络等智能图像处理技术。

### 7.4.1 机器学习

机器学习是人工智能的核心技术之一，它是通过模拟人类的学习行为，从大量数据中寻找规律并依据规律判断未知的数据。机器学习是一门交叉学科，涉及软件工程、统计学和生物学等多门学科。

机器学习是研究怎样使用计算机模拟或实现人类学习活动的科学，是人工智能中最具智能特征，较前沿的研究领域之一。自 20 世纪 80 年代以来，机器学习作为实现人工智能的途径，在人工智能界引起了广泛的关注，特别是近十几年来，机器学习领域的研究工作发展得很快，它已成为人工智能的重要课题之一。一个系统是否具有学习能力已成为是否具有"智能"的一个标志。

机器学习的算法有很多，基于学习方式可分为监督学习、非监督学习、强化学习。

(1)监督学习是指利用一组已知样本训练分类器，对分类器参数进行调整，使其达到所要求性能的过程。

(2)非监督学习是对没有实现标记的样本集进行学习，挖掘数据集中的内在结构特性，然后根据其内在的结构，推出数据之间的联系，自动得到模型。

(3)强化学习是通过学习环境对系统某种行为的强化或弱化操作来动态调整系统参数，在不断尝试中，探索出最佳的输入和输出关系。

常见的机器学习算法包括决策树、支持向量机、随机森林、人工神经网络、Boosting 与 Bagging 等算法。

决策树及其变种是一类将输入空间分成不同的区域，每个区域有独立参数的算法。决策树算法充分利用树形模型，根节点到一个叶子节点是一条分类的路径规则，每个叶子节点象征一个判断类别。先将样本分成不同的子集，再进行分割递推，直至每个子集得到同类型的样本，从根节点开始测试，到子树再到叶子节点，即可得出预测类别。此方法的特点是结构简单、处理数据效率较高。

支持向量机是统计学习领域中一个代表性算法，它是利用一种非线性变换将空间高维化，并在新的复杂空间取最优线性分类。

随机森林是一个包含多个决策树的分类器，并且其输出的类别是由个别树输出的类别的众数而定。

人工神经网络是指由大量的处理单元(神经元)互相连接而形成的复杂网络结构，是对人脑组织结构和运行机制的某种抽象、简化和模拟。人工神经网络(Artificial Neural Network，ANN)以数学模型模拟神经元活动，是基于模仿大脑神经网络结构和功能而建立的一种信息处理系统。

Bagging 算法是独立地建立多个模型，各个模型之间互不干扰，然后将多个模型预测结果做平均，作为最终预测结果；Boosting 算法是有序地、依赖地建立多个模型，后一个模型用来修正前一个模型的偏差，以整体模型的预测结果作为最终预测结果。

### 7.4.2 人工神经网络

一个神经网络是由许多相互连接的相同的节点构成的，这些节点称为处理单元(或神经元)。每一个神经元的操作是比较简单的:每一个神经元从处于"上游"的几个神经元接收输入信号,产生一个标量输出,传给处于"下游"的一组神经元。

人工神经网络就是由大量处理单元互联组成的非线性、自适应信息处理系统。它是在现代神经科学研究成果的基础上提出的,试图通过模拟大脑神经网络处理、记忆信息的方式进行信息处理。如图7.4.1为一种典型的神经网络结构,神经网络分为输入层、隐含层和输出层。第一层称为输入层,网络中当前层的每个神经元获得输入信号,它的输出则传向下一层的所有神经元。有些网络则允许同层间的神经元之间通信,反馈结构还允许前一层的神经元接收后一层的神经元的输出。最后一层被称为输出层,输出层的节点对应目标变量,可有多个。在输入层和输出层之间是隐含层,隐含层的层数和每层节点的个数决定了神经网络的复杂度。含有单个隐含层的神经网络称为浅层神经网络,含有两个及以上隐含层的神经网络称为深层神经网络。

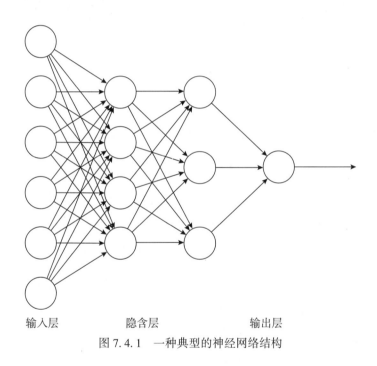

图 7.4.1　一种典型的神经网络结构

### 1. 神经元

一个处理单元即一个人工神经元,将接收的信息 $x_0$, $x_1$, $\cdots$, $x_{n-1}$,通过用 $W_0$, $W_1$, $\cdots$, $W_{n-1}$ 表示的权,以点积的形式作为自己的输入,如图7.4.2所示,并将输入与用某种方式设定的阈值(或偏移)$\theta$ 作比较,再经某种函数 $f$ 的变换,便得到该神经元的输出 $y$。常用的三种非线性变换函数 $f$ 的形状如图7.4.3所示。其中图7.4.3(c)所示的函数称为 Sigmoid 型,简称为 S 型,是经常用的。

神经元的输入与输出间的关系由下式给出

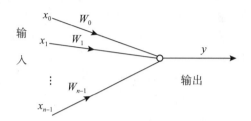

图 7.4.2 一个神经元的输入与输出

$$y = f\left(\sum_{i=0}^{n-1} W_i x_i - \theta\right) \tag{7.4.1}$$

式中：$x_i$ 为第 $i$ 个输入元素（通常为 $n$ 维输入矢量 $X$ 的第 $i$ 个分量）；$W_i$ 为从第 $i$ 个输入与神经元间的互联权重；$\theta$ 为神经元的内部阈值；$y$ 为神经元的输出。

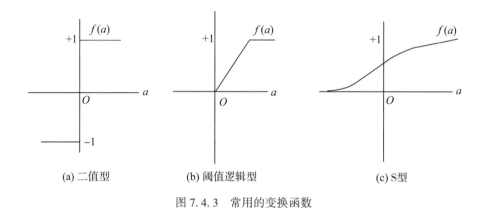

(a) 二值型　　　　　　(b) 阈值逻辑型　　　　　　(c) S型

图 7.4.3 常用的变换函数

可见，神经元模型是一个非线性元件，且是一个多输入、单输出的阈值单元。将这些单元相互连接便可构成各种人工神经网络。

**2. BP 神经网络**

BP（Back Propagation）神经网络是反向传播算法的简称。20 世纪 80 年代末期，BP 反向传播算法的提出，掀起了基于统计模型的机器学习热潮，这个热潮一直持续到今天。BP 神经网络在很多方面显示出优越性，其实质是把一组样本输入、输出问题转化为一个非线性优化问题，并通过梯度算法利用迭代运算求解权值问题。

BP 神经网络通常有一个或多个隐含层，含有一个隐含层的 BP 神经网络结构如图 7.4.4 所示。图中 $P1$ 代表输入层有 $R$ 个分量的输入向量，$W1$、$W2$、$b1$、$b2$、$a1$、$a2$、$S1$、$S2$、$n1$ 和 $n2$ 分别为隐含层、输出层神经元的权矩阵、阈值向量、输出向量、神经元数及加权和向量。隐含层神经元的变换函数采用 log-sigmoid 型函数，输出层神经元的变换函数采用线性函数。

应用 BP 神经网络分类的关键问题涉及网络结构设计、网络学习等。在 BP 神经网络结构确定后，就可利用输入输出样本集对网络进行训练，即对网络的权值和阈值进行学习和调整，使网络实现给定的输入输出映射关系。其学习过程包括正向传播和反向传播两个过程。在正向传播过程中，输入信息从输入层经隐含层逐层处理，并传向输出层。每一层神经元的状态只影响下一层神经元的状态。如果输出层不能得到期望的输出，则转入反向传播，将误差信号沿原来的路径返回。修改各层神经元的权值，使误差最小。

但 BP 算法具有收敛速度慢、局部极值、难确定隐含层数和隐含节点数等主要问题，在实际应用中很难胜任。对 BP 算法已有许多改进算法，这里介绍采用动量法和学习率自适应调整的策略，以提高学习效率并增强算法的可靠性。具体算法步骤如下：

步骤一：初始化权值 $W$ 和阈值 $b$，即把所有权值和阈值都设置成较小的随机数。

步骤二：提供训练样本对。包括输入向量和目标向量。

步骤三：计算隐含层和输出层的输出。

对于图 7.4.4 来说，隐含层的输出为：

$$a1 = \text{logsig}(W1 * P1 + b1) \tag{7.4.2}$$

式中：logsig( ) 是 Sigmoid 型函数的对数式。

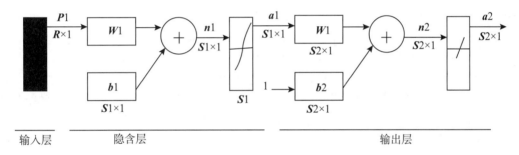

图 7.4.4　具有一个隐含层的 BP 神经网络结构

输出层的输出为

$$a2 = W2 * a1 + b2 \tag{7.4.3}$$

步骤四：调整权值。标准的 BP 神经网络的权向量调整公式为

$$W(k+1) = W(k) + \eta D(k) \tag{7.4.4}$$

$W(k+1)$、$W(k)$ 分别为第 $k+1$ 和 $k$ 次训练的权向量，$\eta$ 称为学习率，$D(k)$ 是第 $k$ 次训练的负梯度（表达式及其推导在此略去）。可见，标准的 BP 算法实际上是一种简单的最快下降静态寻优算法。在修正权值时，只按照第 $k$ 次训练的负梯度方式进行，而没有考虑到以前积累的经验，从而常常使学习过程发生振荡，收敛缓慢。若在式(7.4.4)中增加一动量项 $a[W(k)-W(k-1)]$，$0<a<1$，则往往能加速收敛，并使权值的变换平滑。

收敛速度与学习率大小有关。学习率小，收敛慢；学习率大，则有可能修正过头，导致振荡甚至发散。自适应调整学习率的算法如下：

$$W(k+1) = W(k) + \eta(k)D(k) \tag{7.4.5}$$

$$\eta(k) = 2^\lambda \eta(k-1) \tag{7.4.6}$$

$$\lambda = \text{sign}[D(k)D(k-1)] \tag{7.4.7}$$

当连续 2 次迭代其梯度方向相同时，表明下降太慢，λ 取+1，可使 η 步长加倍；当连续 2 次迭代其梯度方向相反时，表明下降过头，这时 λ 取-1 使 η 步长减半。可见自适应调整学习率有利于缩短学习时间。转至步骤(2)连续迭代，训练过程一直到权值稳定为止。

在训练期间，可以在输出层上对每一输入向量统计均方根误差值(与目标向量的差)。根据经验，在一般情况下，当均方根误差降至 0.01 以下就可以停止训练了。这时称该网络已收敛。于是各连接的权值就固定下来，并可测试该网络的总体性能，然后投入实际使用。

步骤五：采用训练好的网络对图像进行分类。

网络的大小从性能和计算量来说都是一个重要因素。已有结果表明，含有一隐含层网络已经足够近似任何连续函数，含二隐含层则可以近似任意函数。

输入层神经元的数量通常由应用来决定。在反向传播中，它等于特征向量的维数。而输出层神经元数量则通常与类别的数量相同。

中间的隐含层数和每一隐含层的神经元数目则是设计时需要选择的。在大多数情况下，每一隐含层的神经元的数量比输入层少得多。通常为了减少过度训练的危险，也需要将这个数量尽量减少。但另一方面，隐含层中神经元太少会使得网络无法收敛到一个对复杂特征空间适当的划分。当一个网络收敛后，一般可以减少神经元的数量再进行训练，并且往往会得到更好的结果。

与统计方法的分类器一样，训练样本必须对整个特征空间总体分布具有代表性，使得网络能对每一类建立恰当的概率分布模型。神经网络应避免过度训练。大量训练的结果往往使得决策面极其复杂，尤其是当节点数目和连接数目很大时，如果训练集不大的话，很可能会导致网络只"记住"了特定的训练样本，而不是调整到能正确划分整个特征空间，这样网络性能会很差。当测试的错误率停止减小并开始上升时，表明网络过度训练开始了。过度训练可以用一个较大的训练集和一个截然不同的测试集来避免。

另外，训练样本次序的随机性也很重要。顺序的输入各类样本将会导致收敛很慢，并且使分类不可靠。对随机的样本进行训练会产生一种噪声干扰，它可以帮助网络跳出局部极值的陷阱。有时还人为地在训练样本中增加噪声干扰，实验证明它有助于网络收敛。

神经网络的特点主要表现在以下三个方面：

第一，具有自学习功能。

第二，具有联想存储功能。用人工神经网络的反馈网络就可以实现联想。

第三，具有高速寻找优化解的能力。寻找一个复杂问题的优化解，往往需要很大的计算量，利用一个针对某问题而设计的反馈型人工神经网络，发挥计算机的高速运算能力，可能很快找到优化解。

基于神经网络的模式识别法相对其他方法来说，其优势在于：①它要求对问题的了解较少；②它可以实现特征空间较复杂的划分；③它宜于高速并行处理系统实现。

这种方法的推荐者指出，由于人脑具有令人惊讶的模式识别能力，人工神经网络最终很可能具有这种能力。然而，迄今为止对由人工神经网络实现的模式识别系统性能的测试结果表明，一般只能达到良好的统计分类器水平。

神经网络分类与基于统计方法的分类器相比,其弱点在于:①需要更多的训练数据;②在一般的计算机上模拟运行速度很慢;③无法透彻理解所使用的决策过程(例如,无法得到特征空间中的决策面)。

对于任何分类器,无论它是怎样实现的,其功能不过是将特征空间划分为与每类对应的不同区域,并依此给对象分类。而分类器的性能最终既受到特征空间中不同类别的相互重叠所限制,又受到获取有代表性的训练样本集、由样本集建立最优的分类平面以及设计分类器的程序等实际困难的限制。因此,只有当神经网络能比统计方法更好地划分特征空间时,它的性能才有可能比基于统计方法的分类器更好。即便如此,它的性能从根本上还是会受到特征空间中不同类的重叠的限制。

### 7.4.3 深度学习与卷积神经网络

**1. 深度学习概述**

深度学习的概念源于人工神经网络的研究,由 Hinton 等于 2006 年提出。其动机在于建立、模拟人脑进行分析学习的神经网络,它模仿人脑的机制来解释数据。深度学习是机器学习中一种基于对数据进行表征学习的方法。近年来,随着深度学习高效学习算法的涌现,机器学习界掀起了研究深度学习理论和应用的热潮,在图像、语音、自然语言处理等研究领域取得了广泛的应用。在计算机视觉领域,基于深度学习的图像分类、目标检测、定位、视频跟踪和场景分类等方面的算法研究与应用取得了卓越的进展。

深度学习的实质是通过构建具有很多隐藏层和节点的机器学习模型,并利用海量数据对模型进行训练,来"自动"学习更好的特征,进而提高预测和分类的可靠性和准确性,而不需要"专家"针对具体的对象去设计特征。其中,"深度模型"是手段,"特征提取"是目的。深度学习模型参考了人眼和大脑的分层视觉处理系统,从大量的数据中获得"经验",让机器自动学习良好的特征表达,从而免去费时费力的人工选取特征过程,但需要多层网络来获得更抽象的特征表达。深度学习是一种非监督特征学习,如果在深度网络模型后面加上一个分类器,就变成了监督学习。

在处理更加复杂多变的对象和多类问题时,深度学习能以紧凑简洁的方式来表达比浅层网络大得多的函数集合,能够使用深度网络来学习"部分-整体"的分解关系和"低级-高级"(简单-复杂)的递进关系。

从海量数据中学习得到最佳的特征表达,将学习到的特征送入分类器进行分类,使得预测和分类结果更加准确可靠。可以说,深度学习的能力是神经网络应用取得成功的根本原因之一。

**2. 卷积神经网络**

卷积神经网络(Convolutional Neural Networks,CNN)是多层的神经网络,包含了卷积层、池化层、激活层、全连接层和损失层等,具有局部互联、权值共享、下采样(池化)和使用多个卷积核与卷积层的特点。下面以图 7.4.5 一个基本的二维卷积神经网络为例进行介绍。

1) 卷积神经网络结构

(1) 卷积层

卷积层是卷积神经网络的核心，主要任务是提取特征，具有局部互联、权值共享和使用多卷积核与多卷积层的特点。

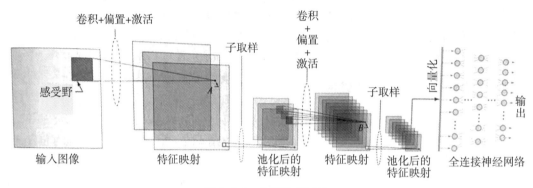

图 7.4.5 卷积神经网络

① 局部互联：

卷积神经网络则是把每一个隐藏节点只连接到图像的某个局部区域，从而减少参数训练的数量。图 7.4.5 中的最左侧部分是输入图像中一个位置的一个邻域。用 CNN 术语时，这些邻域称为感受野。感受野的作用是在输入图像中选择一个像素区域。CNN 执行的卷积是在每个位置求一组权重和感受野中包含的像素积和运算。感受野移动时的空间增量的数值称为步幅。在 CNN 中，使用大于 1 的步幅的目的之一是减少数据，目的之二是代替子取样，降低系统对空间平移的敏感度。局部互联是指每个神经元只感知局部的图像区域。网络部分连通的思想，受启发于生物学里面的视觉系统结构。视觉皮层的神经元就是局部接受信息的，人对外界的认知是从局部到全局的，图像的空间联系也是局部的像素联系较为紧密，距离较远的像素相关性则较弱。因而，每个神经元其实没有必要对全局图像进行感知，只需要对局部进行感知，然后在更高层将局部的信息综合起来就得到了全局的信息。

② 权值共享：

在卷积神经网络的卷积层中，神经元对应的权值是相同的，由于权值相同，因此可以减少训练的参数量。每个卷积值加上一个偏置后，得到的结果通过一个激活函数传递，生成单个值。然后，这个值被馈送到下一层的输入中的对应位置$(x, y)$。对输入图像中的所有位置重复这一过程，就能解释得到的一组二维值。这组二维值作为一个二维阵列存储在下一层中，称为特征映射，特征映射统称为卷积层。因为卷积的作用是从输入中提取特征，如边缘、点和块。使用相同的权重和单个偏置，生成对应于输入图像中感受野的所有位置的卷积(特征映射)值。这样做是为了在图像的所有点处检测到相同的特征。为实现这一目的而使用相同的权重和偏置被称为权重(或参数)共享。

③多卷积核与多卷积层：

每个卷积都是一种特征提取方式，使用某种卷积核可以提取某种性质的特征。使用多种不同的卷积核，就能够提取多种性质的特征。在多层都进行卷积，能够提取更深层次的特征，实现从低级到高级、局部到整体的特征提取，使网络更具有层次感。

(2) 池化层(Pooling)

经过卷积获得特征后，最后利用这些特征进行分类。如果使用所有提取到的特征去训练分类器，会造成很大的计算量。为了解决这一问题，需要对特征图进行下采样，即池化（或池化特征映射），下采样的目的是压缩数据，降低数据维度，同时还能改善过拟合现象。

池化层本质上是对卷积后的特征图进行压缩，提取主要特征，将语义相似的特征融合，对平移、形变不敏感。池化是对不同位置的特征进行聚合统计，通过计算图像某种特征在某个区域的最大值或平均值作为在该区域的聚合统计特征。

三种常见的池化方法是：①平均池化，此时每个邻域中的值被该邻域中的平均值替换；②最大池化，此时每个邻域中的值用其元素的最大值替换；③L2 池化，此时池化值是邻域值平方和的平方根。

感受野、卷积、权重共享和池化的使用是 CNN 的独有特性。

图 7.4.5 中的 CNN 有两个卷积层：第一个卷积层有 3 个特征映射，感受野大小为 5×5，采用 2×2 的池化邻域；第二个卷积层有 6 个特征映射，感受野大小为 3×3，也采用 2×2 的池化邻域。

(3) 激活层

输入图像通过卷积层和池化层后得到一些特征图，在输入分类层之前，需将所有特征图连接起来，构成一个特征向量，最后利用分类器完成分类。

激活层对输入数据经过激活函数计算得到输出，激活函数的主要作用是提供网络的非线性建模能力。若没有激活函数，则网络仅能够表达线性映射，而线性映射的表达能力十分有限，此时即便有再多的隐藏层，其整个网络与单层神经网络也是等价的。因此，只有使用激活函数之后，深度神经网络才具备了分层的非线性映射学习能力。激活函数除了具有非线性外，还需要单调可微，只有激活函数是单调时才能保证网络函数是凸函数，只有凸函数才能通过优化求得最优解。

(4) 全连接层

全连接层的每一个节点都与上一层的所有节点相连，用来把前面提取到的特征综合起来。相比卷积层的局部连接方式，全连接层需要更多的连接参数，但在之前经过数次卷积和池化后，特征图的维度已经降低到比较小的程度，因此在卷积网络中使用全连接层并不会带来太大的计算量。

卷积层得到的是二维空间的特征图，而全连接层能够将二维空间的特征图拉伸成一维特征向量，最后把全连接层的输出送入分类器或回归器做分类和回归。全连接层在整个神经网络中起到"分类器"的作用，卷积层、池化层和激活层等操作将原始数据映射到隐层特征空间，全连接层则将学到的"分布式特征表示"映射到样本标记空间，在卷积网络的末端使用全连接层，以达到分类或回归的目的。全连接层本质上就是卷积核大小等于输入特征图尺寸大小的卷积层。在实际使用中，全连接层可由卷积操作实现，当前一层是卷积层时，全连接层可以转化为卷积核为特征图大小的全局卷积，而当前一层是全连接层时，全连接层可以转化为卷积核为 1×1 的卷积。

全连接层的缺点在于破坏了图像的空间结构，且存在参数冗余的问题。全局平均池化是替代全连接层的一种有效手段。

2）训练 CNN

训练 CNN 的目的是寻找一个模型，通过学习样本，让这个模型能够记忆足够多的输入与输出映射关系。模式识别中，神经网络的有监督学习是主流，无监督学习更多用于聚类分析。对于 CNN 的有监督学习，本质上是一种输入到输出的映射，在无须任何输入和输出间的数学表达式的情况下，学习大量的输入与输出间的映射关系。简而言之，就是仅用已知的模式对 CNN 训练使其具有输入到输出间的映射能力。其训练样本集是标签数据。除此之外，训练之前需要一些"不同"（保证网络具有学习能力）的"小随机数"（权值太大，网络容易进入饱和状态）对权值参数进行初始化。

CNN 的训练过程可分为前向传播和后向传播两个阶段。

第一个阶段，前向传播：

①将图像数据输入卷积神经网络中。

②逐层通过卷积池化等操作，输出每一层学习到的参数，$n-1$ 层的输出作为 $n$ 层的输入。上一层的输入 $x^{l-1}$ 与输出 $x^l$ 之间的关系为

$$x^l = f(W^l x^{(l-1)} + b^l) \tag{7.4.8}$$

式中，$l$ 为层数，$W$ 为权值，$b$ 为一个偏置，$f$ 是激活函数。

③经过全连接层和输出层得到更显著的特征。

第二个阶段，反向传播：

①通过网络计算最后一层的残差和激活值。

②将最后一层的残差和激活值通过反向传递的方式逐层向前传递，使上一层的神经元根据误差来进行自身权值的更新。

③根据残差进一步计算出权重参数的梯度，并再调整卷积神经网络参数。

④继续第③步，直到收敛或已达到最大迭代次数。

对于 CNN 的无监督学习，实质上是"预训练+监督微调"的模式，预训练采用逐层训练的形式，就是利用输入输出对每一层单独训练。其训练样本集是无标签数据。预训练之后，再利用标签数据对权值参数进行微调。相对于获取有标签数据的昂贵代价，很容易得到大量的无标签数据。自学习方法能够通过使用大量的无标签数据来学习得到所有层的最佳初始权重，即得到更好的模型。相比有监督学习，自学习方法是利用大量数据学习和发现数据中存在的模式，通常该方法能够提高分类器的性能。

**3. VGG 卷积神经网络**

深度学习卷积神经网络的一个典型网络是 VGGNet，它是由牛津大学计算机视觉组（Visual Geometry Group）和 Google Deep Mind 公司一起研发的。VGGNet 探索了卷积神经网的深度与其性能之间的关系，通过反复堆叠 3×3（极少数 1×1）的小型卷积核和 2×2 的最大

池化层，不断加深网络结构来提升性能。VGG 中根据卷积核大小和卷积层数的目的不同，可分为 A，A-LRN，B，C，D，E 共 6 个不同的网络配置（见表 7.4.1），其中以配置 D，E 较为常用，分别称为 VGG-16 和 VGG-19。卷积层参数表示为 conv（感受野大小）-通道数，如 conv3-64。

表 7.4.1　　　　　　　　　　　　　**6 个不同的 VGG 网络配置**

| \multicolumn{6}{c}{ConvNet Configuration} |
|---|---|---|---|---|---|
| A | A-LRN | B | C | D | E |
| \multicolumn{6}{c}{input（224×224 RGB image）} |
| conv3-64 | conv3-64<br>LRN | conv3-64<br>conv3-64 | conv3-64<br>conv3-64 | conv3-64<br>conv3-64 | conv3-64<br>conv3-64 |
| \multicolumn{6}{c}{maxpool} |
| conv3-128 | conv3-128 | conv3-128<br>conv3-128 | conv3-128<br>conv3-128 | conv3-128<br>conv3-128 | conv3-128<br>conv3-128 |
| \multicolumn{6}{c}{maxpool} |
| conv3-256<br>conv3-256 | conv3-256<br>conv3-256 | conv3-256<br>conv3-256 | conv3-256<br>conv3-256<br>conv3-256 | conv3-256<br>conv3-256<br>conv3-256 | conv3-256<br>conv3-256<br>conv3-256<br>conv3-256 |
| \multicolumn{6}{c}{maxpool} |
| conv3-512<br>conv3-512 | conv3-512<br>conv3-512 | conv3-512<br>conv3-512 | conv3-512<br>conv3-512<br>conv3-512 | conv3-512<br>conv3-512<br>conv3-512 | conv3-512<br>conv3-512<br>conv3-512<br>conv3-512 |
| \multicolumn{6}{c}{maxpool} |
| conv3-512<br>conv3-512 | conv3-512<br>conv3-512 | conv3-512<br>conv3-512 | conv3-512<br>conv3-512<br>conv3-512 | conv3-512<br>conv3-512<br>conv3-512 | conv3-512<br>conv3-512<br>conv3-512<br>conv3-512 |
| \multicolumn{6}{c}{maxpool} |
| \multicolumn{6}{c}{PC-4096} |
| \multicolumn{6}{c}{PC-4096} |
| \multicolumn{6}{c}{FC-1000} |
| \multicolumn{6}{c}{soft-max} |

在 2014 年的 ImageNet 比赛中，深度最深的 16 层和 19 层 VGGNet 网络模型在定位和

分类任务上分别获得第一名和第二名。

以 VGG-16 为例，其网络结构如图 7.4.6 所示。VGG-16 网络包含 16 层，其中 13 个卷积层，3 个全连接层，共包含参数约 1.38 亿个。VGG-16 网络结构很规整，没有那么多的超参数，专注于构建简单的网络，都是几个卷积层后面跟一个可以压缩图像大小的池化层。随着网络加深，图像的宽度和高度都在以一定的规律不断减小，每次池化后刚好缩小一半。

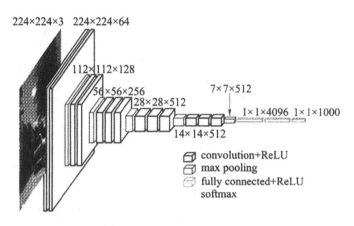

图 7.4.6　VGG-16 网络结构

预处理：图片的预处理就是每一个像素减去均值，是比较简单的处理。

卷积核：整体使用卷积核都比较小，3×3 是可以表示"左右""上下""中心"这些模式的最小单元。还有比较特殊的 1×1 的卷积核，可看作空间的线性映射。

前面几层是卷积层的堆叠，依次为 2 个卷积层、1 个池化层、2 个卷积层、1 个池化层、3 个卷积层、1 个池化层、3 个卷积层、1 个池化层、3 个卷积层、1 个池化层，后面是 3 个全连接层，最后是 softmax 层。所有隐层的激活单元都是 ReLU。

使用多个较小卷积核的卷积层代替一个卷积核较大的卷积层，一方面可以减少参数，另一方面相当于进行了更多的非线性映射，可以增加网络的拟合/表达能力。

## 7.5　道路交通标志检测与识别

道路交通标志检测与识别系统是通过车载摄像头获取视频，进行交通标志检测与识别，提供导航和自动驾驶所需的道路交通信息。下面主要介绍自然场景下道路交通标志的检测与识别方法。

### 7.5.1　交通标志的基本特征

我国 2009 年颁布的道路交通标志详细分类如表 7.5.1 所示。表中禁令标志、警告标志和指示标志是主要交通标志。附录彩图 7.5.1 列举了这三种常见的一些交通标志。

## 7.5 道路交通标志检测与识别

表 7.5.1　　　　　　　　　我国道路交通标志和标线分类

| | |
|---|---|
| 道路交通标志 | 1. 警告标志 |
| | 2. 禁令标志 |
| | 3. 指示标志 |
| | 4. 指路标志 |
| | 5. 旅游区标志 |
| | 6. 道路施工安全标志 |
| | 7. 辅助标志 |
| 道路交通标线 | 1. 禁止标线 |
| | 2. 指示标线 |
| | 3. 警告标线 |

这三类交通标志主要特点如下：

①每类交通标志都有其特定的颜色。

②各类交通标志都有其特定的形状和尺寸。

③交通标志的安置有统一的规定，一般在车辆行驶方向的右侧或者道路上方悬臂上。

### 7.5.2 经典的交通标志检测与识别方法

如图 7.5.1 所示为自然场景下经典的交通标志检测与识别系统组成。它包括建立参考标志库、影像预处理、交通标志检测和交通标志识别四个模块。下面分别介绍各模块的相关内容。

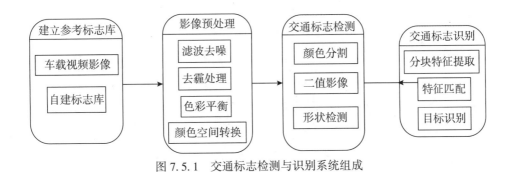

图 7.5.1　交通标志检测与识别系统组成

**1. 建立参考标志库**

将各交通标志归一化为相同尺寸，建立道路交通参考标志库。可用于待识别标志的几何纠正、检索与识别。

## 2. 影像预处理

获取的自然场景下道路交通标志视频会受恶劣天气影响导致图像质量下降，为提高交通标志检测与识别系统性能，有必要对图像进行增强处理。在交通标志检测与识别中常用的预处理包括图像复原、色偏校正和中值滤波等。

其中雾霾天气下的图像复原算法通常分为四个步骤，流程如图 7.5.2 所示。

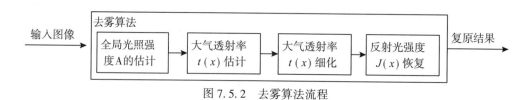

图 7.5.2 去雾算法流程

## 3. 交通标志检测

交通标志识别的检测是极其关键的一步，它是进行交通标志识别的基础和前提，并且对交通标志识别的精度和实时性有着直接的影响。因此，如何快速准确地进行交通标志检测，对后续的识别工作至关重要。

传统交通标志的检测方法是将交通标志的颜色特征和形状特征结合进行检测的。图 7.5.3 为基于颜色和形状信息的标志检测流程。

1) 基于 HSV 颜色空间的颜色分割

根据交通标志的颜色特征，可以在特定的颜色空间设置阈值，进行阈值分割，从而提

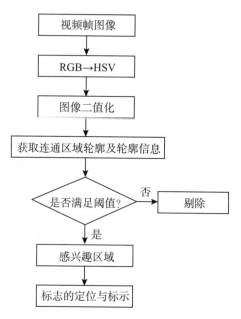

图 7.5.3 基于颜色和形状信息的标志检测

取出感兴趣区域。因此自然场景下的交通标志彩色图像先采用 HSV 变换得到 $H$、$S$、$V$，在 $H$、$S$、$V$ 颜色空间对交通标志图像进行阈值分割，可获得交通标志图像的初始分割结果。基于 HSV 空间的颜色分割步骤如下：

①按照式(7.5.1)将交通标志图像 $R$、$G$、$B$ 三分量值均归一化到 0~1，即

$$\begin{cases} r = R/255 \\ g = G/255 \\ b = B/255 \end{cases} \quad (7.5.1)$$

②按式(7.5.2)~式(7.5.4)进行颜色空间转换：

$$V = \max \quad (7.5.2)$$

$$S = \begin{cases} (V-\min)/V, & V \neq 0 \\ 0, & V = 0 \end{cases} \quad (7.5.3)$$

$$H = \begin{cases} 60(g-b)/(V-\min), & V = r \\ 120 + 60(b-r)/(V-\min), & V = g \\ 240 + 60(r-g)/(V-\min), & V = b \end{cases} \quad (7.5.4)$$

式中，$\max = \max(r, g, b)$，$\min = \min(r, g, b)$，当 $H<0°$ 时，$H=H+360°$。

③确定分割阈值。

根据交通标志的颜色特征进行交通标志检测，首先需要分割出交通标志颜色区域，经过多次试验，最终定义 $H$、$S$、$V$ 的取值范围。满足上述条件的区域即为交通标志区域。

④图像二值化。

根据各交通标志类别的颜色特点及其取值范围，采用阈值分割法进行二值化。

2)二值化图像后处理

交通标志图像分割生成的二值图像是进行形状检测的基础。但是，经过颜色分割的图像一般会存在很多噪声点。这会对交通标志的精确定位造成不同程度的影响。因此，为了消除噪声点的影响，增加交通标志检测的准确性，需要对二值化图像进行数学形态学处理。

①形态学处理。

噪声点往往使目标物体的边界变得不平滑，或者使目标区域不连通。这些噪声都会影响下一道工序。连续的开和闭运算能够在很大程度上解决这些问题。采用形态学方法对颜色分割后的二值图像进行处理，可以消除无意义的小面积物体、孤立点噪声等，并使得目标区域和其他背景区域分开，成为独立的连通域。

②中值滤波。

中值滤波是比较典型的非线性滤波，可以用来消除无意义的孤立点，同时能够保留图像的细节特征。

3)交通标志形状检测

交通标志形状主要有圆形、三角形和方形等。对分割得到的二值化图像处理后，通过对图斑进行几何形状的判断，可以有效地提取出交通标志影像兴趣区域 ROI。

形状检测的算法中提取的参数有：轮廓面积 $S_{轮}$、轮廓周长 $C_{轮}$、轮廓最小外接圆面积 $S_{圆}$、轮廓最小外接圆周长 $C_{圆}$、轮廓最小外接矩形面积 $S_{矩}$、轮廓最小外接矩形周长 $C_{矩}$、

轮廓宽度 $W_轮$、轮廓高度 $H_轮$ 和轮廓半径 $R_轮$。

表 7.5.2 为交通标志视频图像检测三角形交通标志和圆形交通标志连通区域轮廓形状的阈值。

表 7.5.2 　　　　　　　　　　**标准三角形/圆形性质及形状检测阈值**

| | 三角形性质/特征 | 圆形性质/特征 |
|---|---|---|
| 标准图形性质 | $H_轮/W_轮=\sqrt{3}/2$，$S_轮/S_圆=4\pi/3\sqrt{3}$，$S_轮/C_轮=R_轮/4$ | $S_轮/S_圆=1$，$C_轮/C_圆=1$ $S_轮/S_矩=\pi/4$，$C_轮/C_矩=\pi/4$ |
| 形状检测阈值 | $0.3<S_轮/S_圆<0.6$ 且 $0.4<S_轮/S_矩<0.7$ 且 $0.75<C_轮/C_圆<0.9$ | $S_轮/S_圆>0.7$，$C_轮/C_圆>0.7$，$0.7<S_轮/S_矩<0.9$，$0.7<C_轮/C_矩<0.9$ |

基于轮廓几何形状的交通标志检测基本步骤如下：

①对分割后的二值影像进行边缘提取操作，整幅影像得到若干个封闭或者不封闭的几何形状。

②遍历所有的几何轮廓，进行凸面检测，去除凹面轮廓及非封闭轮廓。

③提取轮廓周长、最小外接圆轮廓等属性信息，利用阈值方法判断，提取出交通标志的轮廓。至此，完成交通标志的检测。

**4. 交通标志识别**

(1) 交通标志校正

①尺度归一化。

检测到的交通标志区大小各异，因此需对检测到的交通标志进行尺度归一化处理，使之与参考标志库对应标志的大小一致。

②几何纠正。

采用仿射变换对检测到的交通标志区进行几何纠正。

(2) 交通标志识别

①基于分块特征匹配的交通标志识别法。

分块特征匹配法的基本思想是把交通标志图像的内核区域分成不同的小块，然后分别提取这些小块区域的特征，构成特征向量；将检测得到交通标志的分块特征向量和各参考标志分块特征向量匹配，就可以识别出交通标志。该方法实现简单，运算量小，可实现近实时识别。

②基于支持向量机的交通标志分类。

支持向量机是一种以结构风险最小化为原则的统计学习算法。该方法的基本思想是在样本的输入空间或者特征空间里($n$ 维特征，$n>2$，通常是高维空间中)构造出一个最优超平面 OSH(Optimal Separating Hyperplane)，使得超平面分开的两类样本之间的距离能够达到最大，从而获得好的泛化能力。选择 SVM 作为交通标志的分类器，主要是因为相较于其他分类器，SVM 具有更快的学习速度和较高的分类精度。另外，其凸面代价函数总能找到一个最优的决策边界,尤其在样本较少的情况下也能有好的分类效果。

图 7.5.4 为分类算法流程。在几何校正后 ROI 上提取分块特征和 HOG 特征。在此之前要准备大量样本,样本的 ROI 同样要经过交通标志校正处理,保证了待分类目标和模板库标志特征一致,提取样本上的分块特征和 HOG(Histogram of Oriented Gradients,HOG)特征进行 SVM 训练,得到支持向量。最后用训练出的支持向量进行分类。

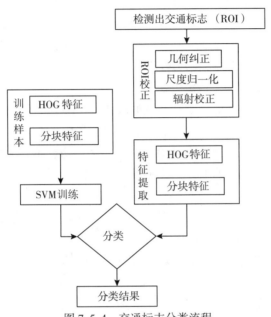

图 7.5.4　交通标志分类流程

其中方向梯度直方图 HOG 是一种特征描述子,2005 年在 CVPR 会议上由法国国家计算机科学及自动控制研究所的 Navneet Dalal 等提出。该方法使用梯度方向直方图特征来表达人体,提取人体外形信息和运动信息,形成丰富的特征集,在行人检测方面取得了巨大的成功。为了使方向梯度直方图兼顾空间分布信息,特征提取过程中分为四个层次:窗口、区块、单元、像素。如图 7.5.5 所示,输入的窗口被划分成一系列等大的区块,区块与区块之间相互重叠,每个区块由 2×2 或 3×3 个单元组成,每个单元又是由若干个像素构成。

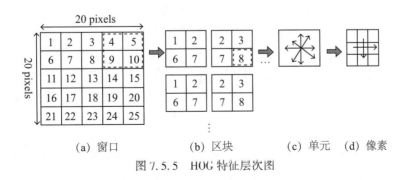

图 7.5.5　HOG 特征层次图

HOG 描述子(特征向量)的生成步骤为：a. 图像归一化；b. 利用一阶微分计算图像梯度；c. 基于梯度幅值的方向权重投影；d. HOG 特征向量归一化；e. 得出 HOG 最终特征向量。

### 7.5.3 交通标志智能检测与识别方法

交通标志信息提取一般包括检测和识别两个步骤，检测是识别的前提和基础，检测阶段获取样本中交通标志的位置，识别阶段判断标志的具体类别。为此，首先阐述基于深度学习的交通标志智能检测主要方法，具体介绍基于 YOLOv3 的交通标志检测方法；然后介绍基于 TSDNet-40 的交通警告标志识别方法。

1)基于深度学习的交通标志检测方法

基于深度学习的目标检测取得了突破性的成果，检测方法分为两个主要流派：基于区域的双步方法和不基于区域的单步方法。双步方法首先生成众多候选框，再对每个候选框进行精分类和回归，最终通过删选得到检测结果，主要方法有 R-CNN 系列、结合通道剪枝与 ROI Align 的 PFR-CNN；单步方法是使用全卷积网络直接对每个位置输出分类和回归，不需要生成候选框，主要方法有 SSD、RetinaNet、YOLOv3。

双步目标检测算法是由传统图像识别方法发展而来的，包含候选框生成和候选框分类回归两步。其代表算法为 Faster R-CNN。图 7.5.6 展示了 Faster R-CNN 的网络结构，其主要由四部分组成：①基础网络(Backbone)，用于从图片提取特征，采用基于 ImageNet 预训练的 VGG-16，将其去掉 FC 层进行特征提取；②RPN(Region Proposal Network)网络，用于推荐候选区域，这是 Faster R-CNN 的主要创新。其输入为从图片提取到的特征，输出为多个候选区域；③ROI 池化(Pooling)，RPN 网络提取到的候选区域大小不一，借助 ROI Pooling 将提取的候选区域归一化到相同尺寸，若进行最大池化层(Max Pooling)操作，就从每个区域中选择最大值，并将其放在输出中相应的位置。如果要为多通道图像进行池化操作，则应分别对每个通道进行池化操作。④分类和回归网络，该网络的输入为候选框

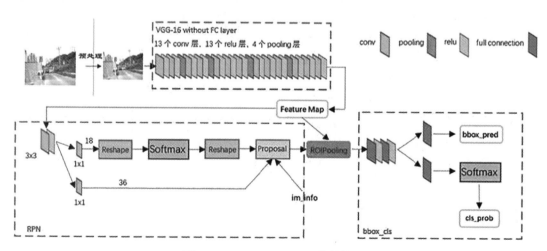

图 7.5.6　Faster R-CNN 网络结构图

特征，输出为该候选框的所属类别和其在图像中的具体位置。

2016 年，Joseph Redmon 等发表了有关 YOLOv1 目标检测框架的研究成果，创造性地提出了单步目标检测思路，以超快的速度引起学术界广泛重视。单步目标检测的主要思路是在图片的不同位置均匀地进行密集抽样，抽样时可以采用不同尺度和长宽比，然后利用 CNN 提取特征后直接进行分类与回归，整个过程只需要一步，所以其速度快。经过这些年的发展，单步目标检测方法在保证速度的基础上精度已有大幅度提升，出现了 SSD、YOLOv3 等优秀的目标检测算法。

最新的 YOLOv3 算法具有结构简洁，易于实现等优点。其网络结构如图 7.5.7 所示，YOLOv3 包含特征提取网络 DarkNet-53、特征金字塔融合和类别位置回归三部分。输入待检测图片后，首先经过 DarkNet-53 进行特征提取，得到尺度分别缩小 8、16、32 的三组特征图；其次采用卷积层调整、上采样接通道合并的方法对三组特征进行融合，得到网络的三组输出；最后在三组输出上计算代价函数，采用 BP 算法迭代进行优化。YOLOv3 中的每组输出在每个位置上都会拟合三个锚点(anchors)，通过对每个位置上的 anchors 进行精修生成预测结果。

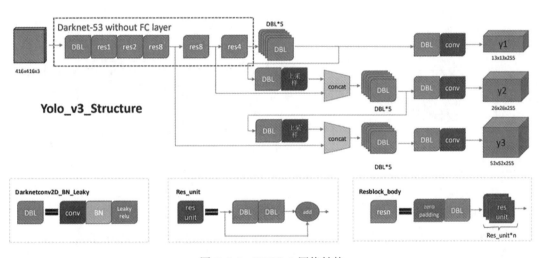

图 7.5.7　YOLOv3 网络结构

（1）特征提取网络 DarkNet-53

DarkNet-53 借鉴了 ResNet 中跨层连接的思想，进行去池化、通道调整等改进，共包含五阶段的卷积残差块。随着网络的加深，每个阶段特征图尺寸减小为原来的一半。DarkNet-53 的最大特点是去池化层，其特征图尺寸的变化是通过改变卷积层卷积核的步长来实现的，这样可以更充分地利用图像信息。但这要求输入图像的尺寸必须为 32 的整数倍。不同于 ResNet 中先用 1×1 卷积降低通道数，经过 3×3 卷积后再提升通道数；DarkNet-53 中交替使用 1×1 和 3×3 卷积，这可使网络计算的每秒浮点数更高，更充分利用 GPU 计算资源。通道减半的 1×1 卷积层在不改变卷积层感受野的前提下，可以增加网络的特征表达能力。

(2) 特征金字塔融合

为提升小目标检测效果，采用特征金字塔融合。低层特征图中语义信息较少，位置信息丰富；而高层特征图中语义信息丰富，位置信息较少。特征融合通过将不同层次的特征图进行合并，综合利用语义信息和位置信息进行检测。图 7.5.8 展示了目标检测特征融合的发展历程。图 7.5.8(a) 中通过对原图像进行多尺度缩放输入网络进行检测，其计算量大且模型结构复杂；图 7.5.8(b) 中只利用顶层特征进行检测，代表性算法有 Faster R-CNN；图 7.5.8(c) 中直接在特征提取网络进行多阶段预测，代表性算法有 SSD；图 7.5.8(d) 在特征提取网络和预测特征图间加入横向连接，进行特征融合，再分别在多尺度特征图上进行预测。

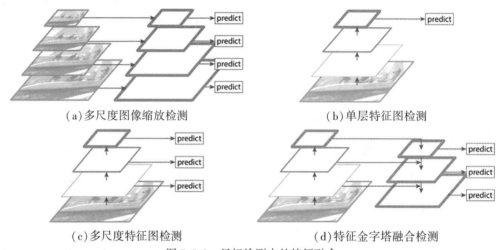

图 7.5.8　目标检测中的特征融合

(3) 损失函数

损失函数是神经网络的重要组成部分，其定义了网络优化的目标，对模型的表现效果有决定性影响。目标检测中损失函数包含回归和分类两部分，回归部分用于确定待检测目标的位置，分类部分用于确定检测目标的种类。回归损失函数预测 anchor 与对应真值之间的偏差；分类损失函数包含两部分：目标置信度和每类得分预测。

图 7.5.9 为改进的 YOLOv3 检测流程图。在 YOLOv3 的基础上利用 K-means 聚类进行 anchors 超参数设置，同时采用更大尺寸的图像作为输入，进行模型调参后，实现了基于 YOLOv3 的交通警告标志检测。

在 Ubuntu16.04 系统下，采用 TensorFlow 的 Keras 深度学习框架（Keras 是一套高层神经网络 API 库，支持快速模型搭建，具有用户友好、模块性强和易于扩展等优点），采用 Python 语言编程。实验硬件环境：CPU 为英特尔酷睿 i7-7700k，显卡为英伟达 GTX 1060 6G 显存。

表 7.5.3 列出了改进的 YOLO 和 Faster R-CNN、PFR-CNN 等主流方法在 GTSDB 和 CTWSDB 数据集上的检测效果。

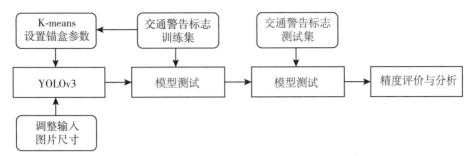

图 7.5.9　改进的 YOLOv3 检测流程图

表 7.5.3　**各算法在 GTSDB 和 CTWSDB 上的检测精度**

| 算法 | 输入尺寸 | 基础网络 | CTWSDB | GTSDB | sec/img |
| --- | --- | --- | --- | --- | --- |
| Faster R-CNN | 1600×900 | VGG16 | 88.5% | 89.4% | 0.32 |
| PFR-CNN | 1280×720 | VGG16 | 83.5% | 89.2% | **0.12** |
| PFR-CNN | 1600×900 | VGG16 | 89.7% | 89.8% | 0.16 |
| 改进的 YOLOv3 | 960×960 | DarkNet53 | **95.6%** | 94.9% | 0.17 |

由表 7.5.3 可知，在 960×960 的图片输入尺寸下，改进的 YOLOv3 在 GTSDB 和 CTWS-DB 上平均精度 mAP 分别为 94.9%和 95.6%。相较 Faster R-CNN，改进的 YOLOv3 在更小输入尺寸上得到更高的检测精度，且耗时仅为前者的 60%，精度提升最主要的原因为多尺度融合，耗时减少的原因为 Faster R-CNN 将所有候选框进行 ROI Pooling 后进行单独分类和回归，而改进的 YOLO 直接通过卷积进行分类与回归，省略了候选框生成步骤。相较于输入尺寸为 1600×900 的 PFR-CNN 网络，改进的 YOLOv3 在输入图片减小的同时，精度反而分别提升 5.1%和 5.9%，耗时仅有 0.01s 的增加。耗时接近的原因为：PFR-CNN 采用通道剪枝的方法进行加速。比较两种输入尺寸的 PRF-CNN 检测结果可知：增加网络输入图片的分辨率是一种有效提升检测精度的方法，代价则是耗时和计算量的增加。

2) 基于深度学习的交通警告标志识别方法

近年来，图像识别精度被不断刷新，诞生了 AlexNet、VGGNet、Inception 系列、ResNet、DenseNet 等诸多经典的卷积神经网络模型，以及 Xception、ResNeXt 等众多改进方法，这些优秀的模型及其变种得到广泛应用。

交通警告标志识别数据集相较于 Pascal VOC 等其他数据集有两个重要特点：识别图像目标尺寸小，不同标志间区别不明显。当前已出现了 TSNet-9、MCDNN 等交通标志识别模型。TSNet-9 是重复使用 3×3 卷积层和下采样层的浅层模型，在 GTSRB 数据集上获得较高精度，但是当数据中难样本较多时，其精度下降明显。MCDNN 采用多模型融合策略进行识别，但其存在模型精度较低的缺陷。

交通警告标志识别采用 DenseNet 密集连接的思想，设计了 TSDNet-40 网络，表 7.5.4 为其网络结构，该网络包含三个 Dense Block，不同 Dense Block 由包含下采样层的过渡 (Transition) 层连接，最后一个 Dense Block 后接全连接层用来预测识别结果。三个 Dense Block 内分别含有 6、12 和 18 个卷积层，转换层由 1×1 的卷积层和步长为 2 的最大池化层组成。除过渡层外，其余卷积操作的卷积核均为 3×3，步长和边缘填充均为 1，这可保证卷积前后特征图尺寸不变。在网络最后一层全连接前加入 DropOut 层，训练阶段以 0.5 的概率忽略部分连接，测试时不忽略部分连接，可防止模型过拟合，提升网络的泛化能力。

表 7.5.4　　　　　　　　　　TSDNet-40 网络

| Layer Name | Kernel_size | Stride | Input_size | Output_size |
| --- | --- | --- | --- | --- |
| Conv1 | 3×3 | 1 | 32×32×3 | 32×32×16 |
| Dense Block1 | 3×3 | 1 | 32×32×16 | 32×32×52 |
| Transition1 | 2×2 | 2 | 32×32×52 | 16×16×26 |
| Dense Block2 | 3×3 | 1 | 16×16×26 | 16×16×98 |
| Transition2 | 2×2 | 2 | 16×16×98 | 8×8×49 |
| Dense Block3 | 3×3 | 1 | 8×8×49 | 8×8×193 |
| Transition3 | 3×3 | 1 | 8×8×193 | 4×4×96 |
| Flatten+FC1 | — | — | 4×4×96 | 1000 |
| DropOut | — | — | 1000 | 1000 |
| FC2 | — | — | 1000 | Class_num |

多模型融合是指采用同一网络，针对不同方式处理的训练集，训练多个模型。测试时利用多模型进行联合决策。在训练过程中，首先对样本进行随机裁剪、随机旋转、尺度缩放等数据增广，然后对增广后的图像分别进行对比度调整、直方图均衡化和自适应直方图均衡化，利用得到的四组训练集可训练四个识别模型。在测试过程中，同样对测试集进行对比度调整、直方图均衡化和自适应直方图均衡化，分别输入不同模型进行识别，得到四组识别得分，对四组得分进行相加，取得分最高的类别作为最终识别结果。

表 7.5.5 列出了 TSDNet-40 和 TSNet-9、MCDNN 等当前主流方法在 GTSRB 和 CTWSRB 数据集上的识别结果。表中 TSNet-9 和 TSDNet-40 为单模型方法，MCDNN、TSNet-9 融合和 TSDNet-40 融合为多模型融合方法。

表 7.5.5　　　　　各算法在 GTSDB 和 CTWSDB 上的识别准确率

| Method | CTWSRB | GTSRB |
| --- | --- | --- |
| TSNet-9 | 97.99% | **99.18%** |
| TSDNet-40 | **98.37%** | 98.65% |
| MCDNN | 92.60% | 99.46% |
| TSNet-9 融合 | 98.99% | **99.54%** |
| TSDNet-40 融合 | **99.80%** | 99.48% |

在 GTSRB 公开数据集上，TSDNet-40 单模型模型精度为 98.65%，多模型融合之后的精度为 99.48%，稍低于 TSNet-9，其主要原因是 GTSRB 数据集仅有 43 类交通标志，且其中样本质量都比较高，浅层网络 TSNet-9 即可达到较高的精度，而深层网络则有过拟合的风险。而在 CTWSRB 数据集上，TSDNet-40 单模型精度为 98.37%，多模型融合之后精度达到 99.80%，无论是单模型还是多模型融合，精度均超越了目前最好的 TSNet-9。原因为国内数据集中包含较多的难样本，TSDNet-40 深层网络相较于浅层网络可学习到更多的抽象特征，更适合于复杂场景下的交通警告标志识别。

在国内识别数据集 CTSRB 上，多模型融合的 TSDNet-40 网络得到了 99.80% 的识别精度，领先现有的主流识别模型。

## ◎ 习 题

1. 简述统计模式识别的原理。
2. 线性判别函数在两类分类中如何应用？
3. 简述贝叶斯分类的一般过程，在什么情况下采用贝叶斯分类法比较合适？
4. 简述句法模式识别的原理，并画出其原理框图。
5. 统计模式识别法有哪些缺点？
6. 简述一个神经元的工作原理。
7. 简述一般神经网络的工作过程。
8. 神经网络识别法有何优缺点？
9. 三层 BP 神经网络的每一层起什么作用？BP 神经网络存在哪些缺点？给出一种改进方法。

# 第8章 Photoshop 简介

## 8.1 Photoshop 的产生及发展

Photoshop(简称PS)是特别畅销的图像编辑软件。Photoshop 软件最早是由博士研究生Thomas Knoll 为了娱乐而编写的,当时命名为"Display"。Thomas 的"Display"程序引起了他的哥哥 John 的注意,他们开始合作编写一个数字图像处理程序,并决定商业化。Thomas 命名其为 Photoshop,由 John 将 Photoshop 卖给了 Adobe,就有了 Adobe Photoshop。

Photoshop 是 Adobe 公司推出的一款平面设计软件,Photoshop 也是 Adobe 的核心产品。1990年2月推出了 Photoshop 1.0。最初版本的 PS 与今天 Windows 系统自带的"画板"组件十分相似,仅提供一些基本功能(上色板、图形缩放、画笔、橡皮擦等),而且只支持 Mac 平台。从1991年到2002年相继推出了 Photoshop 2.0~7.0。2003年数码相机的流行和普及,获取图片的方式从扫描变为拍照,Adobe 对 Photoshop 作出了重大升级,这就是 Photoshop CS,CS 的意思是 Creative Suite。Photoshop CS 新增了许多强有力的功能,特别是对于摄影师来讲,这次它大大突破了以往 Photoshop 系列产品更注重平面设计的局限性,对数码暗房的支持功能有了极大的加强和突破。从2003年到2012年相继推出了 Photoshop CS1~6。

Photoshop CS1 是 Photoshop 中最经典的版本,它不仅是专业摄影师理想的选择,也是图像处理爱好者的首选工具。Photoshop CS1 提供了简洁的工作界面和丰富实用的功能,Photoshop CS1 由标题栏、工具箱、菜单栏、属性栏和选项组成,Photoshop CS1 的工具由移动工具、魔棒工具、钢笔工具、渐变工具、套索工具等组成,Photoshop CS1 的滤镜包括像素化、扭曲、杂色、模糊、渲染、画笔描边、素描、纹理、艺术效果、锐化、风格化、其他。Photoshop CS1 的选项面板由画笔、图层、路径、色板、导航器等组成。

AdobePhotoshop CS6 是2012年推出的 AdobePhotoshop 第13代,是一个较为重大的版本更新。Photoshop 前几代加入了 GPU 和 OpenGL 加速、内容填充等新特性,Adobe Photoshop CS6 加强了3D图像编辑,采用新的暗色调用户界面,还有整合 Adobe 云服务、改进文件搜索等。

继2012年 Adobe 推出 Photoshop CS6 版本后,2013年7月 Adobe 公司推出新版本 Photoshop CC(Creative Cloud)。Photoshop CC 新增相机防抖动功能、CameraRAW 功能改进、图像提升采样、属性面板改进、Behance 集成等功能,以及 Creative Cloud,即云功能。从2013年 Photoshop CC 2013发展至2023年的 CC 2023。Photoshop CC 2018及以前各版本适用于 Windows 7 及以下版本。从 Photoshop CC 2019到 CC 2023,不再适用于 Windows 7 及

以下版本，完美支持 Win 10/11 64 位系统。

Photoshop 强大的功能受到广大用户的青睐，在数码照片处理、视觉创意、平面设计、艺术文字及网页制作等方面得到广泛应用。

①数码照片处理：在 Photoshop 中，可以进行各种数码照片的合成、修复和上色操作，如为数码照片更换背景、为人物更换发型、去除斑点、数码照片的偏色校正等，Photoshop 同时也是婚纱影楼设计师们的得力助手。

②视觉创意：视觉创意是 Photoshop 的特长，通过 Photoshop 的艺术处理可以将原本不相干的图像组合在一起，也可以发挥想象自行设计富有新意的作品，利用色彩效果等在视觉上表现全新的创意。

③平面设计：平面设计是 Photoshop 应用最为广泛的领域，无论是书籍画册还是海报，这些与印刷相关的平面印刷品，均可采用 Photoshop 软件进行图像的编辑处理。

④艺术文字：普通的艺术文字经过 Photoshop 的艺术处理，就会变得精美绝伦。利用 Photoshop 可以使文字发生各种各样的变化，并且利用这些艺术化处理后的文字也可以为图像增加效果。

⑤网页制作：掌握 Photoshop 的应用不仅可以制作平面印刷作品，在网页设计中，Photoshop 也是必不可少的网页图像处理软件。

## 8.2　Photoshop CC 2023 桌面环境

为了应用 Photoshop 高效进行图像编辑工作，本书以 Photoshop CC 2023 为例，首先介绍 Photoshop 的操作界面。

安装完成 Photoshop CC 2023 后，其界面如图 8.2.1 所示。

图 8.2.1　初始界面

执行"编辑"→"首选项"→"界面"，如图 8.2.2 所示。

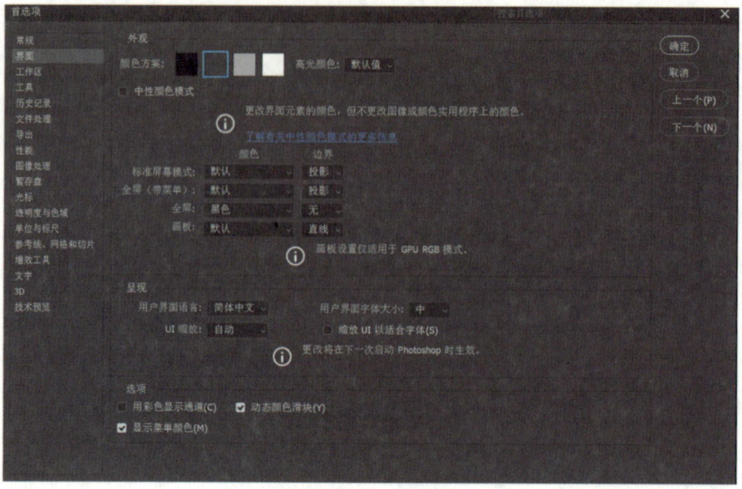

## 第 8 章　Photoshop 简介

图 8.2.2　首选项

选择外观"颜色方案"中最右边的灰色，可改变界面颜色，使整体色彩感觉比较柔和。在使用 Photoshop 的过程中，需要用到多种面板，如果需要把面板调至初始状态，可以执行"窗口"→"工作区"→"复位基本功能"命令，即可得到如图 8.2.3 所示的常用面板。

图 8.2.3　默认常用面板一览

可以看到在制图中常用的有如图 8.2.4(a) 颜色/色板面板，如图 8.2.4(b) 调整/样式面板，如图 8.2.4(c) 图层/通道/滤镜面板。其中常用的历史记录面板被隐藏，点击控制面板右上角的图标指示即可打开，如图 8.2.5 所示。

需要关闭面板选项卡时，点击右上角 得到下拉菜单，关闭一个面板时选择"关闭"，关闭选项卡组时选择"关闭选项卡组"。在点击 得到的下拉菜单中可以进行针对该面板的更详细的设置。

要增加控制面板功能，可点击"窗口"，添加其中某个功能只需要点击即可，添加至控制面板后前面会加上"√"号；减少某个面板也只需在"窗口"菜单中点击对应的功能，消去"√"号即可。

(a)颜色/色板面板　　　　　(b)调整/样式面板　　　　　(c)图层/通道/滤镜面板

图 8.2.4　颜色、调整、图层面板

(a)历史记录面板　　　　　(b)属性面板

图 8.2.5　隐藏面板

## 8.3　Photoshop CC 2023 编辑基础

### 8.3.1　新建、打开、关闭操作

执行"文件"→"新建"即可新建一个空白画布，在弹出的如图 8.3.1 所示的窗口中设置画布的大小、背景内容等，点击"确定"即完成新建。

Photoshop 的打开、关闭文件都在"文件"菜单栏下，可自行探索。

### 8.3.2　画布与图像

画布与图像之间的关系是：画布范围以外的图像不显示，超出图像大小范围的画布部分显示为透明区域。

可以更改图像大小和画布的大小，执行"图像"→"图像大小"或"图像"→"画布大小"命令，随后再弹出窗口更改其大小即可。

## 第 8 章　Photoshop 简介

图 8.3.1　新建窗口

### 8.3.3　辅助工具

**1. 标尺**

标尺的作用是帮助用户精确地定位图像或元素，执行"视图"→"标尺"命令，则出现标尺，标尺的原点就是 $(x, y) = (0, 0)$，原点在图 8.3.2 中左上角用红点标记。

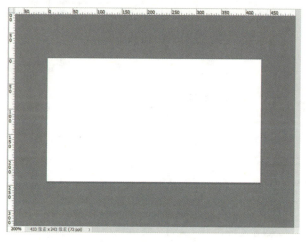

图 8.3.2　使用标尺

要改变标尺的原点，除了执行"视图"→"对齐到"命令的方法之外，还可以使用手动拖动的方法，将指针放在窗口左上角标尺的交叉点上，然后沿对角线向下拖移到图像上，在拖移的过程中会看到一组十字线，它们标出了标尺的新原点，也可以在拖动时按住 Shift 键，以使标尺原点与标尺刻度对齐。要恢复标尺原点到原来的位置，双击左上角标尺的交叉点即可。

另外，在 Photoshop CC 中文版本中，标尺具有多种单位以适应不同大小的图像操作，默认标尺单位为毫米，在标尺上单击鼠标右键，在弹出的快捷菜单中可更改标尺单位。

**2. 参考线**

参考线显示为浮动在图像上不会被打印出来的线，使用鼠标在标尺上拖动，则会显示参考线。参考线如图 8.3.3 所示。

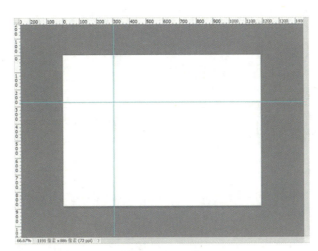

图 8.3.3　参考线

执行"编辑"→"首选项"→"参考线/网格/切片"，可以在如图 8.3.4 所示的弹出窗口中更换参考线的样式。

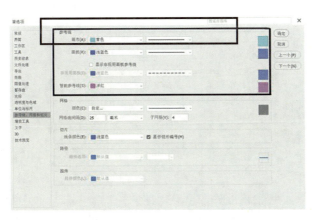

图 8.3.4　编辑参考线样式

勾选"视图"→"对齐"后，当拖动一幅图像与参考线对齐时，此时只要该图像靠近参考线，该图像就会自动吸附到参考线上。如需清除参考线，可以执行"视图"→"清除参考线",也可以直接用鼠标将参考线拖回到标尺位置。

另外,还可以使用智能参考线,执行"视图"→"显示"→"智能参考线"操作后,在移动某图层或图层选区的过程中,该图层或图层选区会与其他图层或图层选区自主出现参考线,可以用智能参考线辅助完成形状、切片和选区的对齐操作。

**3. 网格**

执行"视图"→"显示"→"网格",即可得到如图 8.3.5 所示的网格。

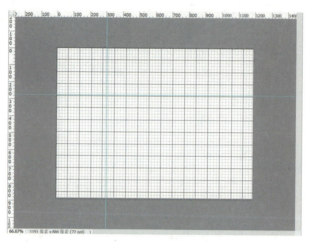

图 8.3.5　网格

执行"编辑"→"首选项"→"参考线/网格/切片",可以在如图 8.3.6 所示的弹出窗口中更换网格样式。

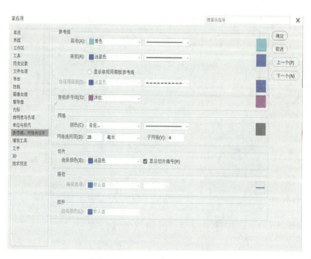

图 8.3.6　更改网格样式

与参考线相似,当需要将一幅图像与网格的某根线对齐时,勾选"视图"→"对齐",此时拖动一个图像靠近网格线,该图像就会自动吸附到最近的线上。要隐藏网格,只需再次点击"视图"→"显示"→"网格"即可。

◎ 习 题

1. "图像"菜单的"图像大小"和"画布大小"有什么区别?
2. 常用的辅助工具有哪些?试简述其各自的用途。
3. 在 Photoshop 中如何选择工具?
4. 编辑处理好图稿后,如何在不改变图像质量和尺寸的情况下缩小文件?

# 第 9 章　图层与图层样式

图层与图层样式的出现，是 Photoshop 一个划时代的进步。使用图层可以在不影响整个图像中其他元素的情况下处理其中一个元素，常见的图像合成离不开图层的操作。可将图层想象成一张一张叠起来的透明胶片，每张胶片上都有不同的画面，改变图层的顺序和属性可以产生不同的显示效果。

## 9.1　图层面板

### 9.1.1　显示与隐藏图层

打开"图层.psd"，图层面板如图 9.1.1 所示，图层面板中，图标 ◉ 即表示该图层可见，如果点击该图标使其消失，图层则会隐藏起来。

图 9.1.1　图层面板

### 9.1.2　锁定图层

图层面板中有四个锁定选项， ▨ 是锁定透明像素，即透明部分不允许绘图操作，但可以移动图像的位置； ✔ 指锁定图层像素，即图层被锁定，无论是透明区域还是图像区域都无法进行绘图操作，但该功能对背景层无效； ✦ 是锁定位置，即不允许图层的变形编辑和移动，但可以绘图； 🔒 指锁定全部，即不允许任何操作，只能改变图层的叠放顺序。

### 9.1.3 链接图层

链接图层就是具有链接关系的图层，当需要对多个图层进行相同的移动、变形等操作时，可以将多个图层链接起来，链接图层的作用是固定当前图层和链接图层，保持它们的相对位置不变。操作步骤是先全选所有需要链接的图层，然后点击图层面板右下角的 ⊖ 。

### 9.1.4 图层不透明度

选中图层后可通过调节不透明度 不透明度:63% 或利用"填充"按钮 填充:48% 使图层呈现半透明效果。其中"填充"的不透明度是专门用于设置填充像素的不透明度。

### 9.1.5 图层混合模式

Photoshop 提供了多种图层间的混合模式，如图 9.1.2 所示。

图 9.1.2 混合模式

多种模式的作用可自行查阅相关资料。

## 9.2 图层的基本操作

### 9.2.1 选择图层

单击该图层即可选中该图层，此时对图像所做的任何更改都只影响当前图层。

## 9.2.2 新建图层

**1. 新建普通图层**

新建图层一般位于当前图层的上方，单击图层面板右下角 ▫，即可创建图层，或执行"图层"→"新建"→"图层"命令，弹出如图 9.2.1 所示对话框，单击"确定"即可新建图层。

**2. 新建填充图层**

Photoshop 也可以创建填充图层，填充方式分别是纯色、渐变和图案。

打开实验图"填充图层.psd"，按住 Ctrl 键点击图层"樱花"的缩略图以选中选区，如图 9.2.2 所示。

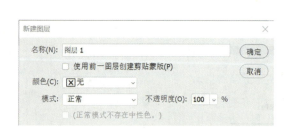

图 9.2.1　新建普通图层

图 9.2.2　选中选区

执行"图层"→"新建填充图层"→"纯色"命令，弹出如图 9.2.3 所示对话框，点击"确定"。

在如图 9.2.4 所示拾色对话框中选择颜色，点击"确定"即可。

图 9.2.3　新建纯色填充图层

图 9.2.4　拾取填充颜色

按住 Ctrl 键单击图层"樱花"的缩略图以选中选区，执行"选择"→"变换选区"，旋转该选区，旋转到如图 9.2.5 所示的位置。执行"图层"→"新建填充图层"→"渐变"命令，填充效果如图9.2.6所示。

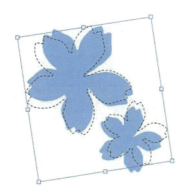

图9.2.5　旋转选区

图9.2.6　渐变填充

再次旋转选区到如图9.2.7所示位置。执行"图层"→"新建填充图层"→"图案"命令，得到效果如图9.2.8所示。

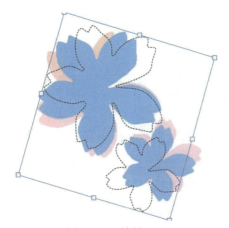

图9.2.7　旋转选区

图9.2.8　图案填充

**3. 创建调整图层**

调整图层可以对全部或局部图像进行颜色、色调等调整，而不会永久地更改像素值，例如可以在创建曲线调整图层时，该调整效果存储在调整图层中，并应用于它下面的所有图层中，可以随时删除并恢复原始图像。

创建调整图层的方法是单击图层面板底部的 ◐ （"创建新的填充或调整图层"按钮），打开一个列表，在其中选择所需的调整功能即可创建调整图层。

**4. 创建图层组**

执行"图层"→"新建"→"组"命令，新建图层组，然后可将相同类别的图层拖入新建的图层组中，或直接按住 Shift 键选中所有需要编入组内的图层，按 Ctrl+G 快捷键即可，如图 9.2.9 所示。

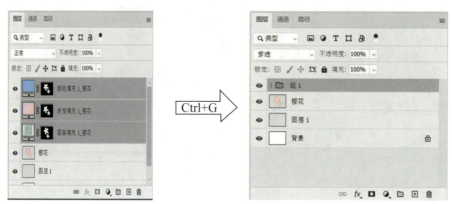

图 9.2.9  创建图层组

图层组也可以归为子组，隶属于上一个图层组，如图 9.2.10 所示，在图层组中选择几个图层后按 Ctrl+G 快捷键。

图 9.2.10  图层组子组示意图

图层组可以帮助组织和管理图层，使用图层组可以很容易地将图层作为一组移动，图层组和图层一样可以进行复制、粘贴、移动、删除、更名、合并等操作。另外，图层组是清晰明了的制作思路的体现，并且使得源文件具有可移交性，良好的图层组织使别人可以较容易看懂源文件并接手工作。

### 9.2.3  复制图层

同位复制：鼠标右键点击"复制"。
异位复制：将当前图层拖拽至另一图像文件中，可以在另一图像文件中产生当前图层的复制；也可以选择移动工具 ✣ 拖拽图像到另一文档里。

### 9.2.4  移动图层

图层按类似堆栈的形式放置，上面的图层会覆盖下面的图层，可通过改变图层的堆叠顺序来改变图像的效果。用鼠标直接拖拽即可，也可以执行"图层"→"排列"命令，如图 9.2.11 所示。

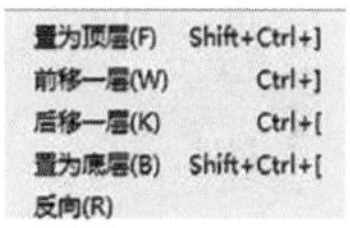

```
置为顶层(F)    Shift+Ctrl+]
前移一层(W)    Ctrl+]
后移一层(K)    Ctrl+[
置为底层(B)    Shift+Ctrl+[
反向(R)
```

图 9.2.11　排列菜单栏

### 9.2.5　删除图层

单击鼠标右键，选择"删除"即可。

### 9.2.6　更名图层

双击图层更换名字。

### 9.2.7　合并图层

通常确定图层内容之后即可单击鼠标右键合并图层，"向下合并"是指当前图层与其下图层的图像进行合并，其他图层不变；"合并可见图层"即将所有显示的图层合并；"拼合图像"即可见的图层都合并并且删除隐藏的图层。

### 9.2.8　转换为智能对象

Photoshop 2023 普通图层可以直接被转换为"智能对象"，也可以直接将图像以智能对象的形式置入图像。

智能对象作为一种最重要的无损编辑技巧，它的优点有很多：

①无损变换。可以随意地缩放、旋转、扭曲多次，但不会降低原图的质量。例如，用户将图片缩小后又决定将其恢复原始大小，这个过程不会破坏图片的质量。

②无损滤镜。当用户为智能对象使用滤镜时，会生成智能滤镜。智能滤镜确保用户在任何时候对其进行重新设置。在 Photoshop 2023 中大多数滤镜都支持智能对象。

③同步/链接功能。如果用户将一个智能对象复制一份，当用户在更新智能对象的内容时，用户复制的另一个图层也会发生相应的变化。这个功能在用户需要将同一图层复制多个并保持同步变换时会非常有用。

④转换智能对象的方法：在图层上单击鼠标右键，选择"转换为智能对象"即可，双击即可编辑智能图层内容。

### 9.2.9　对齐和分布图层

当图层面板中至少有两个同时被选择或链接的图层，且背景图层不处于链接状态时，图层"对齐"和"分布"命令才能被使用。选择"图层"→"对齐"或者"图层"→"分布"得到如图 9.2.12 菜单栏，然后执行其中命令即可。

## 第 9 章  图层与图层样式

图 9.2.12  对齐菜单栏

当然也可以使用本章第 1 节中提及的智能参考线辅助对齐。

## 9.3  图层样式

图层样式是一些特殊图层效果的集合。Photoshop 提供了各种效果来更改图层内容的外观、图层效果与图层内容链接。

### 9.3.1  图层样式面板

选中图层后，点击 fx. 可以选择图层样式。双击图层可以出现图层样式面板，如图 9.3.1 所示。

图 9.3.1  图层样式面板

其中，图层样式面板左侧的效果列表区列出了所有可以添加的图层效果供用户选择。只有最上边的"样式"选项比较特殊，点击"样式"，在选项设置区中弹出的是预设样式面板。

混合选项面板中，单击按钮 混合模式: 正常  可以选择图层的色彩混合模式，按钮 不透明度(O):  100 % 用于设置当前图层的不透明度，按钮 填充不透明度(F):  100 %

184

用于设置当前图层的内部填充不透明度，挖空：无 用于设置图层颜色的深浅，将内部效果混合成组(I) 用于将本次的图层效果组成一组，将剪贴图层混合成组(P) 用于将剪切的图层组成一组，本图层： 0    255 用于设置当前图层所选通道中参与混合的像素的范围，下一图层： 0    255 用于设置当前图层的下一图层中参与混合的像素范围。

### 9.3.2 图层的特殊效果

**1. 样式效果**

Photoshop 随附了多个图层样式库，按功能分在不同的库中，如图 9.3.2 所示。

图 9.3.2　图层样式库

也可以直接应用另一图层的样式效果：在图层 A 上单击鼠标右键，在快捷菜单中选择"拷贝图层样式"命令，然后在图层 B 上单击鼠标右键，执行"粘贴图层样式"命令。

**2. 阴影效果**

在图层样式面板中选择"投影"命令，设置参数及其效果如图 9.3.3 所示。

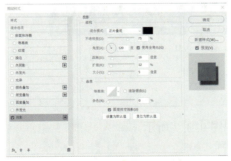

图 9.3.3　投影效果

内阴影参数设置和效果如图 9.3.4 所示。

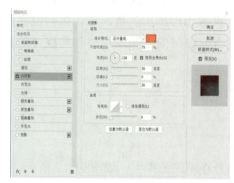

图 9.3.4　内阴影效果

### 3. 发光效果

外发光效果参数设置和效果如图 9.3.5 所示。

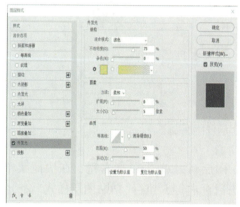

图 9.3.5　外发光效果

内发光效果和外发光效果参数设置面板相似，效果如图 9.3.6 所示。

图 9.3.6　内发光效果

### 4. 斜面和浮雕效果

斜面和浮雕参数设置和效果如图 9.3.7 所示。

### 5. 叠加效果

叠加效果包括颜色叠加、渐变叠加和图案叠加。颜色叠加参数和效果如图 9.3.8 所示。

9.3 图层样式

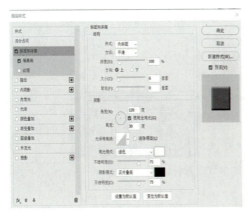

图 9.3.7　斜面和浮雕参数设置与效果

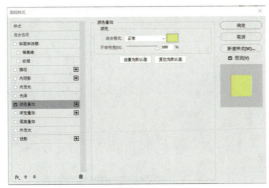

图 9.3.8　颜色叠加参数设置与效果

渐变叠加参数设置和效果如图 9.3.9 所示。

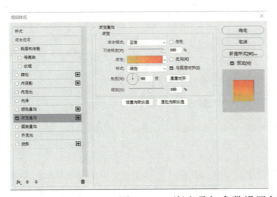

图 9.3.9　渐变叠加参数设置与效果

图案叠加参数设置与效果如图 9.3.10 所示,其中"缩放"的值越大,纹理越大。

187

# 第 9 章　图层与图层样式

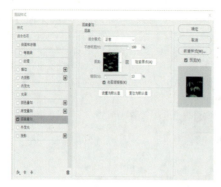

图 9.3.10　图案叠加参数设置与效果

#### 6. 描边效果

描边的参数设置和效果如图 9.3.11 所示，可以选择位置"内部""外部"或"居中"。

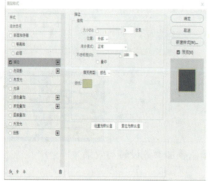

图 9.3.11　描边的参数设置和效果

## ◎ 习　题

1. 图层样式包括哪些？如何应用图层样式？使用图层有何优点？
2. 创建新图层时，新图层会出现在图层堆栈的什么位置？
3. 如何使一个图层的图稿出现在另一个图层的前面？
4. 简述图层组的作用。

# 第 10 章 选区与蒙版

对于 Photoshop 来说，无论是设计制作一张图片还是进行合成特效的制作，首先都必须有素材图，当这些素材图片不是 psd 格式，不能按图层提取时，就需要将它从原有的图像中提取出来，这就是所谓的抠图，这是 Photoshop 进行各项处理应用的基础。

抠图就是建立选区和对选区进行各种操作，在 Photoshop 应用的过程中，有多种方法建立选区，其中有一种特殊的选区——蒙版，蒙版能够使选区更加直观和便于修改，故本章将在介绍建立与编辑选区的基础上，对蒙版进行讲解。

## 10.1 选区的建立

### 10.1.1 选框工具

选框工具是用来建立规则的、简单的选择区域，包括矩形选框工具、椭圆选框工具、单行选框工具和单列选框工具。它们的用法相似，只要在图像窗口中拖动鼠标即可建立一个简单的选区。

长按工具条中的矩形选区工具即可得到多种如图 10.1.1 所示的选区工具。

选区有多种选择方式，在如图 10.1.2 所示的菜单栏中，▫表示建立新选区，▫表示添加到选区，▫表示从选区减去，▫表示选择两选区的交集；羽化是使选区边缘朦胧或模糊的程度。

图 10.1.1 选区工具图

图 10.1.2 选框工具菜单栏

例如，要抠出中空的花纹边框，先用矩形工具▫将边框外围选中，此时外围的虚线即是新建的选区，如图 10.1.3 所示。

然后，点击选区减去工具▫，框选中间空白部分即可去掉中间白色空白部分，如图 10.1.4 所示。按 Ctrl+C（复制），Ctrl+V（粘贴）快捷键复制粘贴选区，即可新建一个只有选区的图层，隐藏显示原图层，得到如图 10.1.5 所示的结果。

189

第10章 选区与蒙版

图10.1.3 抠出外围边框

图10.1.4 去掉内部空白

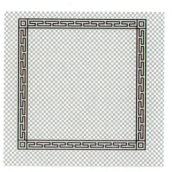
图10.1.5 最终选区

### 10.1.2 魔棒工具

魔棒工具是比较简单的抠图工具,用来选择图像中颜色一致的区域,可以使用魔棒工具在图像颜色相近或相同的区域单击。

打开图片"10.1.6 蝴蝶.jpg",如图10.1.6所示。

图10.1.6 打开图片

选中工具条中的快速选择工具 并长按该键,勾选魔棒工具,图标变为 ,此时容差设为32。图10.1.7中容差是在选取颜色时所设置的选取范围,设置范围是0~255;选择"消除锯齿"选项可以创建边缘较平滑选取;选择连续魔棒工具将只选择与鼠标单击像素相近颜色的邻近区域,否则会选择整个图像中相近颜色的所有像素;选择对所有图层取样,魔棒工具将在所有可见图层的数据中选择颜色,否则只选择当前图层。

图10.1.7 参数设置

设置完成后，魔棒工具在白色背景部分选取，抠出白色背景部分，选区如图10.1.8所示。

图 10.1.8　魔棒抠图

但选区边缘有时选取得比较生硬，所以通常需要对边缘进行修饰，此时单击"选择"→"修改"→"扩展"，弹出的对话框如图10.1.9所示，在扩大选区对话框中输入值为1。

接着，单击"选择"→"修改"→"羽化"，在弹出的菜单中同样输入值1，将选区边缘添加适度的羽化效果，如图10.1.10所示。

图 10.1.9　扩展选区　　　　　图 10.1.10　添加羽化效果

然后单击"选择"→"反选"，或者按Ctrl+Shift+I快捷键反向选择，就可以选取到如图10.1.11所示的图案了。

图 10.1.11　反选得到的选区

用魔棒工具的方法抠图技术简单，容易掌握，但是有很大的局限性。首先它仅适用于如"10.1.6 蝴蝶.jpg"那样背景"纯净"的图片；其次，选取效果较粗糙。

### 10.1.3 快速选择工具

快速选择工具是用于快速绘制颜色相近的选区,使用快速选择工具在图像中拖动,选区会自动向外拓展,并自动查找和跟随图像中定义的边缘。

在工具条中选择快速选择工具,在选项栏中选择合适的参数,如图 10.1.12 所示。其中 是指将新绘制选区增加到选区, 是指将新绘制的选区从已有选区中删掉, 可以选择画笔大小。

使用快速选择工具涂抹白色背景部分,得到背景的选区,然后根据需要设置画笔的样式,加入和减少选区,对选区进行修改,获得较精确的选区,按 Ctrl+Shift+I 快捷键反选得到蝴蝶选区,如图 10.1.13 所示。

图 10.1.12　快速选择工具参数　　　　图 10.1.13　快速选择工具选择的选区

### 10.1.4 套索工具组

Photoshop 中的套索工具组主要包括套索工具、多边形套索工具和磁性套索工具,用于创建各种不规则选区。一般来说磁性套索工具比较常用,故仅介绍磁性套索工具。

磁性套索工具用于与背景对比强烈而且边缘复杂的对象创建选区。磁性套索工具在工具条中长按可选,如图 10.1.14 所示。

在如图 10.1.15 的选项栏中设置合适的磁性套索参数,参数中"宽度"是指设置监测边缘的宽度,监测从鼠标指针位置开始指定宽度范围内的边缘;"对比度"是指套索识别图像边缘的灵敏度;"频率"是指用于设置套索产生控制点的频率。

图 10.1.14　套索工具组　　　　图 10.1.15　磁性套索参数

单击图像,设置第一个控制点,然后沿着需要选取的对象的边界移动鼠标,PS 将根据对象边缘的颜色差异自动生成选框线,并自动添加控制点。如果选取对象边缘复杂,可以单击鼠标手动生成控制点,最终得到选区如图 10.1.16 所示。

图 10.1.16　使用磁性套索工具得到的选区

魔棒工具、自动选择工具和套索工具都不适合特别精细的提取工作。

### 10.1.5　钢笔工具

钢笔工具属于矢量绘图工具，其优点是可以勾画平滑的曲线，在缩放或者变形之后仍能保持平滑效果。

在工具栏中选择钢笔工具，打开"10.1.6 蝴蝶.jpg"文件，在需要用钢笔工具勾选选区的情况下，将钢笔菜单栏中的"路径"改为"形状"（如果选择"路径"绘制得到的就是线条，选择"形状"就会得到覆盖面），菜单栏还可以选择填充的颜色和线条颜色及粗细，如图 10.1.17 所示。

钢笔工具可以绘制直线，在线的开始和结束的位置点击鼠标即可，绘制的直线如图 10.1.18 所示，当需要保持垂直或水平的直线时可以按住 Shift 键。

钢笔工具也可以绘制曲线，在终点位置鼠标左击按住不放，拖拽使其与轮廓边缘重合即可，如图 10.1.19 所示。

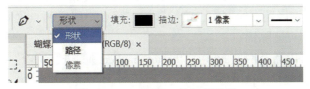

图 10.1.17　钢笔工具组菜单栏

图 10.1.18　钢笔工具绘制直线

图 10.1.19　钢笔工具绘制曲线

但钢笔工具对于初学者来说绘制曲线总是会遇到障碍，这是因为钢笔工具绘制的曲线全部是贝兹曲线，必须对钢笔工具充分理解及多加练习，才能很好地掌握。贝兹曲线由线段与锚点组成，锚点标记路径段的端点。在曲线段上，每个选中的锚点显示一条或两条方向线，方向线以方向点结束，方向线和方向点的位置可确定曲线段的大小和形状。贝兹曲线上的所有控制点、锚点均可编辑，移动这些元素将会改变路径中曲线的形状。

如图 10.1.20 所示，绘制的曲线与轮廓不重叠。按住 Alt 键，鼠标移到方向线，可见鼠标变成准换点工具形状 ↑，调整两个方向的控制点，得到如图 10.1.21 所示的效果。

图 10.1.20　曲线与轮廓不重叠示例　　　　图 10.1.21　调整方向控制点

按住 Alt 键还可以拖动锚点，对其位置进行调整，但是单击曲线，锚点就会使其转换为直线锚点，单击直线锚点就会使其转换为曲线锚点。另外，锚点断点之后，按住 Alt 键+鼠标左键在顶点处拉出一条调节点，就可以断点续接了。

勾选完后得到一个闭合的选区，如图 10.1.22 所示。如果绘制结束后需要添加或删除锚点，可以使用增加锚点工具或删除锚点工具，直接在绘制的线上点击即可，如图 10.1.23 所示。如果选区还在绘制中，直接鼠标左键点击线段两点之间即可增加锚点，鼠标移到锚点上点击即可删除锚点。

钢笔工具训练可以登录网址 http：//bezier.method.ac/进行练习。

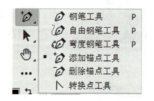

图 10.1.22　选区轮廓示例　　　　图 10.1.23　添加/删除锚点工具

## 10.1.6 色彩范围

色彩范围用于选择现有选区或整个图像内指定的颜色或色彩范围。使用色彩范围命令创建选区的步骤如下：

选择"选择"→"色彩范围"，弹出色彩范围窗口，如图10.1.24所示。如图10.1.25所示，在"选择"下拉列表中选择"取样颜色"，设置显示选项为 ◉ 选择范围(E)，可以观察到选定的区域，其中白色是选定的像素，黑色是未选定的像素，灰色区域是部分选定的像素。◉ 图像(M) 表示预览整个图像。用"吸管指针"在图像或预览区中取样，注意调整"颜色容差"，增加颜色容差将扩大选区范围，降低"颜色容差"将减小选定范围。

图10.1.24 色彩范围窗口

图10.1.25 设置参数并取样

此时还需要对选区做进一步调整，选择 增加到选区，选择 从选区去除，如图10.1.26所示。

可以在选区预览中选择多种预览效果，最后点击"确定"创建选区，得到的选区如图10.1.27所示。

图10.1.26 对选区进一步调整

图10.1.27 使用色彩范围抠图得到的选区

## 10.2 选区的编辑

### 10.2.1 选区边缘处理

**1. 羽化**

羽化命令可以使选区的边缘变得柔和，羽化命令通过建立选区和选区周围像素之间的转换边界来模糊边缘，该模糊边缘将丢失选区边缘的一些细节。

在使用选框工具或套索工具进行选择时，可以在选项栏的"羽化"文本框中设置羽化像素值，指定羽化边缘的宽度。

对于已经创建的选区，可以选择"选择"→"修改"→"羽化命令"，在"羽化选区"对话框中设置羽化半径，如图 10.2.1 所示。

图 10.2.1 "羽化选区"对话框

**2. 消除锯齿**

使用套索工具或椭圆选框工具创建选区时，可选用"消除锯齿"选项，该选项通过软化边缘像素和背景像素之间的颜色过渡效果，使选区的锯齿状边缘平滑，只有边缘像素发生变化，才不会丢失细节。

**3. 平滑**

选择"选择"→"修改"→"平滑"，在"平滑选区"对话框中设置平滑取样半径，可以减少选区边界中的不规则区域，使轮廓更加平滑。

### 10.2.2 选区的形状变换

对创建的选区还可以使用"选择"→"变换选区"命令对其形状进行缩放、旋转、扭曲、变形、翻转等变换。选择该命令时，选区周围会出现控制框，通过控制四个角的控制点可以进行缩放。鼠标移动到控制框 4 个角之外，变成弯角形状时，可以对选区进行旋转。在控制框四周单击鼠标右键，在快捷菜单中选择控制方式，然后拖动控制点，可以实现缩放、旋转、斜切、扭曲、透视等变换。

### 10.2.3 选区的存储和载入

**1. 存储**

Photoshop 中的通道与选区有密切的关系：随意建立一个选区，然后执行"选择"→"存储选区"，在弹出的存储选区对话框中选择保存到新通道，给通道命名，如图 10.2.2 所示。完成后转到通道面板，如图 10.2.3 所示，就多了一个新的通道。用鼠标左键单击新的通道标签，可以看到，在新的通道里面，保存的选择区域以白色呈现，而未选择的区域则为黑色。

图 10.2.2　存储选区

图 10.2.3　通道面板

**2. 载入**

当在全色状态下编辑图像，需要调入保存的选区时，执行"选择"→"载入选区"，在弹出的如图 10.2.4 所示的对话框中选择正确的通道名称，保存的选区便重新呈现出来（就是白色区域）。保存选区的通道中，白色是选区，黑色是未选中部分，而灰色在选区信息中表示一种颜色的渐变和过渡。

图 10.2.4　载入选区

## 10.3 蒙版

蒙版相当于掩膜,可以控制图层或图层组中的不同区域如何被隐藏和显示。蒙版可以反复修改但不影响图层本身。图层蒙版中只有黑色、白色和灰色,黑色区域可以遮盖当前图层中的图像,白色区域可以显示当前图层中的图像,灰色部分会根据灰度值呈现出不同程度的半透明效果。

蒙版分为四种:快速蒙版、图层蒙版、矢量蒙版和剪贴蒙版。

### 10.3.1 快速蒙版

快速蒙版是用来创建、编辑和修改选区的。单击工具箱中的 ▢ ,可以直接创建快速编辑蒙版。

打开文件"10.3.1 人物.jpg"和"10.3.1 背景.jpg",按 Ctrl+J 快捷键将人物图层复制之后,将复制的人物图层拖到背景中,按 Ctrl+T 快捷键实现变换选区操作,变换选区时按住 Shift 键,用鼠标左键进行大小缩放的调整,这样可以进行整体的缩放,效果如图 10.3.1 所示。

将前景色设置为黑色,选择画笔工具,在菜单栏中选择柔边画笔,将画笔涂抹人物以创建蒙版区。如果擦错,可以将前景色设为白色,再将蒙版部分擦回来。涂抹完效果如图 10.3.2 所示。

图 10.3.1 人物叠放位置

图 10.3.2 建立快速蒙版

再次点击快速蒙版工具,得到选区,单击 Ctrl+Shift+I 快捷键反选,得到大致的人物选区,如图 10.3.3 所示。可见人物的头发部分勾勒得不完善,可以通过快速选择工具中的"调整边缘"选项,勾选并设置智能半径后,选用画笔工具在发丝部分涂抹,得到较精确的头发部分的选区,如图 10.3.4 所示。

按 Ctrl+Shift+I 快捷键反选选区,将背景删除,同时按 Ctrl+D 快捷键取消选择,选择"橡皮擦工具",设置不透明度为 20%,然后选择大小合适的画笔笔头,将多余边缘的背景擦除,最终合成效果如图 10.3.5 所示。

图 10.3.3　选区(粗略)

图 10.3.4　选区(精细)

图 10.3.5　最终效果图

### 10.3.2　图层蒙版

图层蒙版在 Photoshop 中应用得相当广泛，平时所说的蒙版一般也指图层蒙版。

打开文件"10.3.6 向日葵.jpg"和"10.3.6 宝宝.jpg"，将"宝宝"的图层用 Ctrl+J 快捷键复制，用移动工具 ✥ 直接将复制的图层拖到向日葵图层上，使用 Ctrl+T 快捷键缩小该图层，如图 10.3.6 所示。

图 10.3.6　图层叠放位置

选中"宝宝"图层，点击图层面板下的创建图层蒙版标识 ◙，设置前景色为黑色，使用画笔工具 ✎，选择合适的画笔大小和笔头形状对"宝宝"的图层进行涂抹，细化勾勒"宝宝"头部的边缘，直至达到如图 10.3.7 所示效果。

图 10.3.7　合成效果图

### 10.3.3　矢量蒙版

矢量蒙版就是将"宝宝"图层放置在"向日葵"图层之后，先用钢笔工具将"宝宝"的头部勾勒出来，如图 10.3.8 所示。然后，点击图层面板的添加矢量模板，得到如图 10.3.9 所示的效果。

图 10.3.8　钢笔工具勾勒轮廓

图 10.3.9　初步合成效果

要调整"宝宝"头的大小和位置，必须栅格化该矢量蒙版，执行"图层"→"栅格化"→"矢量蒙版"，将其转化为图层蒙版后，即可调整大小和位置，细节部分可用图层蒙版的方法对边缘加以修饰，效果如图 10.3.10 所示。

图 10.3.10　调整后合成效果

## 10.3.4 剪贴蒙版

相邻两个图层创建剪贴蒙版后，上方图层显示的形状就要受下方图层的控制，下方图层的形状可以限制上方图层的显示状态，但展示的画面内容是上图层的，即"下形状上颜色"。

打开文件"剪贴蒙版.psd"和"10.3.11.jpg"，使用 Ctrl+J 快捷键将"10.3.11.jpg"复制后再用鼠标拖动到"剪贴蒙版.psd"中，将"10.3.11.jpg"置于文字图层之上，此时的图层叠放顺序如图 10.3.11 所示。

图 10.3.11　图层叠放顺序

按住 Alt 键，将鼠标光标放在图层面板上分割图层 1 和"PHOTOSHOP"两个图层的线上，然后单击即可创建剪贴蒙版，效果如图 10.3.12 所示。

图 10.3.12　剪贴蒙版效果图

◎ 习　题

1. 创建选区之后，可以对图像哪些部分进行编辑？
2. 如何将区域加入选区或将区域从选区减去？
3. 什么是容差？它对选区有何影响？
4. 使用套索工具创建选区时，如何确保选区的形状满足要求？
5. 快速选择工具有什么用途？
6. 使用快速蒙版有何优点？
7. 将选区存储为蒙版时，蒙版被存储在什么地方？

# 第 11 章　绘图与修饰

## 11.1　图像裁剪与变换

### 11.1.1　裁剪与切片工具

工具箱中的裁剪工具 用于图像的裁剪。打开"11.1.1 遥感影像.jpg",用鼠标在图像窗口中拖动,产生保留区域与裁剪区域,如图 11.1.1 所示,按回车键即可得到裁剪结果。

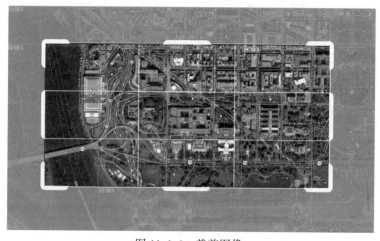

图 11.1.1　裁剪图像

当裁剪划分一幅较大的图像为多个分块并分别保存这些分块时,需要使用切片工具,如图 11.1.2 所示。

切片分为用户切片、基于图层的切片和自动切片。

制作用户切片的步骤如下:打开文件"切片.tiff",选择切片工具 ,在要创建切片的区域上单击鼠标并拖出一个矩形框,放开鼠标可创建一个用户切片,用户以外的部分将自动生成切片,如图 11.1.3 所示。

当需要划分一幅影像,将所有划分得到的切片保存到一个文件夹时,可以选择切片工具,在图上单击鼠标右键并选择"提升到用户切片",然后再单击鼠标右键并选择"划分切片",即可在如图 11.1.4 所示的窗口中按水平和垂直划分切片,得到划分好的结果,如图

11.1.5 所示。

图 11.1.2　切片工具　　　　　　　图 11.1.3　制作用户切片

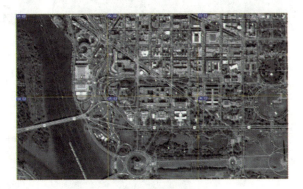

图 11.1.4　划分切片窗口　　　　　图 11.1.5　划分结果

选择"文件"→"导出为 web 格式"，用鼠标在如图 11.1.6 所示的视图中拉动全选所有切片，选择好存储格式，然后点击"存储"，选择存储路径，最后各个切片会被保存在所选路径的新建文件夹 images 中，如图 11.1.7 所示。

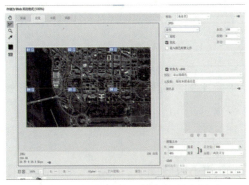

图 11.1.6　全选需要保存的所有切片　　　图 11.1.7　最终保存结果

## 第 11 章 绘图与修饰

基于参考线制作切片步骤：

按住 Ctrl+R 快捷键，在画面中显示标尺，将光标在水平标尺和垂直标尺上拖拽参考线，如图 11.1.8 所示。

选择切片工具，单击工具选项栏中的 基于参考线的切片 按钮，可基于参考线创建切片，清除参考线后如图 11.1.9 所示。

图 11.1.8　基于参考线制作切片　　　　图 11.1.9　参考线创建切片示例

基于图层制作切片的步骤如下：打开"切片.psd"，在图层面板中选中"图层 1"，执行"图层"→"新建基于图层切片"命令，可基于图层创建切片，如图 11.1.10 所示。

图 11.1.10　基于图层制作切片示例

### 11.1.2　对象变换

Photoshop 提供了很多变形命令，对图像进行变换比例、旋转、斜切、伸展或变形处理，变换对象可以是选区、整个图层或多个图层。

**1. 自由变换**

按 Ctrl+J 快捷键复制图层，并只点开复制的图层的小眼睛图案，然后按 Ctrl+T 快捷键，即可对对象进行缩放和旋转，如图 11.1.11 所示。

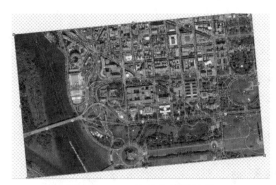

图 11.1.11 缩放和旋转效果

要实现一些基本的变换,用鼠标右键单击图片即可选择斜切、透视、扭曲等变换操作,如图 11.1.12 所示。

对于其他更多的变形方式,可以点击 ,默认是自定义的变形,只要拖动控制点即可,也可以选择菜单栏中如图 11.1.13 所示的变形选项。

图 11.1.12 基本变换菜单

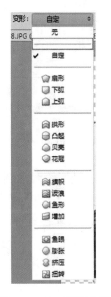

图 11.1.13 变形选项

### 2. 重复变换

重复变换可以复制规律的重复性的组合变换操作,常用来制作精美的花纹、伪 3D 效果等。

打开"重复变换.psd",选中"Photoshop"图层,按 Ctrl+T 快捷键,方向键向下向右各移动一个像素,单击回车键,然后多次执行 Ctrl+Shift+Alt+T 组合键,图 11.1.14(a)中的描边文字将出现如图 11.1.14(b)所示伪凸起效果。

(a) 重复变换前　　　　　　　　　(b) 重复变换后

图 11.1.14　重复变换效果

还可以尝试使用基本图形多次执行旋转命令，可以得到精美的花纹。

## 11.2　绘图与编辑工具

### 11.2.1　画笔工具

画笔工具创建颜色的柔描边，而铅笔工具创建硬边直线。使用绘图工具的方法有三种：

①在图像中单击并拖动以绘画；
②绘制直线时，在图像中单击起点，然后按住 Shift 键单击终点；
③将画笔当做喷枪时，按住鼠标按钮不拖动可以增大色量。

绘画工具的控制面板，如图 11.2.1 所示，主要用于设置画笔的形状与大小、混合模式、不透明度和流量。

图 11.2.1　绘画工具控制面板

其中："模式"用于设置绘画的颜色与下面的现有像素混合的方法；"流量"是指设置当将指针移动到某个区域上方进行绘画时，如果一直按住鼠标，颜色量将根据流动速度增大，直到达到不透明度的设置。

打开文件"11.2.2 画笔.jpg"，选择画笔图层，执行"编辑"→"定义画笔预设"，在弹出的如图 11.2.2 所示的对话框中输入名称，点击"确定"即可建立一个自定义形状的画笔。

图 11.2.2　建立自定义画笔

选择该画笔，设置其大小，选择好前景色即可用该画笔绘画。点击 ，会得到如图 11.2.3 所示的更多画笔预设的选项。

点击该对话框中的"画笔设置"，将主直径大小设为 100 像素，可以适当地调小画笔大小，如图 11.2.4 所示。

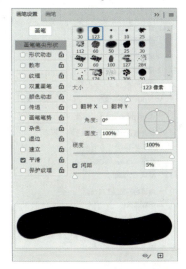

图 11.2.3　画笔预设选项

图 11.2.4　改变主直径

①设置笔尖形状：点击"画笔设置"面板中的"画笔笔尖形状"，将角度设置为"60°"，间距设置为"100%"，在窗口中拖动鼠标，得到的效果如图 11.2.5 所示。

图 11.2.5　改变角度

②设置形状动态，单击"画笔"面板中的"形状动态"，将"大小抖动"设置为 100%，得到效果如图 11.2.6 所示。

在此基础上将"最小直径"设为 50%，"角度抖动"设为 60%，得到结果如图11.2.7所示。

图 11.2.6　设置大小抖动效果　　　　图 11.2.7　设置最小直径和角度抖动后得到的效果

其他常用的还有在"纹理"面板选择合适的纹理图案，在"颜色动态"面板中设置"色相抖动"等，读者可以自己尝试和比较。

设置好画笔之后可以存储该画笔。选择如图 11.2.8 所示中"画笔设置"面板中右上角的菜单，选择"导出选中的画笔"，再输入文件名，即可保存画笔。

207

# 第 11 章 绘图与修饰

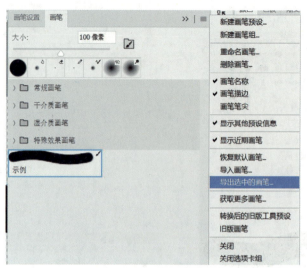

图 11.2.8 存储画笔

需要载入画笔时，则选择该菜单中的"载入画笔"，选择刚才保存的画笔文件即可；要使该画笔恢复为默认画笔，则选择该菜单中的"复位画笔"。

## 11.2.2 图形绘制工具

**1. 矩形工具**

选中矩形工具，可以在如图 11.2.9 所示的菜单栏中选择填充方式、描边颜色、粗细等。

在图像中拖动鼠标绘制形状，如图 11.2.10 所示。

图 11.2.9 矩形工具图

图 11.2.10 绘制形状（带描边、填充）

**2. 圆角矩形工具**

点击圆角矩形工具，可在菜单栏中的 设置圆角的半径。其他绘制步骤与矩形工具相似。

**3. 椭圆工具**

椭圆工具的使用方法与矩形工具的相似。

208

## 4. 多边形工具

选择多边形工具时，可以通过菜单栏中的 边:5 来约束多边形的边数，其他与矩形绘制相似。

## 5. 直线工具

选择直线工具时，可以通过菜单栏中的 粗细:1像素 调整直线的粗细，其他与矩形工具绘制方法相似。

注意，要将矩形或圆角矩形约束成正方形，或将椭圆约束成圆形，或将线条角度限制为 45 的倍数，需要按住 Shift 键。

要从中心向外绘制，可将指针放置到形状中心所需的位置，按住 Alt 键，然后沿对角线拖动到任何角或边缘，直到形状达到所需大小。

## 6. 自定形状工具

选择自定形状工具时，可以在菜单栏如图 11.2.11 所示预设形状中选择形状。

选好形状之后，点击画布，会弹出如图 11.2.12 所示对话框，根据想要的绘制方式设定参数。绘制方式与绘制矩形基本相同。

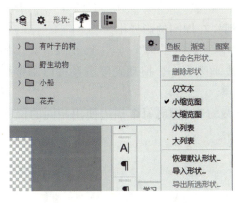

图 11.2.11 选择自定义形状

图 11.2.12 创建自定形状

## 11.2.3 修复

修复工具包括如图 11.2.13 所示的污点修复画笔工具、修复画笔工具、修补工具和红眼工具。

图 11.2.13 修复工具列表

### 1. 污点修复画笔工具

污点修复画笔工具的功能是去除图片中的污点，它使用图像或图案中的样本像素进行绘画，将样本像素的纹理、光照、透明度和阴影与所修复的像素进行匹配，用污点修复画笔工具可对如图 11.2.14 所示老照片中人物的脸部进行修复。

（a）污点修复前　　　　　　　（b）污点修复后

图 11.2.14　污点修复效果对比图

### 2. 修复画笔工具

修复画笔工具用于校正瑕疵，使它们消失在周围的影像中。

打开文件"修复画笔工具.jpg"，点击"修复画笔工具"，点击修改画笔大小的下拉框，如图 11.2.15 所示，通过调节像素可以修改画笔大小，拖动硬度滑块可以调整画笔硬度，拖动间距滑块可以调整画笔笔尖间距。

在选项栏中选择"取样"，选择"对齐"复选框（即对每个描边使用相同的位移），如图 11.2.16 所示。

图 11.2.15　修复画笔预设　　　图 11.2.16　选择"对齐"复选框

在用于取样的部分，按住 Alt 键后单击适当的样本像素，从而设置一个取样点，然后在需要修复的部分单击或按住鼠标左键拖动，使用前后对比图如图 11.2.17 所示。

11.2 绘图与编辑工具

(a)修复前　　　　　　　　　(b)修复后

图 11.2.17　修复效果对比图

### 3. 修补工具

修补工具可以用图像中相似的区域或图案中来修复有缺陷的部位或制作合成效果。

打开"修补工具.jpg",选择工具栏中的修补工具,在选项栏中选择"源"的单选按钮。在图像中需要修补部分的周围单击鼠标左键并拖动,以绘制一个选区,如图 11.2.18(a)所示,将需要去除拍摄日期的字样选中,将鼠标指针移到选区内,并按住鼠标左键,拖动到想要从中选择样本的区域,当对样本区满意时松开左键,得到的效果如图 11.2.18(b)所示。

(a)修补前　　　　　　　　　(b)修补后

图 11.2.18　修补工具修补效果对比图

### 4. 红眼工具

在夜晚或光线较暗的房间里拍摄人物照片时,用闪光灯拍摄,由于视网膜的反光作用,人物照片容易存在红眼现象,用闪光灯拍动物照片则可能存在白色或绿色反光现象,用红眼工具可以迅速修复这种红眼效果。

## 第 11 章　绘图与修饰

选择红眼工具，在选项栏中设置合适的"瞳孔大小"和"变暗量"参数，然后在红眼位置单击即可，使用效果对比图如图 11.2.19 所示。

（a）修复前　　　　　　（b）修复后

图 11.2.19　红眼修复对比图

### 11.2.4　图章工具

图章工具包括仿制图章工具和图案图章工具。仿制图章工具用于部分图像的复制，图案图章工具用于图案填图图像。

**1. 仿制图章工具**

仿制图章工具将一幅图像选定的基准点周围的图像复制到目标区域。

点击仿制图章工具 ，其选项栏如图 11.2.20 所示。

图 11.2.20　仿制图章工具选项栏

关于"对齐"复选框，如果选中该复选框，将以统一基准点对齐，即多次复制图像，复制出来的图像仍是同一幅图像，如果不选中，则多次复制出来的图像是多幅以基准点为模板的相同图像。

样本下拉框用于在指定的图层中进行数据取样。基本操作是单击仿制图章工具后，按住 Alt 键不放，单击要复制的位置（单击点为基准点），然后松开 Alt 键，将鼠标指针移动到要复制的位置处，按住鼠标左键不放并拖动即可复制图像到该位置处。仿制图章效果如图 11.2.21 所示。

**2. 图案图章工具**

图案图章工具可以将各种图案填充到图像中，多用于无缝拼接、花纹、水印等，该工具直接以图案形式进行填充，而不需要取样，使用图案图章工具需要先从控制面板中选择需要填充的图案。Photoshop 提供了默认图案和自定义图案。

默认图案如图 11.2.22 所示。

图 11.2.21　仿制图章效果

图 11.2.22　默认图案

自定义图案创建步骤：

第一步，打开文件"11.2.21.psd"，选中橘子的图层，按住 Ctrl+T 快捷键缩小选区，再按回车键确定后使用矩形选框工具框住橘子图案，点击"编辑"→"定义图案"，在如图 11.2.23 的对话框中输入名称，单击"确定"按钮。

图 11.2.23　新建自定义图案

第二步，新建一个 psd 文件，然后点击图案图章工具，在选项栏的下拉菜单中选中刚才保存的自定义图案，即可在画布上涂抹进行绘制，绘制效果如图 11.2.24 所示。

图 11.2.24　绘制效果

### 11.2.5　历史记录画笔

历史记录画笔可以不返回历史记录，直接在现有效果的基础上返回历史状态中某一步

213

## 第 11 章 绘图与修饰

操作的效果。

打开文件"11.2.25.jpg",制作马匹跑动时的动感模糊效果,执行"滤镜"→"模糊"→"高动感模糊",选择合适参数,如图 11.2.25 所示。

图 11.2.25 高斯模糊

在工具栏中选择历史记录画笔工具,选择适当大小的柔边画笔,将马匹的前半部分涂抹勾勒出来,最后效果如图 11.2.26 所示。

图 11.2.26 最终效果

执行"窗口"→"历史记录",可以看到刚才的操作都被自动记录下来了。

### 11.2.6 擦除

①橡皮擦:将图像局部恢复到以前存储的状态。

②背景擦:将区域抹擦为透明区域。

背景擦除步骤如下:

设定容差、限制:(限制中"不连续"是指抹去出现在画笔下任何位置的样本颜色,"邻近"是指抹去包含样本色并相互连接的区域,"查找边缘"是指抹去包含样本色的连接区域并且更好地保留形状边缘的锐化程度),参数如图 11.2.27 所示。

11.2 绘图与编辑工具

图 11.2.27　设定容差

用吸管工具，单击要擦除的颜色，将背景色设置为要擦除的颜色，单击前景色，以便后面擦除背景时保护前景色，前景色和背景色的选区如图 11.2.28 所示。

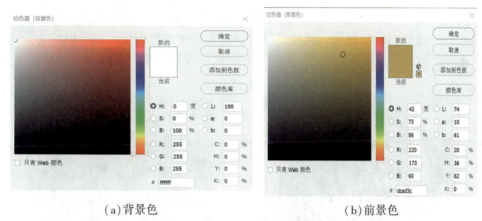

（a）背景色　　　　　　　　　　　　　　（b）前景色

图 11.2.28　确定背景色和前景色

擦除背景选择背景色板选项，并勾选"保护前景色"，调整画笔大小，然后就可以擦除背景，擦除背景效果如图 11.2.29 所示。

图 11.2.29　擦除背景效果

③魔术擦：单击一次就可以将纯生区域抹为透明。

### 11.2.7　填充

填充工具包括渐变工具和油漆桶工具。操作较为简单，可自行探索。

### 11.2.8　图像渲染

图像渲染工具包括模糊工具、锐化工具、涂抹工具、减淡工具、加深工具和海绵工

215

具，工具栏如图 11.2.30 所示。

图 11.2.30　渲染工具

打开"环保.psd"，选取模糊工具以柔化硬边缘或减少图像中的细节，如需将图 11.2.31(a)中地球的轮廓模糊，操作步骤是：首先选中地球图层，点击模糊工具，在选项栏上选择模糊强度、笔刷大小等，地球的轮廓模糊效果如图 11.2.31(b)所示。

(a)模糊前　　　　　　　　　　　(b)模糊后

图 11.2.31　模糊前后对比图

锐化工具：增加边缘的对比度。将模糊处理的地球边缘锐化，前后对比图效果如图 11.2.32 所示，操作步骤与模糊相似。

(a)锐化前　　　　　　　　　　　(b)锐化后

图 11.2.32　锐化前后对比图

涂抹工具：模拟将手指拖过湿油漆所看到的效果，如图 11.2.33 所示。

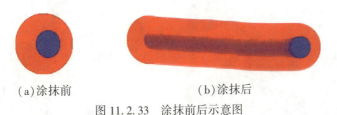

(a)涂抹前　　　　　　　　(b)涂抹后

图 11.2.33　涂抹前后示意图

减淡工具和加深工具：分别使图像区域变亮和变暗。减淡工具使用前后效果如图 11.2.34 所示。

(a)减淡前　　　　　　　　(b)减淡后

图 11.2.34　减淡前后对比图

加深工具用于加深人手的阴影，使用前后效果对比如图 11.2.35 所示。

(a)加深前　　　　　　　　(b)加深后

图 11.2.35　加深前后对比图

海绵工具：精确更改区域的色彩饱和度。

打开文件"11.2.36.jpg"，点击海绵工具，模式选择"饱和"，涂抹前后效果对比如图 11.2.36 所示。

第 11 章　绘图与修饰

　　(a)饱和前　　　　　　　　　　　　(b)饱和后

图 11.2.36　海绵工具使用前后

## 11.3　图像色彩校正

　　图像色彩与色调的调整主要是指对图像的色相、对比度、亮度和饱和度进行调整。

### 11.3.1　快速调整

　　①自动色阶：自动调整图像的对比明暗度。打开文件"11.3.1.jpg"，选择"图像"→"调整"→"色阶"→"自动"，效果如图 11.3.1 所示。

　　(a)调整前　　　　　　　　　　　　(b)调整后

图 11.3.1　自动色阶效果对比

　　②自动对比度：选择"图像"→"自动对比度"，效果如图 11.3.2 所示。
　　③自动颜色：调整图像的颜色和偏色，选择"图像"→"自动颜色"，效果如图 11.3.3 所示。

11.3 图像色彩校正

(a)调整前　　　　　　　　　　　　(b)调整后

图 11.3.2　自动对比度效果对比

(a)调整前　　　　　　　　　　　　(b)调整后

图 11.3.3　自动颜色效果对比

### 11.3.2　图像色彩和色调调整

**1. 色阶**

色阶是表示图像亮度强弱的指数标准,也就是色彩指数,在数字图像处理教程中,指的是灰度分辨率(又称为灰度级分辨率或者幅度分辨率)。图像的色彩丰满度和精细度是由色阶决定的。色阶指亮度,和颜色无关。

如图 11.3.4 所示,在通道下拉列表框选择要调整的通道名称;输入色阶中的三个文本框,分别用于设置图像的暗部色调、中部色调和亮部色调;"输出色阶"中的两个文本框用于提高图像的暗部色调和降低图像的亮度。黑色吸管 单击图像,图像上所有像素的亮度值都会减去该选取色的亮度值,使图像变暗;灰色吸管 单击图像,会用选取色的亮度调整该图像所有像素的亮度;白色吸管 单击图像,图像上所有像素的亮度值都会加上该选取色的亮度值,使图像变亮。

**2. 曲线**

使用曲线命令可以对图像的色彩、亮度和对比度进行综合调整。如图 11.3.5 所示,线段左下角端点代表暗调,右上角端点代表高光,拖动控制点来改变曲线的形状,向上拖拽曲线可以增加亮度，向下拖拽曲线则是降低亮度。选中编辑点以增加控制点，如果需要删除节点，按住 Ctrl 键并单击控制点即可删除。

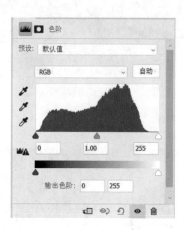

图 11.3.4　色阶面板

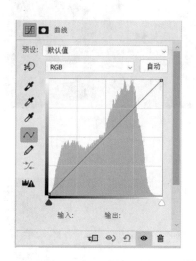

图 11.3.5　曲线面板

**3. 色彩平衡**

色彩平衡可以调整图像色彩平衡，如果图像有明显的偏色，可以用该命令来纠正。色彩平衡中滑块两边的颜色分别为互补色，即一种颜色成分减少将导致它的互补色成分增加。例如，向右拖动"青色—红色"中的滑块，可以增加图像的红色，但图像中的青色会减少。

如图 11.3.6 所示，在"色彩平衡"中有四个选项，选择"阴影"可调整图像阴影部分的颜色；"中间调"可调整图像中间调的颜色；"高光"可调整高亮部分的颜色；"保持亮度"可以保持图像的亮度，即在操作时只有颜色值改变，像素的亮度值保持不变。

图 11.3.6　色彩平衡面板

打开文件"11.3.7.jpg"，根据图片的色调进行调整，调整参数和效果如图 11.3.7 所示。

11.3 图像色彩校正

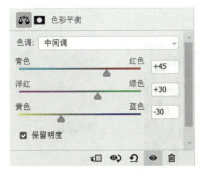

(a)色调平衡调整参数

(b)色彩平衡前

(c)色彩平衡后

图 11.3.7　色彩平衡参数及效果对比

### 4. 亮度/对比度

如需对整幅图像进行调整，点击"图像"→"调整"→"亮度/对比度"，向左调节表示降低，向右调节表示增加，调节参数和效果对比图如图 11.3.8 所示。

(a)调整前

(b)调整参数

(c)调整后

图 11.3.8　调整参数和效果对比图

如果照片出现偏色现象，则需要通过调整通道的亮度/对比度来校正照片的色彩。颜色通道用于保存图像中的颜色信息，通过修改颜色通道中的黑白对比度、亮度等可以实现图像的颜色修改。

打开文件"还原色彩"，如图 11.3.9 所示，此图像有些偏色，黄色成分偏多，黄色是由红色和绿色相加而得，因此可以说蓝色偏少，只要增加蓝通道亮度即可。

颜色通道面板如图 11.3.10 所示。

图 11.3.9　原图

图 11.3.10　颜色通道面板

选择蓝通道，点击"图像"→"调整"→"亮度/对比度"，打开"亮度/对比度"对话框，将亮度调高，如图 11.3.11 所示。

调整后效果如图 11.3.12 所示。

图 11.3.11　调整亮度/对比度

图 11.3.12　效果图

### 5．匹配颜色

匹配颜色能使两个图像或图像中的两个图层的颜色和亮度相匹配，以达到颜色色调和亮度的统一。图 11.3.13 左边是需要匹配的图片，右边是匹配源。

（a）待匹配

（b）匹配源

图 11.3.13　原图

调节匹配参数和匹配前后效果对比如图 11.3.14 所示。

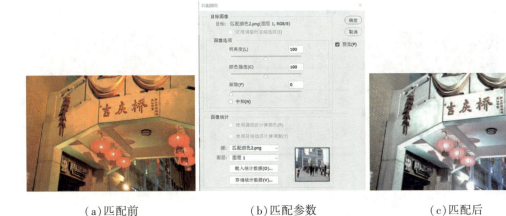

(a)匹配前　　　　　　　(b)匹配参数　　　　　　　(c)匹配后

图 11.3.14　调节匹配参数和匹配前后效果对比

**6. 通道混合器**

通道混合器用于改变某一通道的颜色,并将其混合到主通道中产生图像合成的效果。利用通道混合器,可以创建高品质的灰色图像、棕褐色调图像或其他色调图像。调节参数和效果对比如图 11.3.15 所示。

(a)调整前　　　　　　　(b)调整参数　　　　　　　(c)调整后

图 11.3.15　调整参数和效果对比

**7. 色相/饱和度**

色相即颜色;饱和度即某种颜色的纯度,饱和度越大颜色越纯,如果数值为-100,所选的颜色将变为灰度;明度用于调整图像的明暗度;着色复选框,可以将彩色图像变为单色调效果或为灰度图像着色。调节参数和效果对比如图11.3.16所示。

(a)调整前　　　　　　　(b)调整参数　　　　　　　(c)调整后

图11.3.16　色相/饱和度调整参数及前后对比

### 8. 去色

去色可以将彩色图像转换为相同颜色模式下的灰色图像，效果对比如图11.3.17所示。

(a)去色前　　　　　　　　　(b)去色后

图11.3.17　去色效果对比

### 9. 可选颜色

可选颜色用于在图像中的每个主要原色成分中更改印刷色的数量。

要使黄色的羽毛褪色，将"颜色"选项选为黄色，将黄色滑块拖至-100，调节参数和效果对比如图11.3.18所示。

### 10. 替换颜色

用可选颜色对图11.3.18(a)中的黄色羽毛进行褪色处理时，其他部分的颜色也有所改变，解决此问题可以使用替换颜色命令。替换颜色命令用于替换图像中某个选取的特定区域的颜色，在图像中基于某特定颜色创建蒙版，以此来调整色相、饱和度和明度。用吸取要替换的颜色。

 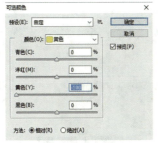 

　　　　（a）调整前　　　　　　　　（b）调整参数　　　　　　　　（c）调整后

图 11.3.18　可选颜色调节参数和效果对比

可以通过调整色相、饱和度和明度来替换颜色，也可以单击结果色块选择一种颜色来替换颜色。具体参数调整及其效果对比，如图 11.3.19 所示。

 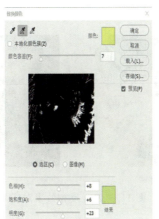 

　　　　（a）调整前　　　　　　　　（b）调整参数　　　　　　　　（c）调整后

图 11.3.19　替换颜色调整参数和效果对比

**11. 变化**

变化命令用于调整图像的色彩平衡、对比度和饱和度，可通过缩览图直接看到调节前后对比，如图 11.3.20 所示。

**12. 反相**

反相命令用于反转图像中的颜色，如图 11.3.21 所示。

**13. 色调均化**

色调均化命令用于重新分布图像中像素的亮度值，使最亮的值呈现白色，最暗的呈现黑色，中间的值均匀分布在整个灰度中，如图 11.3.22 所示。

图 11.3.20　变化窗口

（a）反相前　　　　　　　　　　　　（b）反相后

图 11.3.21　反相效果对比

（a）色调均化前　　　　　　　　　　（b）色调均化后

图 11.3.22　色调均化效果对比

### 14．阈值

阈值命令用于将灰度或彩色图像转换为高对比度的黑白图像，并可以指定某个色阶作为阈值。所有比阈值亮的像素转换为白色，比阈值暗的像素转换为黑色，效果如图 11.3.23 所示。

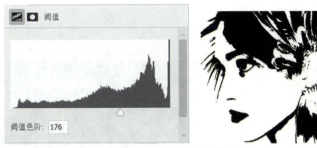

图 11.3.23　阈值调整效果

### 15. 色调分离

色调分离可以指定图像中每个通道的色调级（或亮度值）的数目，然后将像素映射为最接近的匹配颜色，该命令对于创建较大的单色调区域非常有用。由图 11.3.24 可以看出，色阶数值越高，图像产生的变化越小。

　　（a）原图　　　　　　　　（b）色阶 100　　　　　　　　（c）色阶 5

图 11.3.24　色阶分离效果对比

## 11.4　滤镜

滤镜通过不同的方式改变像素，以达到对图像抽象、艺术化的特殊处理效果。从 Photoshop CS4 开始，Photoshop 提供了智能滤镜，应用于智能对象而不会使被编辑的图像受到任何损坏，作为图层效果存储在图层面板中。

滤镜一般分为内置滤镜和外挂滤镜，内置滤镜即 Photoshop 自带的滤镜，外挂滤镜是由第三方厂商为 Photoshop 生产的滤镜。

### 11.4.1　滤镜的使用

打开"11.4.2.jpg"文件，选中背景层，点击"滤镜"→"模糊"→"径向模糊"，弹出窗口,设置参数,如图 11.4.1 所示。

单击"确定"后,整幅图都加上了滤镜,如图 11.4.2 所示。

图 11.4.1 径向模糊参数设置

图 11.4.2 全幅滤镜效果

但是整幅图都加上滤镜往往不自然,可以只将奔跑的马添加径向滤镜效果,这样图片看上去更加生动而不生硬。

将背景图层拖至新建图层按钮 ,此时生成一个新图层"背景_副本",使用矩形选框工具框住马的部分,如图 11.4.3 所示。

图 11.4.3 建立选区

点击建立蒙版标识 ,建立蒙版,鼠标选中图层缩略图,如图 11.4.4 所示。

点击"滤镜"→"模糊"→"径向模糊",弹出窗口,设置合适的参数,效果如图 11.4.5 所示,此时背景天空就不会跟着变形。

图 11.4.4 建立蒙版

图 11.4.5 对选区添加滤镜

## 11.4.2 滤镜库

滤镜库中的滤镜与滤镜下拉列表中可选的滤镜其实是基本一致的，点击滤镜库，打开面板如图 11.4.6 所示。

图 11.4.6　滤镜库

可以直接应用和查看滤镜效果，调整滤镜参数，如果需要叠加两种滤镜，可以点击右下角的新建效果图层按钮 ，如图 11.4.7 所示为叠加了两种滤镜的效果图。

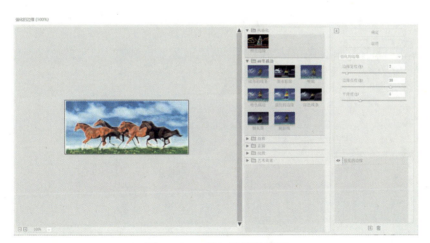

图 11.4.7　叠加滤镜效果图

## 11.4.3 智能滤镜

首先将背景层转换为智能对象，如图 11.4.8 所示。此时，点击"滤镜"→"模糊"→"径向模糊"，弹出窗口，设置合适的参数，单击"确定"后就可以看到图层面板的变化，

## 第 11 章　绘图与修饰

如图 11.4.9 所示。如需再次调整径向模糊的参数，可以双击径向模糊，即可重新调整。当需要删除滤镜时，将滤镜拖动到图层面板右下角 🗑 即可。

图 11.4.8　转换为智能对象　　　图 11.4.9　智能滤镜（图层面板）

◎ **习　题**

1. 什么是切片？如何创建切片？
2. 图章工具有哪几种类型？它们的功能分别是什么？
3. 橡皮图章工具和修复画笔工具的区别是什么？
4. 渐变工具有哪几种渐变效果？
5. 在 Photoshop 中如何消除红眼？
6. 简述滤镜库的使用方法。

# 第 12 章　文字与路径

## 12.1　文字的创建与编辑

### 12.1.1　文字的创建

Photoshop 提供了多种文字创建方法，如图 12.1.1 所示。

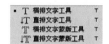

图 12.1.1　文字创建方法

输入文本之后，按 Ctrl+Enter 键即可结束编辑。

### 12.1.2　文字的编辑

使用文本工具在文本处点击，并拖动鼠标选中需要编辑的文字，点击"窗口"→"字符"，打开字符面板，在字符面板中可以进行字体、字号等编辑，另外字符面板的菜单也有更多编辑选项，如图 12.1.2 所示。

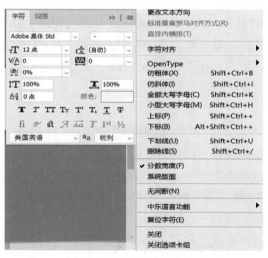

图 12.1.2　文字面板

231

## 第 12 章　文字与路径

除了一般的文字编辑大家都已经很熟悉之外，Photoshop 还可以对文字进行变形处理，单击选项栏中的 图标，在如图 12.1.3 所示的下拉菜单中选择变形效果。其中，"水平"和"垂直"指文本以水平或垂直方向变形；"弯曲"指变形的程度；"水平扭曲"和"垂直扭曲"是指对变形应用水平或垂直的透视效果。

(a) 变形文字参数　　　　　(b) 变形效果

图 12.1.3　文字变形处理

### 12.1.3　栅格化文字图层

在文字图层上不能使用绘图工具或滤镜，只能栅格化文字图层，将其内容转换为平面的光栅图像，才能对文字进行进一步编辑。

选择要栅格化的图层，在右键菜单中选择"栅格化文字"，文字图层会变成普通图层，即完成了文字的栅格化，然后该图层即可添加多种图层效果。

## 12.2　路径的创建与编辑

路径用于创建复杂的对象，绘制图像区域或对象的轮廓，路径由"钢笔工具"创建，在屏幕上表现为不可打印的矢量形状，是一系列点连接起来的直线段或曲线，可以沿着这些线段或曲线进行描边或填充，还可以转换为选区。

### 12.2.1　创建路径

钢笔工具用于创建路径，图标 钢笔工具 用于绘制具有高精度的图像，图标 自由钢笔工具 用于自由绘制路径，图标 形状 用于创建固定形状的路径。

点击钢笔工具，单击起点和下一点可以创建直线路径，单击按住 Shift 键可以使该段直线的角度限制为 45 的倍数。需要创建曲线时，长按鼠标并往下一点，就可以调整曲线的弯曲程度，松开鼠标即完成这一点的标定。

选择自由钢笔工具就跟在纸上作画一样，可以选择磁性选项，这样可以绘制与图像中定义区域的边缘对齐的路径。

## 12.2.2 编辑路径

①添加/删除锚点：选择图标 添加锚点工具 可添加锚点，选择图标 删除锚点工具 可删除锚点。

②移动直线段和锚点：使用直接选择工具，选择要调整的直线段或锚点，将其移动到新位置即可。

③调整路径曲线：选择图标 转换点工具 拖动转换点，使之出现该段的方向线，可以调整路径曲线。

④删除段：使用直接选择工具按住 Ctrl 键选择要删除的段的两个端点，然后按 Backspace 或 Delete 键删除，此时整个路径处于选择状态，再次按 Backspace 或 Delete 键可抹除路径的其余部分。

⑤变换路径：执行"编辑"→"自由变换路径"操作可以对路径进行各种变换。

## 12.2.3 管理路径

点击"窗口"→"路径"，可打开路径面板，如图 12.2.1 所示，此面板列出了每条存储的路径、当前工作路径和当前矢量蒙版的名称和缩览图像。

①显示和隐藏路径：在路径面板单击路径名可显示路径，在空白处点击或按 Esc 键可隐藏所有路径。

②更改路径缩略图大小：右键单击空白处即可选择更改缩略图大小。

③创建新路径：要新建默认路径，直接点击图标 即可。要新建路径，点击路径面板菜单栏的"新建路径"即可，如图 12.2.2 所示。

图 12.2.1 路径面板

图 12.2.2 新建路径

## 12.3 路径与文字

### 12.3.1 沿路径排列文字

用钢笔工具创建路径，如图 12.3.1 所示。

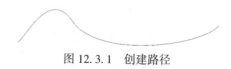

图 12.3.1　创建路径

选择文字工具，将文字工具光标的基线指示符放置于路径上，可看到光标发生变化，单击鼠标，即可输入文字，如图 12.3.2 所示。

图 12.3.2　文字沿路径排列

如果需要调节路径文本，可以使用路径选择工具，拖动文字前的十字符号和最后的实心点符号可以改变路径文本的位置，如图 12.3.3 所示。

图 12.3.3　调节路径文本

如果需要文本偏离路径，可以调节文字面板中的离基线距离，如图 12.3.4 所示。

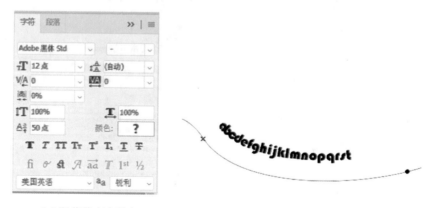

(a) 调节偏离参数　　　　　　　　(b) 偏离效果

图 12.3.4　文本偏离路径

### 12.3.2　在闭合路径创建文字

在闭合路径创建文字有两种情况：一种是在闭合路径外线上，另一种是在闭合路径的内部，如图 12.3.5 所示。

(a) 闭合路径外创建文本　　(b) 闭合路径内创建文本

图 12.3.5　闭合路径文本效果

◎ 习　题

1. 在 Photoshop 中，文字图层与其他图层之间有何异同点？
2. 如何从文字创建剪贴蒙版？
3. 可以使用哪些工具移动路径和形状以及调整它们的大小？
4. 简述路径和选区互换的操作方法。

# 第 13 章　综合实例

本章介绍 Photoshop CC 2023 用于无缝拼接全景照片、逆光照片调色、特效制作、网页制作和海报设计的实例。

## 13.1　无缝拼接全景照片

首先需要拍摄素材图，为了保证拼接效果，拍摄时最好锁定曝光，即每张照片需要使用相同的光圈和速度，并且相邻照片的画面有 30% 左右的重叠图，旋转相机拍摄时尽可能减少水平方向的高度差。拍摄的三张素材图如图 13.1.1 所示。

图 13.1.1　素材图

点击"文件"→"自动"→"Photomerge"，在如图 13.1.2 所示窗口中选择三个素材，点击"确定"即可得到全景图。

图 13.1.2　Photomerge 窗口

全景图如图 13.1.3 所示。

图 13.1.3　全景图

全景图像的输出可以通过裁剪工具进行适当的裁剪，输出保存格式可以选择 .jpg 格式。

## 13.2　逆光照片调色

具体的逆光照片调色步骤如下：
按 Ctrl+J 键复制图层，以便备份，如图 13.2.1 所示。

图 13.2.1　图层面板

观察照片的色调，如图 13.2.2 所示，原片人物逆光偏灰，景色整体颜色偏冷，景物之间对比度不够，而根据照片展示的乡野景色、提着累累硕果的姑娘、悠闲吃草的牧牛，

调整前

调整后

图 13.2.2　照片调色前后

## 第 13 章　综合实例

这张照片应该用暖色调更能突出主题。

由于背景主题是绿色，我们需要将暗部的绿色转换为暖色调，可以通过执行"色相/饱和度"实现。点击图层面板右下角 ◎ 标识，选择"色相/饱和度"，参数设置如图 13.2.3 所示。

这时是对整张图像都做了绿色色相的调整，所以我们需要建立蒙版，盖住不需要调整的部分。执行"选择"→"色彩范围"命令，尽量选择所有高光部分，如图 13.2.4 所示。

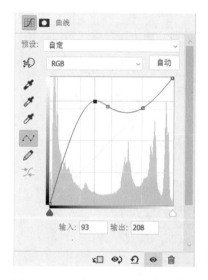 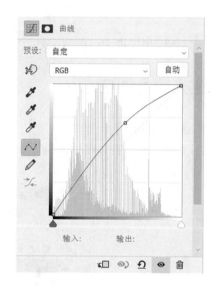

图 13.2.3　"色相/饱和度"参数设置　　　图 13.2.4　色彩范围参数设置

点击"确定"后得到选区，将前景色置为黑色，按 Alt+Delete 快捷键填充选区，此时图层蒙版如图 13.2.5 所示，即已经把高光部分掩盖。

图 13.2.5　"色相/饱和度"的蒙版

为了将背景的主色转为黄绿色（这样整体的色调会更加温暖和柔和），点击图层面板右下角 ◎ 标识，选择"可选颜色"，参数设置如图 13.2.6 所示，这里的参数设置并不是绝对的，可以按照个人对照片的理解和个人审美进行调整。

对景色背景进行以上微调后，还有人物逆光的问题未解决。我们可以按照先拉大背景与人物之间的对比度，然后提高人物亮度的思路来做。

13.2 逆光照片调色

图 13.2.6 可选颜色参数设置

点击图层面板右下角 ◑ 标识，选择"曲线"，将曲线调制成如图 13.2.7 所示的趋势，可见曲线越压低，图像越暗，将前景色设置为黑色，使用画笔工具涂抹人物皮肤部分，以免人物亮度也被调暗，此时该曲线图层的蒙版如图 13.2.8 所示。

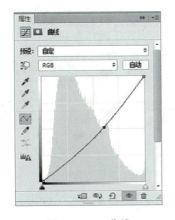

图 13.2.7 曲线

图 13.2.8 曲线图层的蒙版

由于图像整体被压暗，要增强对比度，我们需要将图像的高光部分进一步提亮，点击图层面板右下角 ◑ 标识，选择"曲线"，将曲线调制成如图 13.2.9 所示趋势，从而提亮图像。

将前景色设为黑色，按 Alt+Delete 快捷键填充蒙版为黑色，然后将前景色设为白色，使用画笔工具，选择柔边画笔，适当调低画笔的流量和不透明度，勾勒出图像的亮部，蒙版部分如图 13.2.10 所示。

点击图层面板右下角 ◑ 标识，选择"色彩平衡"，这一步也是为了增加暖色调，参数设置可参考图 13.2.11。

按 Shift+Ctrl+Alt+E 快捷键盖印图层，使用色彩范围命令，吸取高光部分作为选区，如图 13.2.12 所示，得到选区后，使用快捷键复制粘贴选区，将颜色混合模式改为"柔光"，使高光部分变得更加柔和。

此时观察照片，发现菜篮子中的绿色过于鲜艳，故对绿色进行微调，点击图层面板右

239

# 第 13 章 综合实例

下角 标识,选择"可选颜色",参数设置如图 13.2.13 所示,制作蒙版只显示绿色蔬菜处的改动。

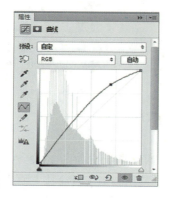

图 13.2.9 曲线

图 13.2.10 曲线图层的蒙版

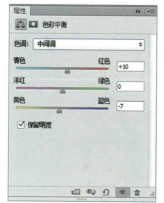
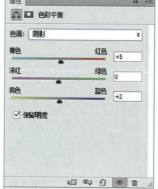

图 13.2.11 色彩平衡参数设置

图 13.2.12 选取高光部分　　　　图 13.2.13 可选颜色参数设置

进一步调整蔬菜颜色，点击图层面板右下角❷标识，选择"色相/饱和度"，参数设置如图 13.2.14 所示，制作蒙版只显示绿色蔬菜处的改动。

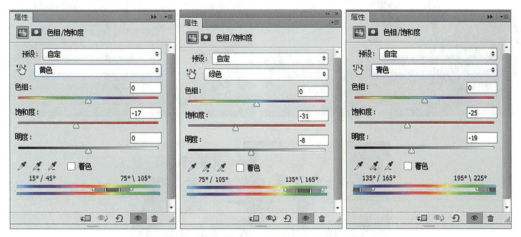

图 13.2.14　"色相/饱和度"参数设置

最终效果图如图 13.2.15 所示。

图 13.2.15　最终效果图

图像输出：按 Ctrl+S 快捷键，保存图像，接着打开存盘格式的下拉菜单可以看到多种格式，其中，.psd 是 Photoshop 的固有格式，我们以 psd 文件保存，下次需要对照片进行再次改动时就可以在原基础上继续进行。若要输出单张照片，本照片可保存为 JPEG 格式。

## 13.3　电影爆炸镜头特效制作

拍一张如图 13.3.1(a)所示高高跃起的照片，下载若干如图 13.3.1(b)所示的云朵素材制作爆炸的特效，就能制作如图 13.3.1(c)所示电影中爆炸的特效图。

## 第 13 章 综合实例

（a）人物原图

（b）云朵素材若干

（c）效果图

图 13.3.1 原图及效果图

首先用 Photoshop 打开人物素材，按 Ctrl+J 快捷键备份背景图层，如图 13.3.2 所示。

使用通道抠图的方法将天空抠出来，此处使用通道抠图是因为杂草边缘比较复杂，用钢笔工具或快速选择工具都无法很好地分离出天空。在通道抠图中，像素的明度值差别越大越有利于使用通道抠图，建立通道就是建立选区，通道中那个不同的颜色就会形成不同的选择范围。

点开通道面板，如图 13.3.3 所示。

图 13.3.2 图层面板

图 13.3.3 通道面板

选择一个对比度最大的通道，这里选择蓝通道，各通道对比如图 13.3.4 所示。

（a）红通道

（b）绿通道

（c）蓝通道

图 13.3.4　各通道对比

复制蓝通道得到蓝通道副本，制作副本这一步必不可少，一旦操作失误还可以回退到原始状态，如图 13.3.5 所示。

将蓝通道副本的小眼睛点开，将原蓝通道的小眼睛点灭，按 Ctrl+L 快捷键或执行"图像"→"调整"→"色阶"，将天空和其他景物之间的对比度调大，色阶调整如图 13.3.6 所示。

点击"确定"之后，可以看到图像对比度大大提高，按住 Alt 键点击蓝通道副本，可以得到选区如图 13.3.7 所示。

图 13.3.5　制作通道副本

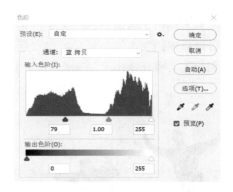

图 13.3.6　色阶调整

图 13.3.7　选区轮廓

将 RGB 的小眼睛点亮，将蓝通道副本的小眼睛关闭，再点击 RGB 通道的空白区，此时 RGB 通道被全选，如图 13.3.8 所示。

回到图层面板，将图层 1 的天空选区删除，点掉背景层的小眼睛，此时图层 1 如图 13.3.9 所示。

图 13.3.8　通道面板

图 13.3.9　删掉天空背景的图层

可以看到人物由于通道抠图产生了少量缺失，如图 13.3.10 所示。

我们可以点掉图层 1 的小眼睛，再次点开背景层的小眼睛，从背景层将人物用快速选择工具或钢笔工具重新抠出来，如图 13.3.11 所示。

图 13.3.10　人物部分缺失

图 13.3.11　抠图

使用快捷键复制粘贴选区，此时再点开图层 1 的小眼睛，人物部分缺失基本消失了，如图 13.3.12 所示。

在图层 2 下面新建一个空白图层，前景色选择天蓝色（#87cefa），得到如图 13.3.13 所示效果。

13.3 电影爆炸镜头特效制作

图 13.3.12　缺失部分补全

图 13.3.13　填充背景

打开"云朵1"素材，将其粘贴到人物素材的背景图层下，并使用自由变换调整它的大小，如图 13.3.14 所示。

使用柔边的橡皮擦，擦除"云朵1"图层的边缘，如图 13.3.15 所示。

图 13.3.14　添加云朵素材

图 13.3.15　擦除云朵边缘

执行"图像"→"调整"→"色相/饱和度"操作，设置云的颜色。勾选"着色"，设置参考如图 13.3.16 所示，此时着色效果如图 13.3.17 所示。

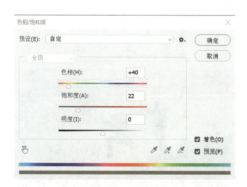

图 13.3.16　着色参数设置

图 13.3.17　云朵着色效果

打开"云朵2"素材，将其复制粘贴在"云朵1"图层的上面，按 Ctrl+T 快捷键调整选区大小如图 13.3.18 所示。

245

图 13.3.18　添加云朵素材

用通道抠图的方法去除背景，方法如前面所说的大致雷同，可以自行尝试。

要注意的是，调整通道时，在图层面板只显示"云朵 2"图层的小眼睛，然后在通道面板中才能开始做通道抠图，抠图结果如图 13.3.19 所示，反选将背景删除，结果如图 13.3.20 所示。

图 13.3.19　抠出云朵选区

图 13.3.20　删除背景

同样，调整色相/饱和度，如图 13.3.21 所示，将颜色混合模式改为"叠加"，效果如图 13.3.22 所示。

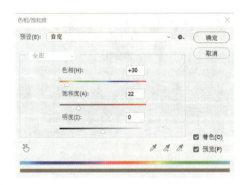

图 13.3.21　调整色相/饱和度

图 13.3.22　叠加效果

打开"云朵3"素材,并重复前面的步骤,调整大小,擦除边沿或通道抠图,通过"色相/饱和度"着色,设置混合模式为叠加,效果如图13.3.23所示。

图 13.3.23　添加第三个云朵效果

选择第一个云素材的图层,执行"图像"→"调整"→"色阶"操作,加强爆炸的对比度和亮度,参数设置如图 13.3.24 所示;选择第二个云素材的图层,色阶参数设置如图 13.3.25 所示;选择第三个云素材的图层,色阶参数设置如图 13.3.26 所示。

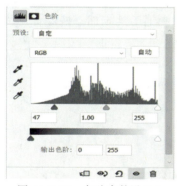 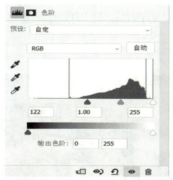 

图 13.3.24　色阶参数设置 1　　图 13.3.25　色阶参数设置 2　　图 13.3.26　色阶参数设置 3

此时效果图如图 13.3.27 所示。

图 13.3.27　色阶调整后效果图

## 第 13 章　综合实例

执行"窗口"→"画笔"操作，打开画笔面板进行画笔设置，如图 13.3.28 所示。

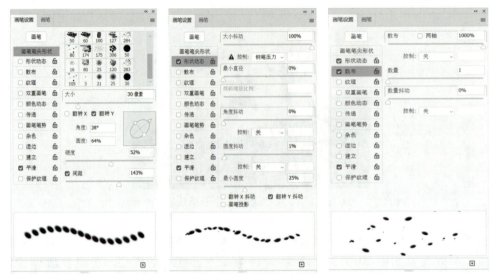

图 13.3.28　画笔设置

创建一个图层，设置前景色为白色，使用前面设置好的画笔工具添加一些爆炸的火星，如图 13.3.29 所示。

图 13.3.29　画笔绘制爆炸的火星

点击"滤镜"→"模糊"→"动感模糊"，增加一些爆炸的动感，如图 13.3.30 所示，动感模糊设置后火星的效果如图 13.3.31 所示。

打开如图 13.3.32 所示的"黑烟"素材，用快速选择工具大致将黑烟选出，复制粘贴到爆炸场景中，在场景中变换选区到合适位置，如图 13.3.33 所示。

用橡皮擦工具和仿制图章工具修整一下右下角的草坪，最终效果如图 13.3.34 所示。

图片输出：本图片保存为 JPEG 格式即可，最后保存 .psd 文件以便后续修改。

13.4　Photoshop 在网页制作中的应用

图 13.3.30　动感模糊参数设置

图 13.3.31　动感模糊效果

图 13.3.32　抠取黑烟选区

图 13.3.33　黑烟变换到合适位置

图 13.3.34　效果图

## 13.4　Photoshop 在网页制作中的应用

网页设计是一个感性思考与理性分析相结合的复杂过程，它的方向取决于设计的任务，它的实现依赖于网页的制作。网页设计的流程包括：①需求分析；②明确网站画面布局和配色；③Photoshop 绘制效果图：拉辅助线构筑框架，然后录入具体内容，最后对风格和细节进行调整；④切片，输出。下面重点介绍网页制作中如何切片、插入动画和输出。

### 13.4.1 切片

切片就是把图像切成几部分，之后重新组合在一起。一个网站打开的速度与服务器的响应速度和网站网页的大小有关。如果直接把整张网页效果图传到网站上去，那么要等整张图片全部解析完成后，才会显示整个网页。网页切片有助于改善用户体验感，并且用户切片功能能够实现程序代码无法实现的美术效果。下面是切片的具体步骤。

①利用辅助线或网格提高切片准确度，可参考图 13.4.1。

图 13.4.1 设置辅助线

②选择切片工具，对网页进行划分(这里先把网页切成几个大部分，后面再细分小部分)，如图 13.4.2 所示。

图 13.4.2 切片划分

编号为 01 的切片覆盖了图像的左上角，灰色表示该切片为自动切片（即创建用户切片时导致 Photoshop 自动创建的切片），蓝色表示该切片为用户切片（即在原文件中创建的切片），⊠图标表示切片包含图像内容，底部切片 07 有金色定界框表示该切片被选中。

基于图层创建切片是根据图层的尺寸应用 Photoshop 创建切片。要创建基于图层的切片，只需选中图层，执行"图层"→"新建基于图层的切片"操作即可。

③设置切片选项。使用切片选择工具双击切片，这将打开"切片选项"对话框，切片选项包含切片名和用户点击切片时将打开的 URL。

例如，双击切片 01，将切片 01 命名为"banner"，URL 设为"#"，这样可以预览按钮的功能而无须指向特定的链接，在网页设计的早期，这对需要预览按钮的外观和行为十分有用，如图 13.4.3 所示。

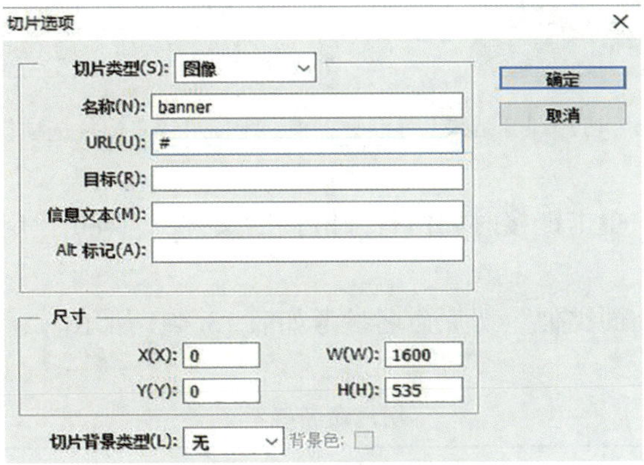

图 13.4.3　设置切片选项

④创建导览按钮切片。下面在网页左边如图处制作导览按钮的切片，每次切片划分一个按钮并设置其导览属性。

选择切片工具，将课程服务置于切片中，如图 13.4.4 所示。

按 Shift+C 快捷键切换到切片选择工具，上方菜单栏发生了变化，需要将切片划分为五个按钮，点击"划分..."，设置如图 13.4.5 所示。

图 13.4.4　课程分类切片

图 13.4.5　划分切片

对得到的划分结果微调，得到如图 13.4.6 所示的切片。

使用切片选择工具设置"生产管理"切片，设置如图 13.4.7 所示。

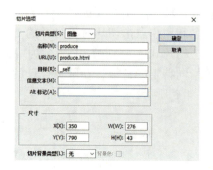

图 13.4.6　切片划分结果　　　　图 13.4.7　切片选项设置

目标选项指定用户单击链接时如何打开链接的文件，_self 指定在原始文件所在的框架中打开链接的文件。

其他切片设置与前面类似。切片命名参考如表 13.4.1 所示。

表 13.4.1　　　　　　　　　　　切片命名参考

| 中文名 | 建议命名 | 中文名 | 建议命名 |
| --- | --- | --- | --- |
| 导航 | nav | 栏目 | column |
| 页头 | Banner/header | 侧栏 | Sidebar |
| 版权栏 | Copyright/footer | 搜索栏 | Search/searchbar |
| 内容 | Content/text | 背景 | Background/bg |
| 滑动图 | slides | 新闻 | news |

细致划分切片，可参考如图 13.4.8 所示划分方式，背景、边框等细节可以交由 css 等程序代码实现。

### 13.4.2　添加动画

在 Photoshop 中，可使用动画 GIF 文件从单幅图像创建动画，动画 GIF 是一系列图像或帧序列，其中每帧都与前一帧稍有不同，从而在快速查看帧序列时形成运动效果，可以采取多种形式来创建动画。

①在"动画"面板中单击"复制所选帧"创建动画帧，然后使用"图层"面板指定每帧对应的图像状态。

13.4 Photoshop 在网页制作中的应用

图 13.4.8 切片划分参考

②通过使用"过渡"功能快速创建新帧，它们对文字进行变形或调整图层的不透明度、位置和效果，从而营造出元素移动或淡入淡出的假象。

③打开包含多个图层的 Photoshop，将每个图层转换为一帧，从而创建动画。

动画必须存为 GIF 格式或 QuickTime 电影。

### 1. 创建动画 GIF

将给登录窗口的"登录"字样加上出现并渐渐发光的动画效果。

执行"窗口"→"时间轴"操作，出现时间轴后，点击创建帧动画，得到如图 13.4.9 所示的时间轴面版。

点击时间轴下方工具栏的 ，得到第二帧画面，如图 13.4.10 所示。

图 13.4.9 时间轴面板

图 13.4.10 第二帧画面

点击第二帧画面，选中"登录"两字的图层，透明度设为 0，然后将第二帧画面拖动到

253

第一帧画面前面,使原来的第二帧画面变为现在的第一帧,点击下方工具栏中的"过渡动画帧" ,设置如图13.4.11所示。

得到过渡帧如图13.4.12所示。点击"播放"按钮可以预览动画,可能看起来会卡顿,但在HTML页面上预览播放效果很好。

图13.4.11 过渡动画帧

图13.4.12 时间轴面板

然后继续做逐渐发光的效果,实现该动画需要基于图层样式。选中第五帧画面(即点击最后一帧画面),点击工具栏中的图标 ,得到第六帧画面,如图13.4.13所示。

图13.4.13 时间轴面板

选中第六帧画面,双击"登录"的文字图层,添加"外发光"的图层样式,参数设置如图13.4.14所示。选中第五帧,点击工具栏中的图标 ,设置如图13.4.15所示(一定要勾选效果)。

点击播放可以预览动画效果。

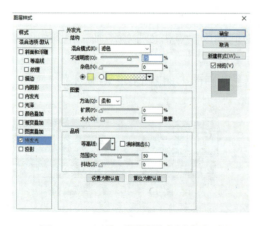

图13.4.14 基于图层样式创建动画

图13.4.15 过渡项设置

### 13.4.3 存储并预览

至此，我们已经定义了切片和链接，可以将文件导出以创建一个将所有切片作为一个整体显示的 HTML 页面。我们应确保 Web 图形尽量小，以便能够快速打开网页。Photoshop 内置了度量工具，确保用户无论以多小的程度导出每个切片时都不会影响图像质量。建议对于照片等连续调图像，应用 JPEG 格式压缩，对于大块纯色区域，应用 GIF 格式压缩。

点击"文件"→"存储为 Web 所用格式"命令，在新的窗口中可以设置每一个切片的格式，用切片选择工具全选所有图片，在预设下拉框中选择"JPEG"→"中"，如图 13.4.16 所示。

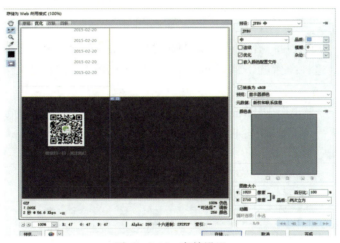

图 13.4.16　存储设置

注意有动画的切片应将格式改为 GIF 格式，如图 13.4.17 所示。

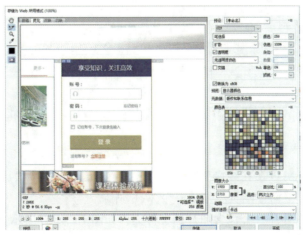

图 13.4.17　设置动画格式

点击下方存储按钮，选择格式为"HTML 和图像"，如图 13.4.18 所示。

图 13.4.18　存储格式选择

在存储的目录中，我们可以发现 image 文件夹中有划分好的切片，另外还有一个"管理培训网页.html"，点开"管理培训网页.html"就可以预览网页了。

### 13.4.4　使用 Zoomify 功能

使用 Zoomify 功能，可以在 Web 上发布高分辨率图像，让访问者放大和平移图像，以便查看更多细节。这种图像的下载时间与同等大小的 JPEG 图像相同，Zoomify 适用于任何浏览器。

执行"文件"→"导出"→"Zoomify"操作，指定输出路径，修改名称，并确保选中"在 Web 浏览器中打开"，如图 13.4.19 所示。

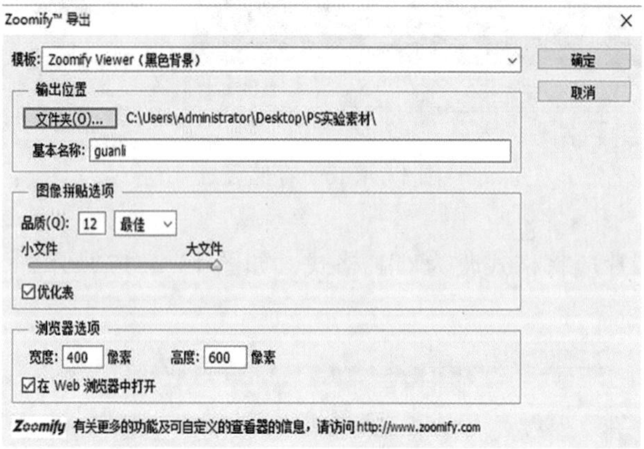

图 13.4.19　Zoomify 导出设置

点击"确定"之后，可以到输出位置打开并查看该 HTML 的最终效果。

### 13.4.5　创建 Web 画廊

使用 Bridge 功能可以在在线画廊中展示图像，让访问者能够欣赏各幅图像或以幻灯片的方式欣赏图像。下面在网页中创建一个 Web 画廊。

首先在 Bridge 中打开一个包含图片的文件夹，如图 13.4.20 所示。

13.4 Photoshop 在网页制作中的应用

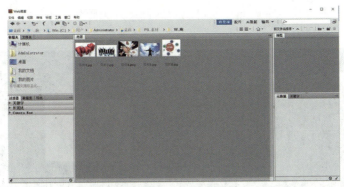

图 13.4.20　打开文件夹

全选所有图片，可以使用窗口下面的缩略图滑块来放大或缩小缩略图，单击 Bridge 顶部的"输出"按钮切换到"输出"工作区，或执行"窗口"→"工作区"→"输出"操作，并在输出面板中单击 Web 画廊按钮，如图 13.4.21 所示。

图 13.4.21　Web 画廊面板

如果没有显示"站点信息"，点击它旁边的三角形，在"站点信息"部分，输入画廊名称、存储位置等，各种选项都可以根据实际情况输入，然后点击"存储"，如图 13.4.22 所示。

图 13.4.22　站点信息部分设置

在存储位置打开一个 index.html 就可以看到创建的画廊如图 13.4.23 所示。

图 13.4.23　创建的 Web 画廊

可以在做好的网页中，做指向该画廊的链接，单击该链接即可跳转到画廊。

## 13.5　"邀请有礼"海报制作

海报的英文名称是"Poster"，意为张贴在木柱或墙上、车辆上的印刷广告。大尺寸的画面，强烈的视觉冲击力和卓越的创意构成了现代海报最主要的特征。"海报是一张充满信息情报的纸。"世界上最卓越的设计师，几乎都是因为在海报方面取得非凡成就而闻名于世。从某种意义上说，对海报设计进行深入的研究已经成为设计师获得成功的必经之路。海报作为一种视觉传达艺术，最能体现出平面设计的形式特征。它具有视觉设计最主要的基本要素，它的设计理念、表现手段和技法更具有典型性。下面举例说明海报的制作方法。

### 13.5.1　根据需求选择素材

在用 Photoshop 制作初稿的过程中，可以先把想法首先画在纸上，对于"邀请有礼"海报，构思效果如图 13.5.1 所示。我们要先考虑的是版式以及一个清晰的视觉系统，如何把构思的内容展现在版式上，以及采用什么功能实现。对画面的设计最好从最高层次的框架开始绘制，然后考虑主页后面的各个层级页面如何去安排内容和版式等。根据需求，选择的素材与过年促销、会员回馈有关，如图 13.5.2 所示。

图 13.5.1　效果图

13.5 "邀请有礼"海报制作

图 13.5.2　素材

## 13.5.2　布置海报的背景

**1. 确定画布主色调**

新建一个画布，命名为"邀请有礼"，由于海报一般需要打印，故分辨率设置为 300 像素/英寸，这个分辨率能使打印出的图像比较清楚，如果图像过大(如新建图像显示实际尺寸时文件大小超过 400M)，可以适当地降低分辨率，将文件大小控制在 400M 以内。这里新建画布的参数设置如图 13.5.3 所示。

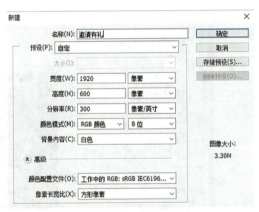

图 13.5.3　新建画布

打开文件"素材 1 .jpg"，前景色拾色器读取背景的深红色，回到新建的空白画布界面，按 Alt+Delete 快捷键填充画布。

**2. 添加树的素材**

打开文件"素材 2.jpg"，选择钢笔工具，在钢笔工具菜单栏下拉框选择"路径"，使用钢笔工具绘制树的轮廓，钢笔工具初次描完树的轮廓如图 13.5.4 所示。

描完轮廓后可以对路径进行微调，使用添加/删除锚点工具，并用转换点工具调整方向线微调路径。打开路径面板，按住 Ctrl 键点击工作路径，得到如图 13.5.5 所示的选区。

259

# 第 13 章 综合实例

图 13.5.4 钢笔工具描轮廓

图 13.5.5 选区

使用快捷键复制粘贴选区，得到新图层，如图 13.5.6 所示。用鼠标直接将新图层拖入"邀请有礼.psd"中并调整位置，前景色拾色器选择为纯白，按住 Ctrl 键点击树的图层得到树的选区，按 Alt+Dlete 快捷键填充选区，树的位置和颜色如图 13.5.7 所示。

图 13.5.6 复制粘贴选区到新图层

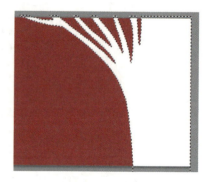

图 13.5.7 添加树的素材

鼠标右键点击树的图层，转化为智能对象，因为树后面还会创建副本，转为智能图层，能避免后面的重复劳动。

在图层面板双击树的图层，添加图层样式，选择"颜色叠加"，参数如图 13.5.8 所示，叠加颜色的 RGB 值如图 13.5.9 所示。

给图层增加"渐变叠加"的图层样式，参数设置如图 13.5.10 所示；给图层增加"投影"的图层样式，参数设置如图 13.5.11 所示。

13.5 "邀请有礼"海报制作

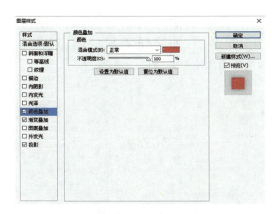

图 13.5.8 颜色叠加参数设置

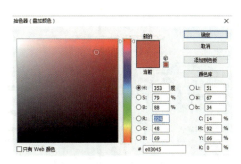

图 13.5.9 拾色器

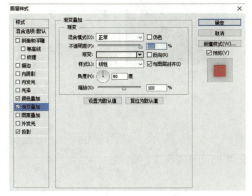

图 13.5.10 渐变叠加参数设置

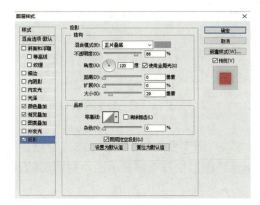

图 13.5.11 投影参数设置

树的图层效果如图 13.5.12 所示。
使用同样的方法利用钢笔工具在"素材 2"中抠出第二种树形，如图 13.5.13 所示。

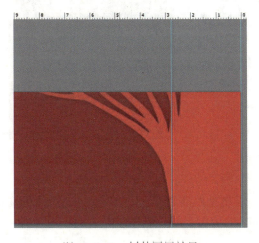

图 13.5.12 树的图层效果

图 13.5.13 抠取第二种树的素材

复制粘贴该选区，得到新图层，将新图层用鼠标直接拖至"邀请有礼.psd"，并填充选区为灰色，将图层转换为智能对象后添加图层样式，添加"颜色叠加"的图层样式，参数设置如图 13.5.14 所示，颜色叠加中选择颜色的 RGB 值如图 13.5.15 所示。

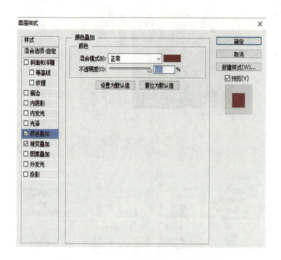

图 13.5.14　颜色叠加参数设置

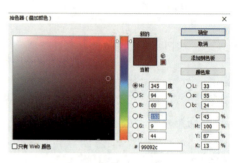

图 13.5.15　颜色叠加的拾色器设置

添加"渐变叠加"的图层样式，参数设置如图 13.5.16 所示。在图层面板中用鼠标拖动下移该图层使其叠加显示，小树图层的最终效果如图 13.5.17 所示。

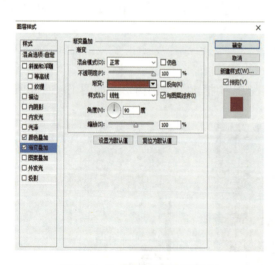

图 13.5.16　渐变叠加参数设置

图 13.5.17　小树图层效果

按住 Ctrl 键点击大树图层得到选区，复制粘贴得到新层，按 Ctrl+T 快捷键变换选区大小与位置，放置到如图 13.5.18 所示左边的位置，同理制作出左边的小树。

13.5 "邀请有礼"海报制作

图 13.5.18 整体效果

**3. 制作雪堆素材**

使用椭圆工具制作雪堆，在左下角使用椭圆工具画两个圆，分别变换选区（即按 Ctrl+T 快捷键后单击右键选择变形）制作成如图 13.5.19 所示的形状。

同时选择两个形状图层，单击鼠标右键选择"合并形状"，使用油漆桶工具点击椭圆内部，弹出对话框询问是否栅格化图层，点击"确定"，填充白色，如图 13.5.20 所示。

图 13.5.19 椭圆绘制雪堆

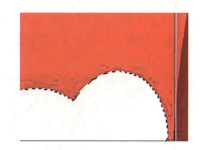

图 13.5.20 填充白色

将该图层转为智能对象之后添加图层样式，添加"投影"图层样式，参数设置如图 13.5.21 所示。

最终效果如图 13.5.22 所示。

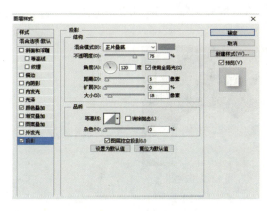

图 13.5.21 投影参数设置

图 13.5.22 雪堆最终效果

也可以使用钢笔工具制作雪堆效果，新建一个空白图层，在新建图层中用钢笔工具勾勒出如图 13.5.23 所示的雪堆形状。

打开路径面板，按住 Alt 键点击"工作路径"，得到路径选区。将前景色选为纯白色，按 Alt+Delete 快捷键填充选区，得到如图 13.5.24 所示的效果。

图 13.5.23　钢笔工具制作雪堆　　　　　图 13.5.24　填充白色

鼠标右键点击图层，将图层转换为智能对象，双击图层添加"投影"图层样式，设置合适的投影参数（可参考第一层雪堆的投影参数设置），第二层雪堆的最终效果如图 13.5.25 所示。同理，制作第三层雪堆，形状如图 13.5.26 所示。

 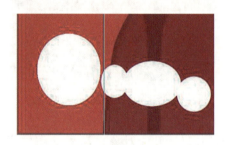

图 13.5.25　第二层雪堆的最终效果　　　　图 13.5.26　第三层雪堆的形状

完成后点击三层雪堆前的小眼睛使其全部显示，发现雪的叠放次序不正确，通过调整图层次序改变雪的叠放次序，最后左下角的雪堆效果如图 13.5.27 所示。

图 13.5.27　左下角雪堆效果

使用同样的方法操作其他层雪堆，按 Ctrl+T 快捷键变换选区，单击鼠标右键选择水平翻转，右键选择变形，移动到合适位置，最终效果如图 13.5.28 所示。

图 13.5.28　中间雪地效果

### 13.5.3　制作主体部分

打开"卡通人.psd"素材，按住 Ctrl 键选择卡通人图层，用鼠标拖拽放置到"邀请有礼.psd"的合适位置，如图 13.5.29 所示。

图 13.5.29　放置卡通人

**1. 制作金币的伪 3D 效果**

在卡通人手里画一个金币，想要做出卡通式的伪 3D 效果，先用椭圆工具画一个椭圆，旋转椭圆到如图 13.5.30 所示的角度，椭圆的颜色可以选择"#f4e962"。

图 13.5.30　绘制椭圆

给椭圆增加样式，双击椭圆图层，点击左上方的"样式"，选择第二个样式，得到类似于凸起的效果，如图 13.5.31 所示，添加样式之后，可以发现图层添加了如图 13.5.32 所示的图层样式。

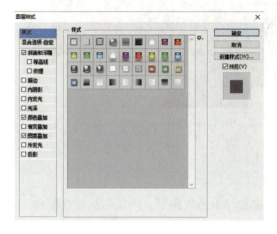

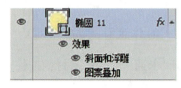

图 13.5.31　样式设置　　　　　　　　图 13.5.32　图层样式

此时图层效果还需要继续调整，将"斜面和浮雕"效果调整为如图 13.5.33 所示参数，阴影颜色可选"#f4a522"。"颜色叠加"选择的颜色是"#f4e962"，如图 13.5.34 所示。

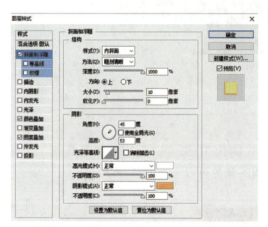

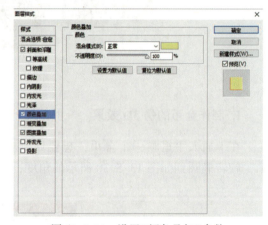

图 13.5.33　设置"斜面和浮雕"参数　　　图 13.5.34　设置"颜色叠加"参数

此时图层的效果如图 13.5.35 所示。

按 Ctrl+J 快捷键复制椭圆图层，对复制的椭圆图层右键选择"清除图层样式"，这一步是为了制作金币的上表面，对复制的椭圆图层进行平移和变形操作，制作出金币的上表面如图 13.5.36 所示。

再用颜色"#f4a522"画一个没有填充的描边椭圆，此时效果如图 13.5.37 所示。

对图层进行整理归类，将所有涉及钱币的图层全选，按 Ctrl+G 快捷键成组，命名为"钱币"，将所有涉及雪的图层全选，命名为"雪"。

图 13.5.35　图层效果　　　图 13.5.36　金币上表面　　　图 13.5.37　金币效果

**2. 制作中间雪地**

用钢笔工具绘制如图 13.5.38 所示的雪地。

图 13.5.38　绘制雪地

打开路径面板，按住 Ctrl 键点击工作路径调出选区，前景色选择白色，快捷键填充选区，结果如图 13.5.39 所示。

图 13.5.39　填充选区

给该图层添加"渐变叠加"的图层样式，参数设置如图 13.5.40 所示，添加"投影"的图层样式，参数设置如图 13.5.41 所示。

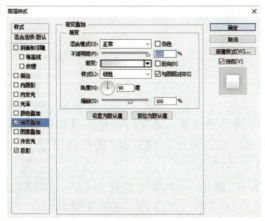 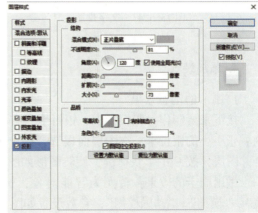

图 13.5.40　"渐变叠加"参数设置　　　图 13.5.41　"投影"参数设置

目前全图效果如图 13.5.42 所示。

图 13.5.42　当前全图效果

**3. 插入文字**

每个文字一个图层，"邀请"两字使用"汉仪劲楷简"字体，"有礼"两字可以用网上下载的字体包，文字排版如图 13.5.43 所示。

在金币上添加广告语，单击鼠标右键栅格化文字，按 Ctrl+T 快捷键变换，调整到合适位置，如图 13.5.44 所示。

图 13.5.43　文字排版　　　　　　　　　　图 13.5.44　金币最终效果

**4. 添加装饰**

1）刷卡的动态效果

接下来要制作一张银行卡，银行卡具有刷卡的动感效果：首先用圆角工具和矩形工具画一张小小的银行卡，在图层面板选择两个形状，单击鼠标右键选择"栅格化图层"，再合并图层，按 Ctrl+T 快捷键，旋转图形如图 13.5.45 所示。

做出刷卡的效果：转换为智能对象，选择→"滤镜"→"添加智能滤镜"，选择"滤镜"→"模糊"→"动感模糊"，参数设置如图 13.5.46 所示。图层的不透明度调为 67%，效果如图 13.5.47 所示。

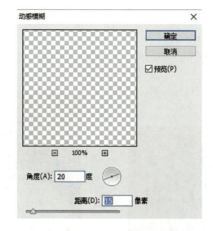

图 13.5.45　银行卡效果　　　图 13.5.46　动感模糊参数设置　　　图 13.5.47　刷卡效果

2）纸币卷边飘落效果

做一张带卷边的纸币：首先用矩形工具绘制一个矩形，如图 13.5.48 所示，描边用深一点的绿色（如#597e51），填充用浅一点的绿色（如#769e67）。按 Ctrl+T 快捷键变换选区，右键选择变形，变形后效果如图 13.5.49 所示。

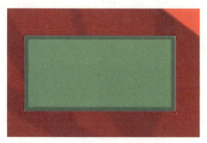
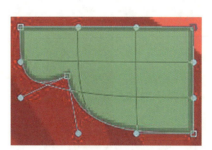

图 13.5.48　矩形　　　　　　　　　　图 13.5.49　变形

变形完成后单击回车键确认，用钢笔工具补背面缺少的部分，如图 13.5.50 所示。填充选区，栅格化形状之后合并图层，如图 13.5.51 所示。

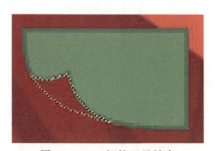
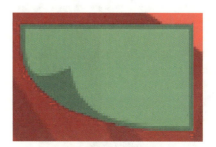

图 13.5.50　钢笔工具补全　　　　　　图 13.5.51　卷边效果

按 Ctrl+T 快捷键变换选区，单击鼠标右键选择"变形"，添加文字"1000"，字体选择

Arial，效果如图 13.5.52 所示。

3）制作四芒星

使用矩形工具和变换选区的"变形"方法制作四芒星，变形程度如图 13.5.53 所示。

图 13.5.52 变形并添加文字

图 13.5.53 制作四芒星

4）制作飘落绸带效果

制作飘落的绸带，用矩形工具先做绸带的上半部分，并适当变形，效果如图 13.5.54 所示。用涂抹工具 涂抹，制作绸带的中间部分，效果如图 13.5.55 所示。

图 13.5.54 绸带上半部分

图 13.5.55 绸带中间部分

用矩形工具和变换选区的变形方法作出图 13.5.56 所示的变形效果，绸带效果如图 13.5.57 所示。

图 13.5.56 变形效果

图 13.5.57 绸带效果

可以将绸带拉扁，使绸带弯曲的形状更夸张，更具卡通效果。

5）制作剪纸喜鹊效果

打开文件"喜鹊素材.jpg"，用色彩范围工具抠出喜鹊，如图 13.5.58 所示。复制粘贴选区，此时出现了一个只有选区部分的新图层，用鼠标直接拖拽选区到"邀请有礼.psd"，按 Alt+Delete 快捷键给喜鹊换颜色（如# f63c4a），如图 13.5.59 所示。

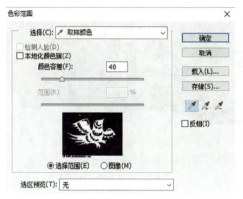

图 13.5.58　色彩范围抠图

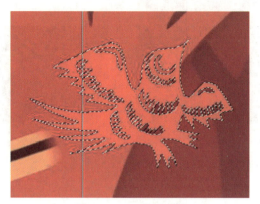

图 13.5.59　剪纸喜鹊

给喜鹊图层添加"投影"图层样式，参数设置如图 13.5.60 所示，其中投影颜色设置如图 13.5.61 所示。

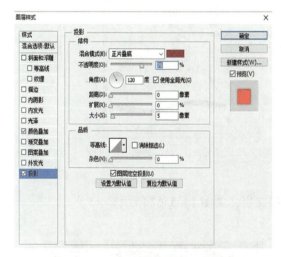

图 13.5.60　投影参数设置

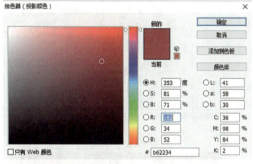

图 13.5.61　投影颜色

此时喜鹊效果如图 13.5.62 所示。

将以上制作的点缀效果布置在图中适当位置，如图 13.5.63 所示。

6）制作毛笔拖拽效果

在网络上下载毛笔画笔，后缀名是.abr，点开画笔工具，在如图 13.5.64 所示位置选择载入画笔(注意,下载的画笔笔头要放置在 Photoshop 的安装目录下的 Brushes 文件夹中才能载入成功)。选择合适的画笔笔尖形状之后,在画笔设置中调好大小、画笔的角度,如图 13.5.65 所示。

图 13.5.62 喜鹊最终效果

图 13.5.63 全局布局

图 13.5.64 载入画笔

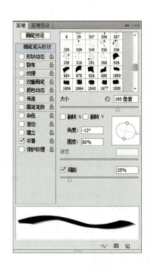
图 13.5.65 画笔设置

绘制出如图 13.5.66 所示效果,然后添加文字,如图 13.5.67 所示。

图 13.5.66 画笔绘制效果

图 13.5.67 添加文字

在图层面板单击鼠标右键选择文字图层,栅格化文字后,利用变换选区的"变形"方法,适当地调整文字的形状,最终效果如图 13.5.68 所示。

7) 制作礼物堆积效果

可以借助网络上的各种矢量素材资源制作礼物堆叠的效果,以便更好地突出海报主题,如图 13.5.69 所示。

图 13.5.68　最终效果

图 13.5.69　礼物堆叠

8) 突出主题部分

给画布添加明暗感,以达到突出主题的效果,新建一个图层,选择渐变工具,选项栏设置如图 13.5.70 所示。

图 13.5.70　填充选项栏

添加渐变效果,如图 13.5.71 所示。

图 13.5.71　渐变效果

给渐变效果的图层添加图层样式"颜色叠加",参数设置如图 13.5.72 所示,其中"叠加"颜色设置如图 13.5.73 所示。

图层适当调一下不透明度,整体效果如图 13.5.74 所示。

# 第 13 章　综合实例

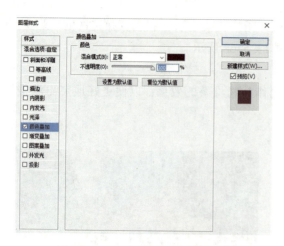

图 13.5.72　"颜色叠加"参数设置

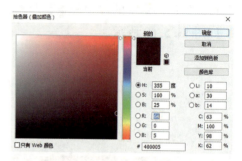

图 13.5.73　叠加颜色设置

图 13.5.74　整体效果

### 13.5.4　海报成品输出

在所有设计工作完成后，需要将作品打印出来，在打印之前还需要对所输出的版面和相关的参数进行调整设置，以确保更好地打印作品。

输出过程中应注意以下几点：

①海报的存储格式：这种多图层的海报文件应先保存 .psd 文件，以备后续修改，存储格式一般选择 JPEG 等常用格式。

②分辨率：海报的打印输出分辨率应控制在 300 像素/英寸或更高才能保证清晰效果。

③色彩校正：关于颜色模式，进行图像处理时，RGB 模式可以提供全屏幕的 24bit 的色彩范围，但 RGB 所提供的有些色彩已经超出了打印范围，因为打印使用的是 CMYK 模式。CMYK 模式定义的色彩比 RGB 模式的少很多，所以系统自动将 RGB 模式转换为 CMYK 模式，这就难免会失去一些颜色，出现打印后失真的现象。因此用户在打印图像之前，应将 RGB 模式转换为 CMYK 模式。

点击"视图"→"色域警告"，图中无法打印的部分就会以灰色显示。

点击"视图"→"校样颜色"，画面中的颜色自动转换为打印颜色，图像颜色模式也由 RGB 转换为 CMYK 模式。

④设置打印参数：执行"文件"→"打印"命令，在如图 13.5.75 所示的对话框中可以

## 13.5 "邀请有礼"海报制作

进行打印机、份数、位置、缩放、纵横向等打印参数的设置,点击"打印设置"按钮可以进行更多设置。

图 13.5.75　打印设置

打印设置完成之后连接上打印机就可以成功打印海报了。

◎ 习　题

1. 快速抠图的方法有哪些? 给出各自适用的情况。
2. 使用所学照片调色法为自己的摄影作品调色。
3. 列举 Photoshop 图层样式,它们分别可制作哪些效果?
4. 简述 Photoshop 制作动画的步骤。

# 附 录

图 5.1.1 加色法原理

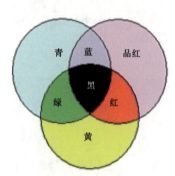

图 5.1.2 减色法原理

(c)密度分割

图 5.3.1 密度分割原理(c)

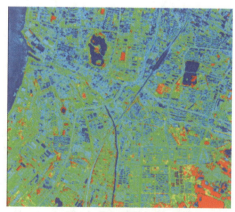

(e)彩色变换合成

图 5.3.3 典型的变换函数(e)

图 5.3.5 假彩色增强

（a）全色影像　　　　　　（b）多光谱影像　　　　　　（c）融合影像

图 5.3.7 影像融合

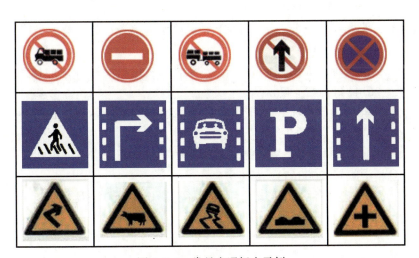

图 7.5.1 常见交通标志示例

# 参 考 文 献

1. 贾永红. 数字图像处理[M]. 4版. 武汉：武汉大学出版社，2023.
2. 贾永红. 多源遥感影像数据融合技术[M]. 北京：测绘出版社，2005.
3. 韩程伟. 摄影艺术与技法[M]. 杭州：浙江大学出版社，2005.
4. ［澳］马克·盖勒，莱斯·霍瓦特. 数字图像处理技巧[M]. 司大宇，译. 杭州：浙江摄影出版社，2002.
5. 普祥民，戴励强，等. ADOBE创意大学PHOTOSHOP产品专家认证标准教材（CS6修订版）[M]. 北京：印刷工业出版社，2013.
6. 刘亚利，陈炳健，刘爱华. Photoshop相片处理100变[M]. 北京：科学出版社，2009.
7. 数字时代工作室. Photoshop中文版应用与实例[M]. 北京：人民邮电出版社，2001.
8. 刘全，颜彬，王义汉. Photoshop图像处理技术及应用[M]. 北京：清华大学出版社，2012.
9. 詹青龙，卢爱芹. 数字图像处理技术[M]. 北京：清华大学出版社，2010.
10. 贾永红，李德仁，孙家炳，等. 四种HIS变换用于SAR与TM影像复合的比较[J]. 遥感学报，1998(5)：103-106.
11. 贾永红，张春森，王爱平. 基于BP神经网络的多源遥感影像分类[J]. 西安科技学院学报，2001(3)：58-60.
12. 贾永红，胡志雄，周明婷，等. 自然场景下三角形交通标志的检测与识别[J]. 应用科学学报，2014(4)：423-426.
13. 贾永红，谭慧，黄若冰. 基于车载视频的道路交通指示标志的检测与识别[J]. 测绘地理信息，2016(5)：47-50.
14. 贾永红，邹勤，付修军. 基于数学形态学的扫描地图点状符号识别方法[J]. 武汉大学学报（信息科学版），2008(7)：673-675.
15. 邹勤，贾永红. 一种基于形态金字塔的遥感影像融合方法及其性能评价[J]. 武汉大学学报（信息科学版），2006(11)：971-974.